사이언스 IQ

사이언스 IQ

과학퀴즈로 당신의 사이언스 아이큐(SQ)를 높여라

찰스 J. 커조 지음 | 김옥진 옮김

가람기획

이 책은 각자의 호기심을 가장 크게 자극하는 문제들(과학자들의 동의 여부에는 개의치 않는다)에 특별히 더 중점을 두면서 과학의 세계를 폭넓게 다루고 있다. 단 한 권의 책으로 인간의 모든 과학지식을 담아내기를 바랄 수는 없지만, 그래도 이 책은 상당 부분을 다루고 있다.

이 책은 크게 5부로 나뉘어 있다. 1부는 태양계를 넘어 전 우주에 관한 것을 다루고, 이어 태양계 자체에 대해서도 다루고 있다.

2부는 주요 주제인 지구를 다룬다. 지구를 구성하고 있는 물질에 대해 알아보고, 지진, 화산, 침식을 일으키는 힘의 상호작용을 살펴본다. 간단히 말해, 물리학, 화학, 지질학, 생물학이 역동적으로 결합되는 거대한 자연실험실, 지구를 보여준다.

동물과 식물을 다 포함하는 생명은 3부에서 다뤄진다. 생명의 신비스런 기원, 진화, 그리고 다양성이 설명된다. 특별히 인간의 건강과 영양에 대한 부분도 있다. 이어 4부에서는 문명 이전부터 고대문명이 형성되고 오늘날에 이르기까지 200만 년 동안 이룩한 인류의 발전과 관련하여 인류학과 고고학에서 찾아낸 흔적들을 살펴본다.

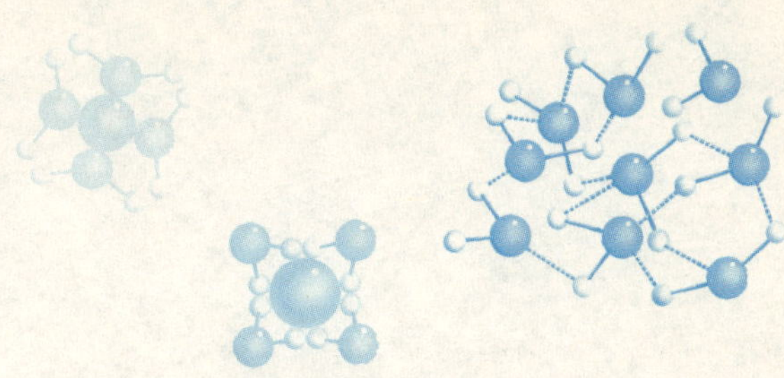

　마지막으로 5부는 알려지지 않은 중대한 영역을 파헤치고 있다.
마술, 마녀, 악마, 유령, 예언 등을 통해 독자들에게 우리가 알지 못
하고 있는 것들과 앞으로 많은 연구를 통해 알아내야 하는 것들을
선보인다.

　질의응답 형식으로 꾸며진 이 책은 독자들을 어리둥절하게 만드
는 난해한 용어를 피하고 직접적이고 이해하기 쉬운 방법으로 서술
되어 있다. 이 책에 나오는 질문들은 필자가 15년 넘게 여러 신문에
서 칼럼을 쓰면서 독자들에게서 받았던 것들이다. 답변 내용은 독자
들을 즐겁게 해주고자 하는 필자의 바람을 담아 새롭게 손질하였다.

찰스 J. 커조

차례

4부 : 인류의 등장

5부 : 과학적으로 설명이 불가능한 것들

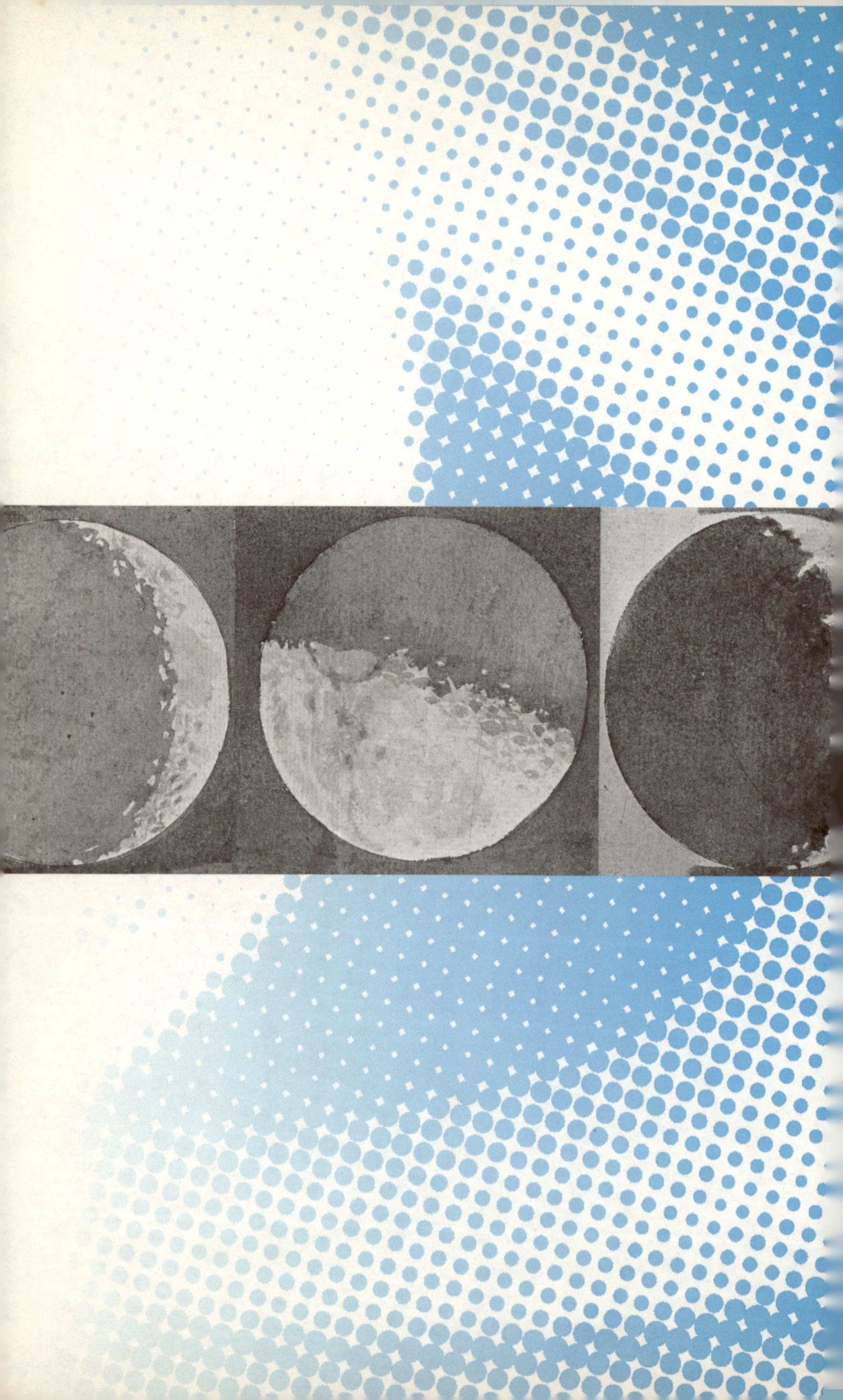

1부 외계

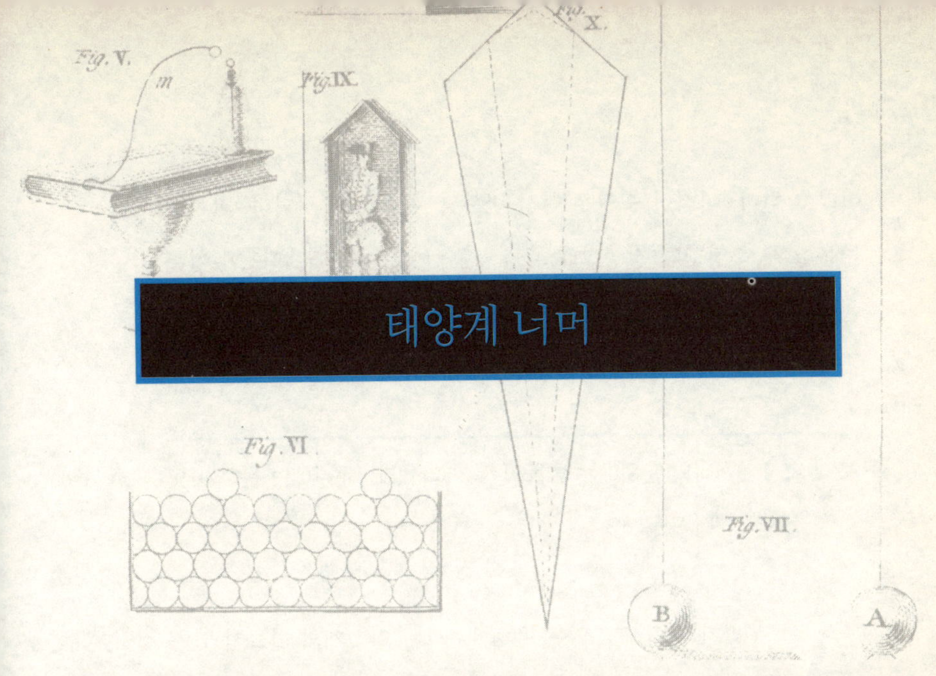

태양계 너머

Q 우주의 기원을 설명하는 빅뱅 이론은 아직도 유효한가?

A 유효하다. 그러나 과학자들은 지금도 이 주제를 연구하고 있으며, 확실한 답은 없다는 것을 인정하고 있다. 별들은 우주의 모든 물질이 마치 한때는 함께 뭉쳐 있다가 돌연히 발생한 거대한 우주 폭발, 빅뱅big bang으로 인해 팽창하는 듯 움직이며 서로 멀어지고 있다. 이런 폭발은 100억 년에서 150억 년 전 사이에 일어난 것으로 여겨진다. 이 이론을 지지하는 최근 증거로 우주전파 배경복사가 측정된 것을 들 수 있다. 이 복사는 빅뱅에서 남겨진 찌꺼기로 추정되고 있다.

반대로, 어떤 과학자들은 우리가 팽창했다가 다시 수축하는 우주에서 살고 있다고 믿고 있다. 아주 먼 미래 언젠가는 별들이 다시 소멸되어 합쳐지는 빅크런치big crunch가 일어난 뒤 다시 "폭발"할 것

이라고 한다. 이러한 순환은 다시 반복될 수도 있을 것이다. 과학자
들은 앞서 주장했던 정상상태(steady state) 이론을 폐기했다. 이 이론
은 물질이 외계에서 끊임없이 만들어지면서 밖으로 팽창한다는 이
론이다.

Q 하나의 은하에는 별들이 몇 개나 있고, 우주에는 은하가 몇
개나 있을까?

A 우리가 위치하고 있는 은하에는 1,000억 개의 별들이 있는
것으로 추정되는데, 이는 상상을 넘어서는 숫자이다. 게다
가 우리 은하는 우주에서 가장 큰 은하도 아니다. 우주의 나머지 부
분에 대한 상대밀도 측면에서 아주 적절하게 붙여진 용어, 섬우주
(island universe)로도 불리는 은하는 무수히 존재한다. 기술이 발달하
여 우주를 더 깊이 탐구하면 할수록 더 많은 은하들이 발견되고 있
기 때문에 정확한 은하의 숫자를 알아내기는 힘들다. 재미있는 것은
1920년대까지만 해도 우리는 어떤 은하들이 존재하고 있다는 것조
차 확신하지 못했다는 사실이다. 당시의 망원경으로는 은하들이 희
미하게 멀리 있는 별들로만 보였다. 지금 우리는 많은 은하들이 우
리 은하처럼 원반 모양의 팔랑개비같이 생겼고, 어떤 것들은 공 모
양을 띠기도 하며, 또 어떤 것들은 비규칙적인 모양을 하고 있다는
것을 알고 있다.

은하는 우주 공간에 걸쳐 무작위적으로 분포된 것이 아니라 덩어
리(은하단)를 이루며 모여 있다. 별들도 덩어리(성단)를 이루며 모여
있다. 우리 은하도 무리를 이루고 있는 약 35개의 은하들 중 하나이

다. 그렇다 해도 은하와 은하 사이의 거리는 1,000만 광년에 달할 수도 있다. 은하단과 은하단 사이는 그 거리의 10배 혹은 훨씬 더 멀리 떨어져 있을 수 있다.

Q 저 멀리에 있는 그토록 많은 별들은 어떻게 만들어졌을까? 처음 시작은 있었을 것이다.

A 별은 밀도가 높은 구름, 즉 성운 속에서부터 만들어지기 시작하는데, 이런 구름은 주로 수소와 먼지 입자들로 이루어져 있다. 이 성간물질은 중력의 영향으로 농축되고 결국에는 열핵반응이 일어날 정도로 엄청나게 뜨거워진다. 수소는 융합에 의해 헬륨으로 전환되면서 연료의 역할을 한다. 어떤 단계에 이르면 밖으로 향하는 복사 압력과 안으로 향하는 중력 사이에 평형을 이루게 되는데, 이 상태를 주계열(main sequence)이라 한다. 별은 수백만 년 동안 이러한 균형상태에 머물러 있기도 한다. 수소를 대부분 써버리면 붕괴가 일어나고 핵에서는 헬륨이 탄소와 산소처럼 더 무거운 원소들로 바뀔 수 있다.

크기, 질량, 혹은 다른 속성에 따라 별은 마지막 단계에서 밀도가 매우 높은 백색왜성이 되어 천천히 식어가면서 갈색왜성, 흑색왜성 단계를 거쳐 다 타버린 재가 되기도 한다. 좀더 무거운 별의 경우에는 핵에서 무거운 원소로 변환하면서 철도 생성되어 거대한 폭발, 즉 신성이 만들어질 수도 있다. 어떤 경우에는 블랙홀이 별의 마지막 운명이 되기도 한다. 푸른 별이 가장 뜨겁고, 하얗거나 노란 별은 중간 정도의 온도이며, 불그스름한 별이 가장 차갑다. 그러나 무

슨 색이 되었건 간에 지구 기준에서 보면 모든 별들은 엄청나게 뜨
겁다.

 별들의 수가 그렇게 많아도 그 거리가 엄청나다는 것은 우
주 대부분이 텅 빈 공간이라는 것을 뜻하는 것 같은데 정
말일까?

A 그런 결론은 다소 빗나가는 것이긴 하지만 그렇다고 또 완
전히 그런 것만도 아니다. 우리가 하늘에서 보는 것은 빛
을 발산하는 물질이다. 그러나 그 정도의 양만큼 혹은 그보다 더 많
은 성간물질이 있으며, 이를 암흑물질(dark matter)이라 한다. 그것이
존재하고 있다는 것은 그 물질이 주변에 반짝이고 있는 물질에 중력
효과를 미치고 있다는 사실에서 알 수 있다. 4.1입방킬로미터의 우
주공간에 수소와 먼지가 겨우 3~4밀리그램밖에 없다는 것은 역설
적이다. 기본적으로 완벽한 진공에 극미량의 물질만 있다는 것이다.
그러나 그 정도도 수많은 별들을 만들어내는 데 필요한 물질의 양으
로 충분하다.

　허블 우주망원경과 같은 강력한 망원경들은 빛을 발산하는 은하,
성운과 함께 이들을 배경으로 윤곽을 드리우는 어두운 부분이 커다
랗게 있다는 것을 보여준다. 이것은 암흑물질이 그 존재를 드러내는
또 하나의 방식이다. 그래도 여전히 질량에 비해 빈 공간은 엄청나
게 크다. 아이작 아시모프는 가시우주를 길이, 폭, 높이가 각각 20마
일(약 32킬로미터)이고 그 안에 모래 한 톨이 들어 있는 빌딩에 비유한
바 있다.

A 이러한 천체가 외계에 존재할지도 모른다는 생각은 약 200
년 전 피에르-시몽 드 라플라스에 의해 처음으로 언급되었
으며, 1916년에 다시 제기되었다. 블랙홀의 존재는 논리상 필연적
인 것이다. 별은 자신의 핵연료를 사용하며, 그 과정에서 밖으로 향
하는 압력이 별을 구성하고 있는 물질의 질량에서 생기는 중력과 균
형을 맞춘다. 핵연료를 모두 써버리게 되면 중력이 압도적인 힘을
발휘하게 되고, 별은 고밀도 물질로 이루어진 작은 공으로 무너져버
린다. 예를 들어 지구를 블랙홀로 만들기 위해서는 지구의 물질이
지름 약 1.3센티미터짜리 공으로 압축되어야 할 것이다! 그 중력은
너무나 커서 빛조차도 빠져나오지 못하며, 따라서 블랙홀은 눈에 보
이지 않는다.

다음은 블랙홀이 있다는 사실을 어떻게 아느냐 하는 문제이다. 우
리는 공기처럼 존재는 하지만 눈에 보이지 않는 것이 있다는 사실을
알고 있다. 우리는 그런 것들의 존재를 간접적인 방법을 통해서 알
고 있다. 예를 들어 산들바람에 나뭇가지가 흔들리는 것은 공기가
진짜로 있다는 것을 말해준다. 이와 마찬가지로 블랙홀이 근처 별을
중력으로 끌어당기는 것을 보고 블랙홀을 탐지할 수 있다. 블랙홀
후보로는 켄타우루스 자리 X-3을 포함하여 서너 가지가 있는데, 지
금까지 발견한 것 중 최고의 것은 백조자리 X-1이다. 어떤 과학자들
은 우리 은하의 중심에 블랙홀이 있다고 믿고 있다.

 텔레비전 제품 이름으로도 쓰이고 있지만 나는 아직도 퀘이사가 뭔지 잘 모르겠다. 퀘이사는 무엇인가?

A 퀘이사는 최초로 1960년대에 전파망원경으로 발견되었지만 그 특성에 대해서는 알려지지 않았다. 퀘이사quasar(북미 지역에서 퀘이사라는 텔레비전 수상기 브랜드가 판매되고 있음—옮긴이)라는 이름은 준항성체(quasi-stellar radio source)의 영문약어로 만들어졌으며, 지구에서 100억 광년(약 97조 킬로미터 이상) 떨어진 곳에 있는 굉장히 밝은 천체를 말한다.

퀘이사는 또한 초속 약 28만 4,000킬로미터처럼 믿지 못할 정도의 속도로 움직이고 있다. 너무 멀리 떨어져 있는 것으로 보아 아마도 우주 역사의 초기에 생성된 천체일지도 모르며, 지금 우리가 보고 있는 퀘이사의 빛은 지구가 존재하기도 전에 이미 수십억 년 동안 우주공간을 통과하여 날아온 것이다.

퀘이사에 대한 더 자세한 연구결과는 퀘이사가 일반적인 별보다도 천 배나 더 밝은 대단히 무거운 천체이며, 퀘이사가 존재한다는 것 외에는 별다를 게 없는 보통 은하 속에 박혀 있다는 것을 암시하고 있다.

퀘이사는 태양계 정도의 크기인 것으로 보이는데, 이는 그다지 놀랄 정도로 큰 크기는 아니다. 퀘이사에 대해 아직도 알아내야 할 것들이 많이 남아 있다.

A 아마도 전파망원경이 더 최근에 나온 것이고, 렌즈가 장착
된 광학현미경의 한계를 넘어서는 천체활동까지 탐지해낼
수 있는 성능을 가지고 있어서일 것이다. 광학현미경은 1608년경부
터 사용되었지만 전파망원경은 20세기 중반 이전에는 그렇게 널리
사용되지 않았다. 거의 모든 별들은 열이나 전자 활동으로 인해 전
파를 방출한다.

수신된 전파를 조사하면 별과 은하의 특성에 대해 많은 것을 알
수 있다. 태양과 우리 은하 중심에서 방출되는 전파가 탐지되기도
했으며, 십만여 군데의 다른 곳에서 나오는 전파도 탐지되었는데 그
중 대부분은 우리 은하 너머 먼 곳의 우주공간에 있는 발생원에서
나온 것이었다.

전파는 가시광선 스펙트럼에 있는 것보다 파장이 더 길다. 전파는
빛의 속도로 움직이며 매우 다양하다. 우주에서 발견된 좀더 짧은
마이크로 파(극초단파) 배경복사는 과학자들에게 이러한 마이크로 파
가 빅뱅에서 남은 일종의 잔재라는 증거가 되었다. 전파는 지구에서
도 밖으로 방출되어 우주를 여행한다.

지금에서 수천 년 뒤에 멀리 떨어진 어느 행성에 살고 있는 이들
이 로운레인저(미국에서 1933년에 처음 방송된 라디오 연속극. 나중에는 영화와 텔
레비전 연속극으로도 만들어졌다—옮긴이)나 우리가 좋아하는 인기 연속극을
듣게 될지도 모르겠다.

A 반물질(antimatter)은 존재하며 진짜이다. 우리가 잘 알고 있는 물질은 전자, 양성자, 중성자와 같은 기본적인 원자입자들로 구성되어 있다. 반물질도 마찬가지이며, 단, 반대의 전하를 띠고 있다. 이러한 반물질 입자들은 양전자, 반양성자, 반중성자로 알려져 있다. 물질과 반물질이 합쳐지면 입자들은 즉각 소멸되면서, 예를 들어, 감마선과 같은 형태의 에너지를 강렬하게 방출한다. 반물질은 물리학자들이 실험실에서 입자가속기를 돌릴 때 만들어졌다. 물리학자들은 심지어 수소원자의 반물질도 만들어낸 적이 있다. 반물질을 연구하는 과학자들을 곤혹스럽게 만드는 것은 이런 입자들의 수명이 대단히 짧아서 연구가 어렵다는 것이다.

머나먼 은하에서 관측되는 폭발 중 많은 경우가 물질과 반물질이 합쳐지면서 일어나는 것으로 여겨지고 있다. 우리 은하에서도 중심부에서 나오는 반물질로 의심되는 거대한 기둥 같은 것이 존재한다. 이론에 의하면 빅뱅이 일어났던 때에 대략 같은 양의 물질과 반물질이 생성되었지만 대부분의 반물질은 없어졌을 것이라 한다. 오늘날 반물질은 물질 107에 겨우 1의 비율로 나타나고 있다. 그러나 반물질은 계속해서 새롭게 생성되고 있다. 아마도 초신성 폭발로 인해 만들어지는 것으로 보이며, 이러한 폭발에서는 입자들이 폭발에 의해 충분히 가속되어 다른 입자들과 충돌하게 된다. 순전히 반물질로만 이루어진 은하도 있을 수 있다고 추측할 수 있다. 따라서 반물질

생명을 품고 있는 세계도 있을 수 있다. 그런 생명체들과 악수를 한다는 것은 우리에겐 매우 위험한 일이 될 것이다.

Q 백색왜성은 무엇인가?

A 백색왜성은 헬륨-수소 소비 단계를 지나 붕괴되고 있는 오래되고 좀더 가벼운 별이다. 우리가 보고 있는 것은 적색거성 단계에서 바깥의 물질층이 벗겨져나가고 남은 별의 핵이다. 대부분 탄소와 산소로 이루어졌을 것으로 생각되는 이 핵은 평균적인 별의 질량 정도지만 크기는 지구 정도밖에 되지 않을 수도 있다. 이는 핵이 물 밀도의 백만 배 정도로 추정되는 엄청난 밀도를 가지고 있다는 것을 뜻한다. 전자기체가 핵으로부터 압력을 가하면서 이 별의 중력과 균형을 맞춘다. 이러한 왜성은 그런 상태를 유지하면서 남아 있는 열을 천천히 잃어버려 결국에는 죽은 별인 흑색왜성이 되어버린다.

그러나 질량이 충분하다면 핵 속의 전자들은 양성자와 결합하여 중성자를 생성하여 백색왜성보다 훨씬 더 밀도가 높은 중성자별이 될 수도 있다.

열이 충분히 올라가면 핵융합으로 철을 포함하여 좀더 무거운 원소들을 만들어내고 엄청난 폭발이 일어날 수도 있다. 그렇지 않은 경우, 중성자별은 수축하여 블랙홀을 만들어내기도 한다. 자전하면서 규칙적인 맥동을 방출하는 중성자별들을 펄서pulsar라고 부른다.

A 적색이동을 통해 알고 있듯이 별들은 깜짝 놀랄 정도의 속도로 움직이고 있다. 더 멀리 있는 별들 중 일부는 초속 수천 킬로미터로 우주 속을 달리고 있다. 겉보기에 움직이지 않는 것 같은 이유는 우리와 엄청나게 멀리 떨어져 있기 때문이다. 겉보기 운동, 즉 시운동은 거리의 함수이며, 관찰자와 움직이는 물체 사이의 관계를 나타낸다. 관찰자에게서 멀어져가는 모든 것은 큰 운동을 하지 않는다. 별들은 우리에게서 멀어지고 있다.

우리의 상식에서 예를 든다면, 이륙하여 점점 멀어지는 제트 기를 들 수 있다. 제트 기가 멀어지면 멀어질수록 우리 눈에는 움직임이 크지 않게 보인다. 실제로 많은 경우에는 비행기가 하늘에 가만히 정지해 있는 것처럼 보인다. 하지만 그 비행기가 시속 600~800킬로미터의 속도로 움직이고 있다는 것을 알고 있다. 따라서 수십억 킬로미터 떨어져 있는 별들도 움직이지 않는 것처럼 보이는 것이다. 그러나 오랜 시간이 흐르면 별들도 위치를 바꿀 것이다.

현재의 북극성이 항상 북극의 별이었던 것은 아니며, 수천 년이 흐르면 모든 별들은 새로운 자리에 있게 될 것이다.

Q 적색이동이라는 말이 나오는데, 정확히 적색이동은 무엇을 말하는가?

A 적색이동과 도플러 효과는 서로 밀접한 관계가 있으므로 함께 이야기할 수 있을 것 같다. 두 가지 모두 움직이고 있는 물체에서 나오는 파동이 정지하고 있는 관찰자에 대해 어떻게 행동하는가를 설명하고 있다. 도플러 효과는 소리의 파동(음파)에 관한 것이고, 적색이동은 빛의 파동에 관한 것이다. 오스트리아의 물리학자 크리스티안 요한 도플러는 빈 대학교 교수였다. 1842년에 그는 음파가 관찰자를 향해 다가오거나 관찰자에게서 멀어질 때 소리의 높낮이에 변화가 있음을 발견했다.

우리의 일반상식에서 예를 들어보자. 기차가 관찰자를 향해 다가올 때 경적 소리는 더 크게 들리며, 관찰자를 지나 멀어져가면서 소리는 작아진다. 이와 비슷하게 우리에게서 멀어지는 별(별들은 모두 그렇다)에서 나와 우리에게 도달하는 빛의 파동은 가시 스펙트럼의 붉은 쪽 끝부분을 향해 이동해 있는 것을 보여주게 되며, 이는 좀더 긴 파동이라는 것을 뜻한다. 대신에 모든 별들과 은하들이 지구를 향해 돌진한다면 스펙트럼 상의 적색이동에 대해 이야기할 것이다. 적색이동을 발견하고 이것을 천문학에서 활용함으로써 우주팽창 개념의 토대가 만들어졌다. 에드윈 허블은 1929년경에 적색이동을 실질적으로 활용한 최초의 천문학자였다. 허블은 우리에게서 더 멀리 있는 은하일수록 더 빨리 이동하고 있다는 것을 보여주는 수학 상수를 만들어냈다.

Q 천문학자 허블의 이름을 딴 망원경이 있다고 한다. 허블은
어떻게 이런 영예를 안게 되었을까?

A 1953년에 사망한 에드윈 허블은 20세기의 주요한 천문학
자 중 하나로 여겨지고 있다. 그는 수학과 천문학 전공으로
시카고 대학교를 졸업했지만 곧장 천문학계에서 경력을 쌓지는 않
았다. 허블은 잠시 변호사가 되었지만 그 일을 좋아하지 않았다. 결
국 천문학 공부를 더 하기 위해 시카고 대학교로 돌아왔고, 제1차세
계대전에는 군복무를 했다. 1922년에 그는 마운트윌슨 천문대에서
일하게 되었는데, 그곳에서 우리 은하 안에 모여 있는 별들로 보였
던 희미한 천체들 중 많은 것들이 사실은 우리 은하에서 멀리 떨어
진 곳에 있는 다른 은하라는 기념비적인 발견을 해냈다. 이 발견은
즉시 우주의 크기에 대한 우리의 시각을 넓혀주었다. 허블은 한동안
이와 같은 다른 은하들을 크기와 형태에 따라 분류하고 구분하는 작
업을 했다. 그는 1929년에 적색이동이 은하의 속도와 거리를 밝혀
주며, 은하들이 우리에게서 멀어지고 있다는 것을 보여주었다. 그리
하여 팽창하는 우주가 우주론의 초석이 되었던 것이다.

그를 기려 이름을 붙인 망원경은 지상 약 595킬로미터에 위치하
여 방해물인 흐릿한 대기 없이 선명하게 우주를 관찰할 수 있는 놀
라운 회전반사망원경이다. 이 망원경에는 카메라와 분광기가 각각
두 대씩 장착되어 있으며, 전보다 50배는 더 희미한 천체를 발견해
낼 수 있다. 허블 망원경이 촬영한 행성과 여러 천체들의 사진은 대
단히 놀랍다.

 우주선을 타고 빛의 속도로 여행하면 지구에 있는 사람들과 비교해서 훨씬 더 천천히 나이가 든다는 글을 읽은 적이 있다. 무슨 이야기인지 설명해줄 수 있는가?

A 이 개념은 공간과 시간에 대한 우리의 생각에 혁명을 불러일으킨 아인슈타인의 상대성이론의 일부분이다. 우선 주의해야 할 게 있다. 아인슈타인에 의하면 그 어느 것도 빛의 속도로, 혹은 그보다 더 빨리 움직일 수 없다. 왜냐하면 그렇게 움직일 경우 무한한 질량을 갖게 되는데, 이는 불가능하기 때문이다. 우주에서 가장 빠른 천체는 제일 바깥에 있는 은하들과 퀘이사들로써, 광속의 90% 정도의 속도(초속 27만 킬로미터)로 움직이고 있다.

아인슈타인은 더 빨리 움직이면 움직일수록, 특히 빛의 속도에 가까워지면, 시간은 정지해 있는 관찰자의 경우에 비해 더 느려진다고 했다. 이는 시계와 같은 기계뿐 아니라 생물학적 과정에도 적용된다. 따라서 광속에 가깝게 이동하고 있는 우주선에 탄 사람은 심장 박동과 호흡이 느려지는 것을 경험하게 될 것이다. 8시간의 잠은 정지해 있는 관찰자에게는 며칠간 자는 것처럼 보일 것이다. 이론상으로는 그 우주선에 탄 사람이 자신의 손자보다도 더 젊은 상태로 지구로 돌아올 수 있다.

시간의 흐름은 지구의 운동속도에 익숙해진 우리 모두가 생각했던 것처럼 정해져 있거나 바뀌지 않는 것이 아니다. 아인슈타인이 옳다는 것은 이미 1936년에 벨 연구소가 방사능 수소원자를 고속으로 가속시켜 정지상태의 수소원자와 비교함으로써 증명되었다. 움직이는 수소원자의 진동수(일종의 시계)가 아인슈타인이 예측한 대로 줄어들었던 것이다. 질문을 받은 아인슈타인은 "작동하고 있는 시계가 느려진다고 가정하는 것이 느려지지 않는다고 가정하는 것보다 더 이상한가요?"라고 말했다. 아인슈타인의 이론은 시험될 때마다 항상 옳다는 결과가 나왔다.

Q 행성은 자연의 희귀한 별종인가, 아니면 흔한 것인가? 행성이 그리 많지 않다면 다른 곳에 생명이 있을 가능성은 낮을 것이다.

A 질문의 뜻은 잘 알겠다. 행성은 어느 정도로 흔할까? 성간 거리에서 볼 때 별들은 작고 잘 파악하기 힘든 천체이기 때문에 그 누구도 확실하게 알 수는 없다. 그러나 우리는 여기 이렇게 존재하고 있고, 우리의 태양은 행성 가족을 거느리고 있다. 그렇다면 우리가 별종인가? 20세기가 시작될 무렵 과학자들은 그렇게 믿었다. 우리의 태양이 지나가는 별과 거의 충돌할 뻔했고, 이로 인해 태양에서 거대한 가스분출이 일어났으며, 이렇게 분출된 것이 태양 주변의 궤도로 떨어져 식으면서 행성이 되었다고 추측되었다. 다시 말해서 그것은 우연한 사고였다는 것이다. 이제 이런 생각은 더 이상 받아들여지지 않고 있다. 지금은 행성계가 별들의 진화의 정상적인 일부분이라고 믿어지고 있다. 만일 그게 사실이라면 별 주위를 도는 수많은 행성이 있을 것이며 다른 생명체의 가능성은 더욱 커진다. 두 개의 별들이 서로의 주위를 도는 쌍성계의 경우는 예외이다. 이런 상황에서는 중력의 상호작용이 너무 복잡하여 행성 생성에 그

리 우호적이지 않다. 우리가 하늘에서 볼 수 있는 모든 별들의 최소한 절반은 쌍성계이다. 그렇다 해도 은하 한 개당 하나의 행성계가 있고, 그중 1,000개에 하나씩 생명을 유지할 수 있는 행성이 있다고 대충 생각해도 수백만 개의 행성들이 생명체를 가질 수 있다는 이야기가 된다.

Q 어떤 과학자들은 다른 행성에 생명체가 있다고 생각한다고 한다. 이건 일종의 확률 맞추기 게임이 아닐까?

A 전적으로 그런 것은 아니다. 이미 은하계 밖의 행성들이 발견된 바 있다. 우리와 같은 생명체에 대해서 이야기한다면, 생명은 탄소, 산소, 수소, 질소, 그리고 약간의 인과 황 원소에 기초하고 있다. 이러한 원소들이 합쳐져서 단백질, 물, 지방, 탄수화물 등 지구상의 생명체(인간이건 바퀴벌레건, 혹은 참나무이건 간에) 구성에 필요한 중요한 것들을 만들어낸다. 멀리 떨어진 별에서 나온 빛을 분석해보면 이러한 원소들이 우주에 널리 존재하고 있다는 것을 알 수 있다. 여기서 숫자게임이 시작된다. 소수의 행성만 있었다면 지구와 비슷하고 이러한 중요한 원소들을 가지는 행성이 있을 가능성은 극히 낮다. 그러나 우리는 엄청난 수의 별들이 존재한다는 것을 알고 있다. 이는 다양하게 구성된 행성들이 최소한 수십억 개가 있을 것이라는 사실을 시사한다. 이들 행성의 수가 증가하게 되면, 충분한 시간이 주어졌을 때 생명이 시작하기에 딱 맞는 재료를 가진 행성들의 존재 가능성도 수백만씩 증가한다. 지구에는 생명이 존재한다. 우리만이 그렇게 유일무이한 경우이어야 하는 이유는 무엇인가?

A 행성의 자격을 갖춘 것으로는 최소한 29개 정도가 될 것이다. 그러나 어떤 것은 그저 쌍성(이중성) 중 좀더 작은 동반성이 타버리고 남은 잔재에 불과하기도 하다. 우리가 알고 있는 것은 이들이 우리의 행성들보다 더 크며(목성 크기의 서너 배), 모항성(부모별) 주위를 원형이라기보다는 심하게 타원형인 궤도로 돌고 있다는 것이다. 이렇게 극단적인 궤도에서는 생명이 있을 가능성이 낮다. 왜냐하면 행성이 모항성을 한 바퀴 도는 동안 너무 뜨거웠다가 또 너무 차가워지기 때문이다. 이런 의심이 가는 행성들이 1990년대에 발견되어 천문학자들로 하여금 행성을 가진 다른 별들에 대해 공격적으로 조사하기 시작하게 만들었다. 궤도를 그리며 도는 행성을 가진 가장 가까운 별은 약 8광년 떨어져 있다. 그러나 천문학자들 중 어느 누구도 태양계와 같은 행성무리를 발견해내지는 못했다. 그럼에도 불구하고 우리 외에도 행성은 존재하고 있으며, 앞으로 전파망원경이 놀랄 만한 것들을 발견하게 될 수도 있을 것이다.

A 과학자들도 이 점에 대해 생각해보았다. 우리는 생명을 가능하게 하는 화학작용을 수행하기 위해 일종의 액체를 필요로 하는 에너지 체계를 생명체로 간주한다. 이곳 지구에서 생명이

란 것은 기본적으로 물속의 단백질이다. 물은 생명의 액체이다.

물이 항상 고체상태(얼음)로만 존재하는 행성에서는 지구형 생명은 있을 수 없을 것이다. 그러나 지구에서는 기체이지만 차가운 행성에서는 액체 상태로 있을 암모니아와 메탄 같은 물질이 차가운 행성에서 다른 종류의 생명의 기본이 될 수도 있다는 것을 명심할 필요가 있다. 암모니아라면 −34°C에서 단백질 속의 암모니아와 같은 종류의 생명이 될 수 있을 것이고, 메탄이라면 −182°C에서 메탄에 지방물질이 들어 있는 생명형태가 될 것이다. 그러한 생명이 어떤 형태를 띠게 될 것이며, 그런 생명체가 지능을 가지고 있을지 여부에 대해서는 그저 추측만 할 수 있을 뿐이다. 한 가지는 확실하다. 그런 생명체는 우리의 지구를 참을 수 없을 정도로 뜨거운 곳이라고 여길 것이다. 우리는 그런 생명체의 존재여부를 결코 알아내지 못할 수도 있다.

A 완전히 기체로만 이루어진 행성에 생명이 가능하리라고 생각할 수는 없다. 우리 태양계의 목성이 그 예이다. 그래도 어떤 뜨거운 행성(우리의 수준에서 볼 때)에 황과 규소가 액체 형태로 있다면 생명이 있을 수 있다는 생각을 할 수는 있을 것이다. 이들 원소는 129°C에서 427°C 이상의 온도에서 액체가 된다. 물론 두 원소 모두 지구 온도에서는 고체 상태로 있다. 이들 두 원소는 지구 생명의 기본인 탄소처럼 결합자(joiner)이다. 결합자는 다른 원소와 놀랄

정도로 수많은 결합을 하여 생명을 가능케 하는 물질을 포함하여 다양한 물질을 만들어내는 원소를 말한다. 이것은 멀리 떨어진 곳의 뜨거운 행성에 지능을 가진 것을 포함하여 생명체가 있을 수 있으며, 그런 생명체가 우리 세상을 바라보며 "그들이 알고 있는" 생명을 품고 있기에는 너무 추운 곳이라고 선언해버릴 가능성도 있다는 것을 뜻한다. 외계인 우주 여행자가 지구를 휙 훑어보고 생명이 없는 곳이라고 말했다는 이야기가 생각난다. 그들이 제시한 이유는 이러했다. "산소가 너무 많아." 희한하게도 산소는 부식성이 매우 강하며, 따라서 당연히 생명의 생성에는 우호적이지 않은 것으로 생각될 수 있다. 하지만 산소가 없다면 우리는 멸망하고 말 것이다.

Q 외계에서 규칙적인 전파신호가 지속적으로 지구를 강타하고 있다는 이야기를 들었다. 이것이 지능을 가진 외계인이 의사소통을 하려는 시도일까?

A 그렇지 않을 가능성이 많다. 외계 우주공간은 천체들이 그들의 "일생" 주기를 거치면서 방출하는 전파 잡음으로 가득 차 있다. 즉각적인 전파송신 메시지를 받아보고 싶다면 텔레비전에 나타나는 "스노snow" 현상(전파 방해로 화면에 흰 반점이 나타나는 현상―옮긴이)이나 멀리 있는 방송국에서 보내는 라디오 방송 잡음에 주의를 기울여보라. 이 중 많은 부분이 외계에서 오는 것들이다. 그러나 많은 전파송신이 대단히 규칙적으로 이루어지고 있다거나 일종의 유형이 있다는 것은 사실이다. 많은 별들은 펄서처럼 초당 규칙적으로 발생하는 맥동을 가지고 있다. 우리는 이곳 지구에서 주기적으로

일어나는 많은 것들을 관측할 수 있다. 예를 들어 간헐천(뜨거운 물, 수증기 등이 일정한 시간 간격으로 분출되는 온천—옮긴이) 올드페이스풀(미국 옐로스톤국 립공원 소재. 평균 약 94분 간격으로 1.5~5분간 분출—옮긴이)은 상당히 주기적인 간격으로 분출하고 있지만 어떤 지능이 있는 존재가 밸브를 작동시키는 것은 아니다. 우주의 다른 곳에 생명이 있을 가능성을 부인하는 것은 아니다. 그러나 생명체가 존재하는 행성계는 상당히 멀리 떨어진 곳에 있을 것이므로 전파에 의한 것이라 해도 통신을 한다는 것은 가능성이 희박할 것이다. 전파가 빛의 속도로 움직이기는 하지만 메시지가 왔다갔다하려면 수 년, 심지어 수백 년이 걸릴 것이다.

Q 과학자들이 의도적으로 전파를 사용하여 외계에 있는 외계인들과 접촉을 시도하려는 이유는 무엇인가? 위험을 초래하는 일은 아닐까?

A 아마도 세티SETI(Search for Extraterrestrial Intelligence, 외계 지능체 탐사) 프로그램에 대해서 들어본 것 같은데, SETI는 기본적으로 우주에서 들어오는 전파를 듣고 그것이 어떤 지능 활동에 근거한 것이지를 알아내기 위한 프로그램이다. 수백만 개의 채널로 무수한 전파신호가 들어오기 때문에, 마치 덤불 속에서 바늘 찾기와 같다. 1헤르츠 미만의 좁은 주파수를 받는 큰 접시에 중점을 두는 방법을 쓰기도 하는데, 그 이유는 이런 신호들은 자연적으로 발생한 것일 가능성이 거의 없기 때문이다. 푸에르토리코에 있는 것(직경 300미터)과 같은 거대한 접시는 고감도로 먼 거리까지 초점을 잘 맞출

수 있지만 하늘의 작은 부분만을 다룰 수 있다. 반대로 작은 접시는 하늘의 넓은 범위를 다룰 수 있지만 감도는 매우 낮아진다. 문제는 결과를 분석하는 데 있다. 다른 문명이 어떤 종류의 신호를 보내며, 우리가 그것을 이해할 수 있을 것인가?

어떤 SETI 분석가들은 이미 우리가 받아서 감지한 신호들이 다른 문명에서 보낸 신호였을지도 모르지만 우리가 그것을 알아채지 못했다고 생각한다.

대대적인 선전을 하지 않았어도 SETI 프로그램은 220개 국가의 아마추어들과 20만 명이 넘는 사람들이 관련된 전 세계적인 작업으로 확대되었다. 세티앳홈SETI@home이라고 알려진 프로그램은 개인용 컴퓨터나 위성접시 혹은 두 가지 모두를 가지고 있는 관심 있는 개인들에게 도움을 청했다. 화면보호기능이 작동될 때 여러분의 컴퓨터는 설치된 소프트웨어를 이용하여 전파신호를 수신하고 기록한 뒤 그것들을 보내어 분석될 수 있게 할 수 있다. 이러한 노력이 효과를 거둘 것인지에 대해서는 논쟁의 여지가 있다. 그럼에도 불구하고 언젠가는 뉴저지에 있는 할머니가 선진 외계 우주 문명에게서 메시지를 받았다는 소식이 발표될 수도 있을 것이다.

대중매체가 대부분의 외계인들을 우리 지구인들에게 위험과 위협을 가하는 인물로 묘사하기로 작정한 것처럼 보이는 듯한데, 이는 위험스런 일이다. 오히려 선진 문명으로써 그들이 우리에게 호의를 베풀고 도움을 줄 가능성이 더 많아 보인다. 그들이 사실은 전쟁과 침략, 유혈, 폭력으로 얼룩진 우리의 역사를 보고 오히려 우리를 피하고 싶어 할지도 모른다.

A. 문학작품에서 UFO라는 용어가 외계인 우주선과 동의어가 되어버린 것은 불행한 일이다. 많은 이들이 이 용어가 미확인 비행물체라는 뜻의 언아이덴티파이드 플라잉 오브젝트Unidentified Flying Object의 약어라는 사실을 잊고 있다. 미확인이라는 단어를 강조할 필요가 있다. 그러나 이러한 UFO가 우주에서의 수송수단임을 고려할 때 UFO가 지구에 착륙하는 것은 거의 불가능한 사건일 가능성이 높다. 이 우주가 사방으로 엄청나게 광활하기 때문에 UFO를 만난다는 것은 아무리 훌륭한 항공기술, 부품, 그리고 빠른 우주선이라 할지라도 가능성이 매우 낮다. 또한 시간 요소도 존재한다. 초속 30만 킬로미터로 움직이는 빛이 태양계라는 제한된 구역 안에서 지구까지 도달하려고 해도 수십 년이 걸린다. 그러므로 그런 여행을 마치려면 몇 세대가 우주선 안에서 살면서 자식을 낳아야 할 것이다. 기술적으로 선진화된 문명에서조차 그러한 일을 해내는 것은 영웅적인 일일 것이다. 많은 과학자들이 믿는 것처럼 우주에 많은 생명체가 존재한다면 어떤 특정한 문명이 수많은 문명들 중에서 반드시 지구를 택해 관심을 갖고 방문할 이유는 또 무엇이란 말인가?

다음은 외계인들이 어떻게 생겼을까 하는 문제이다. 우리는 외계 생명체들의 모습이 상상 가능한 거의 모든 형태일 수 있다고 생각한다. 고래, 단풍나무, 개미 등 지구의 다양한 생명체들을 생각해보라. 이들은 한 행성에서 공통된 환경의 영향 아래 진화했다. 지구와는 다른 환경에서는 훨씬 더 기이한 형태의 생명체가 생겨날 가능성이 있다. 움직이고, 지능을 갖춘 생명에 대해서 이야기하자면, 어떤 과학자들은 인간과 같은 형태의 생명체가 많은 장점을 가지고 있다고 주장한다. 인간의 주요 감감기관은 땅으로부터 높은 곳에 있는 하나의 패키지(머리)에 "떼 지어 몰려" 있다. 우리의 행성뿐 아니라 다른 행성의 환경 상황에 적응하는 데 이러한 배치가 진화 전개에 유리할지도 모른다. 서로 마주보는 엄지손가락을 가지고 있고 무언가를 움켜쥐는 손은 또 다른 강점이 될 것이다. 이러한 것들이 그럴듯한 생각인 것 같기는 하지만 사실이 결여된 단순한 추측에 불과하다.

Q 우리의 문명이 있기 훨씬 이전에 생겨났다가 사라진 문명이 이 우주에 있었을까?

A 있었을 것으로 생각한다. 우주는 지구가 탄생하기 전에 이미 100억 년 동안 존재하고 있었다. 지구에서 지능이 있는 생명체가 만들어지는 데 거의 50억 년이 걸렸다면, 그 정도의 시간 척도로 볼 때 지구가 만들어지기 전 최소한 50억~70억 년에 걸쳐 지능을 가진 생명체로 발전할 잠재력을 가진 수많은 행성들이 계속해서 등장했을 것이다. 일단 지능과 이성적인 사고 단계에 이르게 되면 번개 같은 속도로 문명이 활짝 필 수 있다. 최초의 인간들은 지능을 가지고 있었고, 그것은 겨우 몇백만 년 전의 일에 불과했다. 겨우 2만 년 전, 인간들은 원시적인 수렵채집인으로 생존했다. 이미 기원전 3500년에 생겨난 초기문명들은 도시와 피라미드를 세우고

예술을 창조하고 과학을 발전시켰다. 겨우 200여 년 전만 해도 우리는 전기, 라디오, 내연기관 혹은 비행기를 가지고 있지 않았다. 20세기에 우리는 핵, 선진의학, 텔레비전, 컴퓨터를 개발해냈고, 위성을 쏘아올렸고 달에 우주선을 보냈다.

21세기에 틀림없이 일어날 진보는 우리를 깜짝 놀라게 만든다. 그렇다면 우리와 똑같이 지능을 갖추고 우리와 비슷한 속도로 발전하지만 현재의 우리보다 천 년은 더 앞서 있는 그런 문명을 상상해보라. 다른 문명들은 인류가 창을 만들어내기 훨씬 전에 가지각색의 이유로 인해 사라져버렸지만 그런 문명들이 아직도 존재할 가능성이 있다. 그렇다. 우리는 다른 문명들이 지구에 앞서 오랜 시간에 걸쳐 등장했다가 사라졌을 가능성이 있다고 믿고 있다. 우리보다 훨씬 앞선 것뿐 아니라 우리의 기술 수준에 아직 이르지 못한 문명도 많이 있을 것이다.

 하늘을 연구하는 점성술과 천문학은 어떻게 비교할 수 있을까?

 메소포타미아와 중국의 초기 점성술사들은 별과 행성을 정확하게 관측했으며, 이것은 과학이었다. 그러나 그들은 자신이 연구한 천체들을 신으로 구현시켰고 그것들이 인간사에 직접적으로 영향을 미친다고 생각했다. 바로 이 점 때문에 더 이상은 과학이 아니었다. 이와 대조적으로 천문학은 별과 행성의 기원, 진화, 구성, 운동을 자연활동의 한 부분으로 보며, 점성술에 침투해 들어갔던 미신적인 환상과는 구분을 짓는다.

천문학을 구분짓는 것은 그것이 과학의 한 분야로써 관측과 측정으로 얻은 새로운 증거에 기초하여 변한다는 것이다. 따라서 천문학은 다른 모든 과학 분야처럼 역동적이며 사실에 의해 계속해서 수정된다는 것이다. 천문학은 지구가 우주의 중심이 아니라는 것을 보여주었다. 천문학은 결국 우주가 믿기지 않을 정도로 거대하며 어지러울 정도의 속도로 팽창하고 있다는 것을 보여주었다. 반면 점성술의 기본 믿음은 변하지 않는다. 화성은 언제나 전쟁의 신일 것이고, 그 영향을 받는 이들에게 공격성을 전해준다. 게자리 사람들은 항상 집과 가족의 안전 때문에 영향을 받을 것이다. 이러한 견해를 바꿀 만한 새로운 자료가 수집되는 일은 없다. 그런 의미에서 점성술은 과학의 한 분야라기보다는 어떤 사람들에게는 오락이고 또 속기 쉬운 사람들에게는 진지한 것일 수 있다.

Q 천문학자들은 우주의 시작에 대해서는 많은 것들을 이야기하지만 우주가 어떻게 끝날지에 대해서는 그리 많은 이야기를 하지 않는 것 같다. 과학자들은 앞으로 어떤 일이 일어날 것이라고 생각하고 있나?

A 지금 현재로서는 엔트로피entropy라는 개념으로 대답할 수 있을 것 같다. 엔트로피는 계(system)에서 이용할 수 없는 에너지 양을 나타낸다. 에너지에는 정돈된(질서) 상태의 것과 정돈되지 않은(무질서) 것이 있다. 질서 있는 에너지는 일을 해낼 수 있고, 무질서한 에너지는 일을 할 수 없다. 예를 들어 가솔린은 자동차 엔진에서 폭발하여 피스톤을 움직이고 자동차를 움직이는 일을 해낼

수 있기 때문에 질서 있는 에너지이다. 똑같은 가솔린이지만 연소되어 새로운 에너지 형태가 되어버리면 이제 더 이상 일을 할 수 없으며 무질서하게 된다.

우리의 태양은 질서 있는 에너지를 가지고 있는데, 그중 일부를 지구에 있는 우리가 받아서 일을 하는 데 쓰고 있다. 저 멀리 외계로 방출되는 태양에너지는 잃어버리게 되며, 그 에너지는 무질서하게 된다. 무질서가 증가하면 엔트로피가 증가된다. 과학자들은 우주가 최대 엔트로피(무질서) 방향으로 향하고 있다고 믿고 있다. 이것을 설명하는 또 다른 표현으로 과학의 기본적인 개념인 평형(equilibrium) 상태가 있다. 평형은 휴식상태 혹은 두 계 사이의 균형을 말한다. 자연에는 열심히 평형상태를 이루려는 경향이 있는 듯하다.

지구에서는 강이 계곡을 깎고 침식하면서 아래로 흐른다(질서 있는 에너지). 땅이 편평해지면 물줄기는 흐르는 것을 멈추고 쉰다. 평형상태를 이룩한 것이다. 태양은 마침내 모든 열에너지를 다 태우고 백색왜성이 되어버리며, 결국 잔여 열로 빛을 발산하는 것도 중단한다. 태양도 평형 상태를 이루고, 더 이상 사용가능한 에너지는 없어진다. 따라서 우리는 엔트로피가 증가하면서 멈춰버리는 우주를 상상할 수 있다. 움직임이 느려져 멈추고, 별들은 사라져버려 새로운 은하는 더 이상 만들어지지 않으며, 전 우주계는 그 휴식을 방해하는 게 아무것도 없는 평형상태(질서 있는 에너지)에 도달한다.

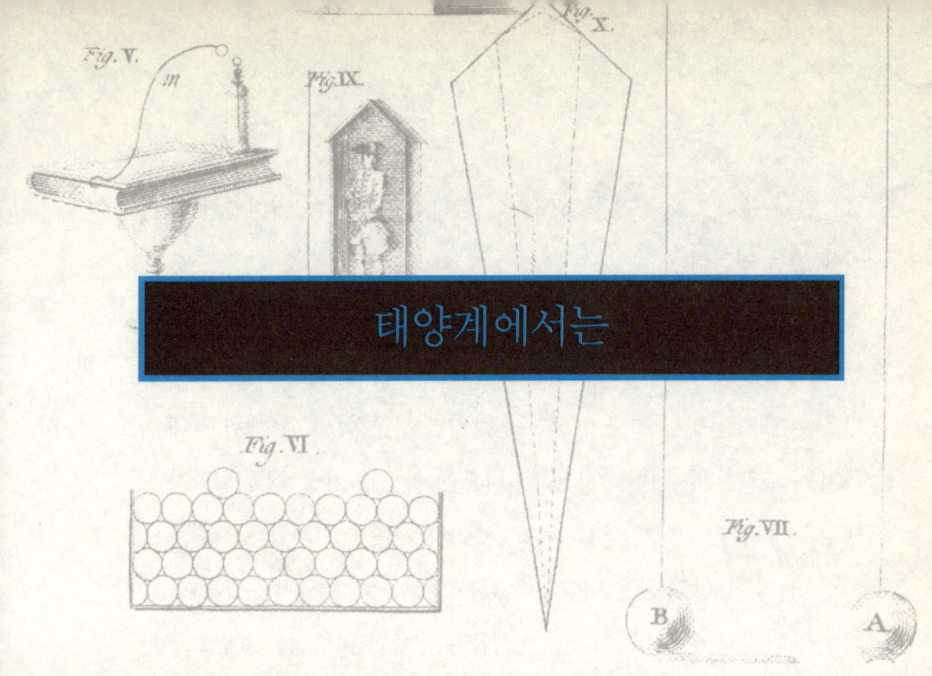

<h2>태양계에서는</h2>

Q 태양계는 어떻게 탄생했을까?

A 태양계에는 태양과 행성, 유성, 소행성, 혜성 등이 공통적이고 거의 동시대적인 기원을 가지고 있음을 나타내는 대칭성이 존재한다. 행성들은 모두 같은 방향으로, 타원궤도로, 그리고 같은 면 위에서 태양 주위를 돌고 있다.

이러한 관측자료를 고려해볼 때 우리는 높은 밀도의 항성 물질 구름이 중력의 영향으로 합쳐져 압축되는 것을 그려볼 수 있다. 이런 일이 일어나면 구름은 점점 더 빨리 돌게 되고, 원심력 때문에 원반 같은 형태로 납작해진다. 이 원반 안에서 가운데에 위치한 태양의 원형이 안으로 흘러드는 물질을 하나로 모으고(강착), 같은 원반 안에 있기는 하지만 태양에서 멀리 떨어진 곳에 또 다른 물질의 소용돌이들이 만들어진다. 이러한 작은 소용돌이들은 행성이 될 것이고 그들만의 중력으로 물질을 끌어모아 강착작용을 통해 커지면서 동시에 열을 얻는다.

새로운 태양은 질량이 너무나 커서 열핵반응이 촉발되고 이로 인해 태양은 빛을 낸다. 이제 행성들의 원형이 된 소용돌이들은 열핵반응을 일으킬 만큼 질량이 크지는 않지만 부분적으로 용해된 상태까지는 도달할 수 있다. 태양에서 나오는 복사는 가장 안쪽에 있는 행성 원형(수성, 금성, 지구, 화성 : 지구형 행성)의 가벼운 기체를 날려버리지만, 목성, 토성과 같은 바깥쪽에 있는 행성들(목성형 행성)은 가벼운 기체를 간직할 수 있다. 지구형 행성들은 행성의 내부에서 표면으로 기체를 운반하여 대기를 만들어낸다. 천문학자들과 천체물리학자들은 태양계가 이런 식으로, 혹은 이와 비슷한 식으로 약 45억 년 전에 만들어졌다고 생각하고 있다.

 외계에서 우주선이 항상 지구로 쏟아져 들어오고 있다고 알고 있는데, 실제로 우주선은 무엇인가? 이것이 해를 끼칠 수도 있나?

 우주선(cosmic ray)은 지구를 강타하고 있는 고속의 입자들이다. 이런 입자들에는 두 가지 종류가 있다. 82~85%는 양성자로서 일차우주선이라 부르며, 12~16%는 충돌의 결과로 얻어지는 헬륨 핵으로서 이차우주선이라고 한다. 우리 은하에서 집중적으로 발견되는 우주선은 신성 폭발 과정에서 대량생산되는 것으로 보이며, 이 폭발로 인해 속도가 매우 높아진다. 태양계에 들어온 우주선은 자기장에 의해 방향이 바뀌어 지구 대기 상층부 가까이에서 사방으로 쏟아져내린다. 과학자들은 자기장 때문에 우주선의 속도가 빨라질 가능성도 고려하고 있다.

어느 경우이건 간에 우주선은 지구와 부닥친다. 일차우주선은 다른 입자들을 때려서 이차우주선을 지구에 퍼붓는데, 그 속도가 매우 커서 지각을 3.2킬로미터나 통과해 들어가는 경우도 많다. 지표면까지 도달하는 일차우주선은 많지 않으므로 일차우주선에 대한 연구는 고도의 기구나 궤도위성에서 가장 잘 이루어진다. 우주선은 천만 년이 약간 넘을 정도밖에 되지 않아 나이가 비교적 젊은 것으로 생각된다. 우주선이 쏟아져 들어오는 것의 부수적인 효과는 양전자, 뮤온, 파이온과 같은 아원자 입자들이 생성되는 것이다. 이는 입자물리학이라는 중요한 과학 분야가 등장하게 만들었다.

우주선은 방사능 최대 허용량에 훨씬 못미쳐서 해가 없다고 생각해도 될 만큼 낮은 수준의 방사능을 우리에게 준다. 사람은 직업상, 혹은 구소련의 체르노빌에서 발생했던 재해와 같은 사고를 불러일으키는 원인으로 인해 높은 수준의 방사능에 노출될 수 있다. 오염이 있은 뒤 몇 년이 지나더라도 토양과 식물은 여전히 영향을 받으며, 방사능에 노출되었던 사람들 중 일부는 암으로 사망하기도 한다.

A 태양에 색유리처럼 반사물질을 약간 가지고 있는 검은 점
들을 본 사람이 있을 것이다. 이러한 점들은 엄청난 자기
장을 나타내는 것으로 갈릴레오가 처음으로 관측했다. 이것은 주변
의 태양 물질보다 현저하게 차갑다고 알려져 있다. 이런 이유로 인
해 한참 전에 미국에서는 "선스팟"(태양흑점)이라는 오렌지 탄산음료
가 시판되어 인기를 끌기도 했다.

태양흑점 활동이 최고조에 달할 때에는 300여 개나 되는 흑점이
발견되기도 한다. 흑점 활동이 적은 시기에는 서너 개밖에 보이지
않기도 한다. 태양흑점의 활동 주기는 약 11년이다. 태양플레어와
홍염은 태양흑점 활동의 두드러진 결과물이다. 태양플레어는 에너
지가 X선, 자외선, 고속 전자 및 양성자 등과 같이 여러 가지 형태로
강력하게 분출되는 것을 말한다. 홍염은 광구 위의 거대한 수소 가
스 구름으로, 자기력에 의해 떠서 우주 공간으로 밀려난다. 과학자
들은 아직 태양흑점 활동의 원인에 대해서는 확실하게 알지 못한다.

우리는 태양을 열과 빛의 공급원 이상으로는 잘 생각하지 않는다.
그러나 태양과 태양흑점 활동은 전파송신을 방해하고 사라지게 만
들며, 오존층을 만들어내고 지구의 기후에 눈에 띌 만한 영향을 준
다. 그 증거로 11년 주기를 따르는 성장 유형을 보이는 나무의 나이
테를 들 수 있다. 태양흑점 활동이 소빙기 기간이었던 1750년경 시
작된 유럽의 기나긴 한파를 초래했던 것으로 추측된다. 1989년 캐

나다 퀘벡 지방 전역과 미국 주변부 지역에 정전을 불러일으킨 주범은 태양플레어였다. 이 일로 수백만 달러의 손해가 있었다. 따라서 태양흑점 활동은 지구에 지대한 영향을 미칠 수 있다.

Q 북극광은 대기중에서 타고 있는 가스 때문에 생기는 것인가?

A 그렇게 생각되지는 않는다. 보통 우리는 밤에 빛나는 이것을 북반구에서 위도가 높은 지역에서 발생하는 북극광(aurora borealis)으로 생각하지만, 북반구와 마찬가지로 남반구에서도 나타나며 이를 남극광(aurora australis)이라고 한다.

이것은 녹색 혹은 불그스름한 색을 띤 둥그런 호, 커튼, 혹은 다른 형체로 나타나며, 관측자에게 굉장히 극적인 인상을 준다. 이런 현상의 기원에 대해서 완전하게 알려지지는 않았으나 태양에서 나오는, 특히 태양플레어 활동 시기에 나오는 입자들(전자와 양성자)이 태양풍에 의해 지구에 나타나는 것으로 생각된다. 이들 입자들은 자기장의 영향으로 극지방에 쏟아지고, 지구 대기중의 산소, 질소와 충돌하여 이온화 작용을 일으키고 이로 인해 색을 띠게 된다.

불타오르는 호와 커튼은 일종의 전하를 나타낸다. 이런 장관을 연출할 때 1평방인치(6.45평방센티미터)의 대기에서 1초에 1억 개씩의 수소 입자들이 충돌한다는 것은 놀라운 일이다. 드물게는 이러한 빛이 남부 유럽과 미국 남부에서도 관찰된다. 과거에는 오로라가 앞으로 곧 닥칠 재난을 경고하는 신호라는 미신이 있었다.

A 그것은 그리스 인들의 시대까지 거슬러 올라간다. 이미 많
은 그리스 사람들은 지구가 둥글지 않을까 하고 생각했다.
지구의 동반자인 해와 달이 둥글다면 지구도 그렇지 않을까라는 게
그 이유였다. 고대의 어떤 그리스 인들은 지구의 그림자가 달 표면
에 드리워지는 월식에서 지구가 둥글다는 추론을 내렸을 것이다. 지
구의 크기를 재기 전에 지구가 둥글다는 것을 먼저 아는 것은 중요
한 일이다.

그리스의 철학자이자 수학자였던 에라토스테네스가 지구의 원둘
레를 가장 먼저 과학적으로 측정했다고 한다. 그는 (이집트에 있는) 알
렉산드리아에서부터 나일 강을 따라 지금은 아스완이라고 부르는
곳까지의 거리를 쟀다. 이 거리에 대한 정보는 낙타 대상을 이끄는
사람들에게서 얻어냈다. 에라토스테네스에게 이것은 "거대한 원"의
호의 한 부분이었다. 그는 양 지점에 내리쬐는 태양광선의 각도 차
이로부터 호의 구부러진 정도를 알아냈다. 아스완에서는 태양광선
이 수직으로 내리쬐고 알렉산드리아에서는 약 7도의 각도로 내리쬐
였다. 그는 지구의 원둘레가 약 4만 6,000킬로미터라고 계산했다.
이것은 실제보다 약 6,000킬로미터 정도 더 크게 나온 값이지만 정
말 대단한 과학적 성과였다. 옛날 사람들이 지구의 크기는 실제보다
더 크다고 생각했지만, 그 나이는 엄청나게 과소평가했던 것이 참
흥미롭다.

A 최초의 기록으로 중국의 천문학자들이 기원전 2136년 10
월 22일에 식(eclipse)을 관측했다는 것이 있다. 그러므로
이 현상이 상당히 오랫동안 관측되었다는 것을 알 수 있으며, 그리
스 인, 바빌로니아 인, 로마 인, 이슬람교 인 등을 포함하여 전 세계
고대 문명에서 기록된 것들이 많다. 이러한 현상은 흔히 왕의 죽음,
전투의 승리 혹은 다른 중요한 사건 등의 전조로 여겨졌다.

물론 우리에게는 일식과 월식이 잘 알려져 있다. 일식은 달이 지
구와 태양 사이로 올 때 일어나고, 월식은 태양이 드리운 지구의 그
림자로 달이 지나갈 때 일어난다. 천문학자들은 상당히 정확하게 이
런 현상을 예측할 수 있다. 또한 수성과 금성이 태양 전면을 지나가
는 엄폐(occultation)와 두 개의 별이 공통의 중력 중심에 의해 서로를
공전하는 쌍성계에서 발생하는 식현상도 포함시킬 수 있다. 식은 천
문학자에게 귀중한 정보를 준다. 행성대기의 구성, 밀도, 크기의 측
정, 속도, 그리고 다른 자료들도 얻을 수 있다. 천왕성의 고리들은
천왕성이 밝은 별을 가렸을 때 처음으로 관측되었다.

그렇다. 식은 오랜 세월에 걸쳐 많은 이들을 두려움에 떨게 했다.
하늘이 어두워져 땅거미가 지는 것처럼 되고, 심지어 야행성 동물들
을 깨우기도 한다. 새들은 보금자리로 돌아간다. 원시인들은 괴물이
태양을 먹어치운다고 생각하고 그 괴물을 쫓아내기 위해 북을 치고
소리를 지르고 허공에 화살을 쏘아댔다. 개기일식이 겨우 8분밖에

지속되지 않는다는 사실은 그들의 노력이 효과가 있다는 생각에 믿음을 더해주었다.

1493년 4월 2일에 월식이 일어났다. 당시 크리스토퍼 콜럼버스는 자메이카 원주민들에게서 식량을 얻어내려 하고 있었다. 월식이 다가온다는 것을 알고 있었던 콜럼버스는 자신에게 음식을 주지 않으면 달을 어떻게 해버리겠다고 원주민들에게 경고했다. 월식이 있은 후 콜럼버스는 그의 힘에 놀라 두려움에 떨고 있는 원주민들에게서 그가 원하던 것을 얻어낼 수 있었다.

Q 대부분의 유성은 태양계 밖에서 오는 것들인가?

A 대부분은 태양계 안에서 오며, 이들은 태양과 그 행성들이 만들어진 뒤 남은 찌꺼기 파편이다. 유성(meteor)은 매우 많아서 매일 수천 개가 지구 대기로 들어오지만 대개는 크기가 작아서 지표면에 도달하기 전에 대기중에서 타버린다. 깜깜하고 깨끗한 밤하늘에서 확실하게 관찰할 수 있는데, 관찰자들은 빛이 순간적으로 번쩍이면서 긴 꼬리를 남기는 백열광 잔여물을 볼 수 있다. 열이 발생하는 것은 대기와의 마찰 때문이다. 천문학자들은 그러한 천체 자체를 유성체(meteoroid)로 부르길 좋아한다. 또한 지구까지 떨어지는 잔여물이 있다면 그것을 운석(meteorite)이라 불러야 한다.

이러한 천체의 상당수는 혜성의 궤도를 따라 흩뿌려진 조각들로 생각된다. 지구가 그런 지역에 들어가게 되면 유성우를 맞기도 한다. 어떤 유성들은 좀더 큰 소행성에서 떨어져나온 것들이기도 하다.

운석은 크게 두 종류로 나뉜다. 하나는 돌 성분의 운석이고, 또 하나는 철-니켈 성분의 운석이다. 어떤 때에는 이런 운석들의 표면이 여전히 뜨거운 상태로 땅에 떨어지기도 한다. 그러나 곧 바깥에 서리가 끼면서 내부의 차가움이 밖으로 드러나게 된다.

A 어떤 유성체(철-니켈 종류)에는 탄소가 들어 있기는 하지만 생명이 만들어지려면 탄소 이상의 것들이 있어야 한다. 수소와 산소도 있어야 아미노산과 단백질을 만들 수 있다. 태양계 전체는 물론 이곳 지구에도 이미 탄소가 풍부하게 있었기 때문에 외계에서 탄소를 운반해올 필요는 없었다.

지구의 생명이 외계에서 왔을 것이라는 생각을 우주생명유입설(cosmozoic theory)이라고 하며, 한동안 과학자들은 이를 그리 중요하게 생각하지 않았다. 그러나 한번 그런 일이 일어났다고 상상해보자. 운석은 대기를 통과하는 치열한 여행에서 살아남아 얕은 바다에 착륙했을 것이다. 이렇게 말하는 이유는 모든 지질학적 증거가 생명은 얕은 해양 환경의 바다에서 시작되었다는 것을 보여주고 있기 때문이다. 소수의 분자크기만한 "씨앗"이 어떤 식으로든 운석에서 방출되어 아마도 적대적인 미지의 환경에 처하게 되었을 것이다. 이렇게 전개될 확률은 천문학적일 것이다. 논쟁을 불러일으킬 만한 진전이 있기는 했지만 아직까지 과학자들은 실험실에서 생명을 창조해내지는 못했다. 생명의 기원은 여전히 미스터리로 남아 있다.

A 그것이 실제로 운석이었는지는 확실하지 않다. 소행성이나 혜성의 파편이었을 수도 있다. 그 사건은 1908년 6월 30일 아침에 소나무 숲이 울창하고 사람들이 거의 살고 있지 않던 지역의 퉁구스카 강 근처 시베리아 중부에서 일어났다. 목격자들(약간의 모피상들)의 주장에 의하면 땅 위에서 굉음의 폭발(폭발에 의한 구멍은 없었다)과 함께 약 30도 경사의 호를 그리는 밝은 빛이 터져나오면서 강하고 뜨거운 바람이 불었고 지진이 일어난 것처럼 땅이 흔들거렸다고 한다. 실제로 유럽의 지진계는 그 사건을 기록했다.

1927년에 러시아의 과학자들이 그 지역을 방문하여 그 폭발로 4만 5,000그루의 나무들이 바퀴살처럼 진원지로부터 방사상으로 쓰러져 있는 것을 발견했다.

폐허가 된 지역은 약 2,000평방킬로미터 정도였다. 떨어진 천체는 무게가 거의 백만 톤에 달했고 시속 9만 9,000킬로미터의 속도로 움직였으며, 폭발할 때 10~15메가톤의 TNT에 해당하는 것을 방출했던 것 같다. 그 운석(그것이 운석이었다면)은 완전히 증발되었다.

이 사건이 사람들이 밀집해 사는 지역에서 일어났다면 그 파괴력이 어땠을 것이라는 것은 가히 상상할 수 있을 것이다. 아마 인류 역사상 최악의 재난이 되었을 것이다. 이렇게 거대한 것을 우주선(spaceship)으로 생각하는 것은 신빙성이 없다. 그 지역에서 탐지되는 방사능이 비정상적인 수준으로 여겨지지는 않았다. 아무런 폭발 구멍이 생기지 않았기 때문에 그것은 지구 위 최소한 몇 킬로미터 위에서 폭발했을 것으로 생각된다. 그것은 정말로 자연의 격노가 얼마나 큰 위력을 지니는지 보여준다.

 지구가 우주에서 아주 빨리 움직이고 있다면 우리는 왜 그 움직임을 느끼지 못하는 것일까?

A 왜냐하면 우리는 줄곧 시속 10만 7,000킬로미터, 즉 초속 30킬로미터의 일정한 속도로 움직이고 있기 때문이다. 그것은 아주 평탄한 여행이다. 마치 시속 900여 킬로미터의 제트 기를 타고 여행하면서 움직임을 거의 느끼지 못하는 것과 비슷하다. 제트기 기내를 윙윙거리며 돌아다니는 파리는 움직임을 그보다도 더 약하게 느끼는데, 우리와 지구의 관계도 그와 같다.

지구의 것들이 지배를 받는 움직임이 그것뿐이 아니라는 것을 깨닫는다면 더욱 당황스럽다. 결국 지구는 시속 약 1,600킬로미터의 속도로 축을 따라 자전하고, 태양은 전 태양계를 우주 안에서 운반하고 있으며 동시에 전반적인 은하회전운동도 하고 있다. 또한 은하도 우주의 전반적인 팽창 속에서 밖으로 돌진하고 있다. 확실히 어지러움을 느끼게 할 정도이지만 우리는 전혀 어지럽지 않다.

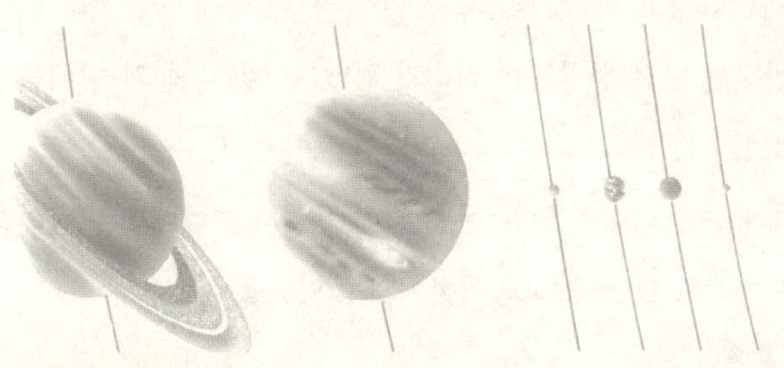

Q 1980년대에 행성들이 일렬로 정렬된 때가 있었고, 그때 무
서운 일들이 일어날 것이라는 예측도 있었다. 내가 알지 못
하는 무슨 중요한 일이 그때 일어났나?

A 일어나지 않았다. 1982년 여름에 금성, 지구, 화성, 목성,
토성이 태양과 일렬로 정렬되었다. 예언가, 영매, 점성술
사들이 나서서 엄청난 일(좋은 것도 있었고 나쁜 것도 있었다)이 일어날 것
이라고 선언했지만 아무 일도 일어나지 않았다. 예언가들에 의하면
이때 태어난 사람은 비범한 재능을 타고 날 것이라 했다. 그러나 그
와 같은 정렬은 과거에도 많이 일어났고 그때 태어난 사람들이 다른
때에 태어난 사람들보다 특별히 더 두드러지지는 않았다.

모든 행성들의 인력이 합쳐지기 때문에 지진과 같은 대격변이 일
어날 것으로 생각되었다. 그러나 행성들은 태양계 질량의 1%도 되
지 않기 때문에 행성들을 다 합쳐도 눈에 띌 정도로 생생하게 인력
이 작용하여 뭔가가 벌어지는 일은 거의 없을 것이다. 그것은 마치
누군가가 코끼리 발에 슈크림을 던지면 그 코끼리가 비틀거릴 거라
고 생각하는 것과 같다. 마지막으로, 정밀한 분석에 의하면 흔히 생
각했던 것과는 반대로 행성들이 군인들처럼 완벽하게 일렬로 정렬
한 것은 아니었다고 한다. 행성들은 하늘의 한 면에 불완전하게 나
열했고, 완전한 일렬 정렬과는 거리가 멀었다. 예언가들과 영매들은
이러한 "정렬"이 일어난 뒤 이상하리만큼 조용했다.

큰 지진과 같은 범상치 않은 무슨 일이 우연히 그때에 일어났더라
면 그들은 아직도 그것에 대해 이야기하고 있었을 것이다.

Q 갈릴레오가 망원경을 발명했나? 그가 직접 만든 망원경으로 목성의 위성들을 발견했다고 알고 있다.

A 그가 발명하지는 않았다. 망원경의 발명은 우연히 일어난 일이었다. 1608년에 한스 리퍼셰이라는 네덜란드의 유리 제작자 혹은 그의 조수들 중 한 명이 창문 밖을 보다가 우연히 커다란 렌즈 두 개를 들어 올려다보고는 깜짝 놀랐다. 사물이 훨씬 더 가깝게 보였던 것이다. 리퍼셰이는 렌즈들을 통에 넣었고, 이렇게 해서 최초의 망원경(3배)이 만들어졌던 것이다. 베네치아에 있을 때 이 소식을 들은 갈릴레오는 직접 32배 망원경을 만들어, 이 망원경으로 목성의 위성들을 발견했다. 그는 금성의 위상을 관측하여, 행성들이 지구가 아니라 태양의 주위를 돌고 있다는 것을 보여주었다. 그는 또한 망원경 덕택에 우리 은하에 있는 수백만 개의 별들을 관측할 수 있었다.

이러한 발견이 알려지자 갈릴레오는 그것이 성경의 내용과 반대되는 것이라는 이유로 즉각 교회 당국의 공격을 받았다. 갈릴레오는 수학, 역학, 천문학의 선구자였고 생애 동안 널리 존경을 받았다. 그렇지 않았더라면, 그리고 교황과의 개인적인 우정이 아니었더라면 화형대에서 죽음을 당했을지도 모른다. 그는 죽기 전 8년 동안 가택 연금을 당했다. 오늘날 그와 같은 일은 일어날 수도 없지만 생물학 교과서에서 진화에 대한 설명을 못 하게 하려는 시도나, 과학적 가치는 털끝만큼도 없는데 학생들로 하여금 창조론을 받아들이게 하려는 태도에서 여전히 반과학적 행태를 많이 볼 수 있다. 어느 과학자가 말했듯이 "갈리레오는 죽었을지 모르지만 그의 박해자들은 살아남아서 아주 잘 지내고 있다".

A 과학자들도 이처럼 흥미있는 생각을 해본 적이 있다. 달의 기원을 설명하는 모형으로 주로 두 가지가 있는데, 하나는 쌍성강착모형(binary accretion model)이고, 또 하나는 대형충돌모형(giant impact Model)이다. 쌍성강착모형에 의하면 달과 지구는 똑같은 먼지입자들에서 각각 동시에 만들어졌다. 달은 지구와 아주 가까운 곳에 만들어져서 중력에 의해 지구의 궤도에 잡혀 있게 되었다. 대형충돌모형에 의하면 철이 많고 화성크기 만한 천체가 생긴 지 얼마 안 된 지구를 스쳐지나갔는데, 이때 지구의 맨틀에서 파편들이 쏟아져나와 그것들이 합쳐져서 달을 만들었다.

오늘날 대부분의 과학자들은 달이 지구와 같은 때에 만들어졌으며, 비슷한 강착의 역사를 가지고 있고, 지구에 대하여 지금과 대략 같은 위치에 있었다고 믿고 있다. 우주비행사들이 달에서 가져온 암석표본이 이것을 증명하고 있는 듯하다. 4억 년 된 고대 산호 뼈대의 생장 유형은 달이 최소한 그 정도는 되는 오랜 기간 동안 있었다는 것을 암시하고 있다. 그러나 지구와 달의 기원은 그보다 훨씬 더 거슬러 올라가 행성들이 여전히 우주의 파편들을 끌어모아서 커지고 있던 태양계 초기까지 간다. 좀더 큰 것으로 보아 지구는 무거운 금속성 원소들을 끌어당겼던 것으로 보이며, 이는 지구에 철과 니켈로 이루어진 거대한 금속성 핵이 있다는 것으로 확인할 수 있다. 반면, 달은 좀더 무거운 지구 주변을 여전히 돌고 있던 가벼운 암석성분의 물질들을 끌어모으면서 커졌다. 오늘날의 달은 지구보다 훨씬 더 가볍고 밀도가 낮은 천체인데, 이는 달이 끌어모을 만한 물질로 가벼운 것들만 남았다는 것을 암시한다.

Q 달나라 사람(달 표면에서 어둡게 보이는 넓은 지역을 말함. 문화권별로 그 형상을 사람의 얼굴, 토끼, 여인의 실루엣 등과 비슷하다고 인식함–옮긴이)의 눈 부분을 이루고 있는 어둡고 커다란 점은 무엇인가?

A 달의 역사 초기의 강착 충돌 단계에서 소행성 크기의 커다란 천체들이 달 표면을 내리치면서 내부까지 통과해 들어가는 구멍을 만들었다. 당시 달의 내부는 아직 용암물질로 녹아 있는 상태였다. 이 용암이 달 표면으로 치솟아오르면서 현무암으로 알려진 거무스름한 용암의 "호수"를 만들었다. 이 현무암은 하와이 섬들을 만들어낸 주된 물질이기도 하고 오늘날까지도 계속해서 만들어지고 있기 때문에 지구의 우리에게도 꽤 친숙하다. 현무암은 점성이 매우 낮은 특징을 가지고 있어서 분출될 때 거의 물처럼 퍼져나간다. 달에서도 이런 일이 벌어졌고 그런 다음 냉각되며 굳어졌다. 초기 천문학자들은 이들 지역을 마레mare라고 불렀는데, 이는 라틴어로 바다라는 뜻이며 이렇게 부른 것은 많은 사람들이 그곳을 바다라고 생각했기 때문이다.

우주비행사들이 착륙한 곳이 바로 달의 바다, 마레 지역이었다.

그들은 물이 없다는 것을 알게 되었지만, 그곳의 물질 표본을 지구로 가져왔다. 이와 같은 달의 암석들은 한 가지만 제외하고 지구의 현무암과 비슷했다. 달의 암석에 들어 있는 광물은 그것이 생성되었을 때의 그대로였다. 달에서는 물과 대기가 없어서 풍화작용이라는 게 일어나지 않기 때문이다. 지구의 현무암은 화학적 풍화작용으로 인해 원래의 광물과는 상당히 다르다.

Q 달의 크레이터는 완벽한 원형인 것 같다. 그런 크레이터를 만든 유성들이 어떻게 항상 달 표면에 대해 수직으로 내려왔을까?

A 이 질문은 원형 크레이터(화구)는 수직충돌에 의해서만 만들어진다는 결코 비합리적이지 않은 가정에서 나온 것이다. 실험실에서 달의 토양과 비슷한 환경을 만들고 가스총을 사용하여 이러한 구덩이들이 어떻게 만들어졌는지 보기 위한 실험이 이루어졌다. 그 결과, 유성체 경로의 각도가 15도보다 크면 항상 원형의 구덩이가 만들어진다는 것이 밝혀졌다. 그러나 달 표면 사진을 자세히 살펴보면 유성체가 15도 미만의 각도로 내려앉은 기다란 구나 "깡충깡충 뛴 것 같은 흔적"을 볼 수 있다. 철벅거렸음을 보여주는 밝은 빛의 줄도 나 있다. 또한 모든 크레이터가 다 금방 만들어져 뚜렷해 보이는 것은 아니라는 사실을 알 수 있다. 끝부분이 부드럽고 다소 흐릿해진 것도 많이 있다. 이런 것들은 다른 것보다 오래되고 퇴화된 크레이터들이다. 그런 외형을 띠는 것은 소유성체와의 충돌 때문이며, 이런 충돌은 일종의 분사효과와 같아서 크레이터들을 침

식시킨다. 이것은 달에서 볼 수 있는 유일한 침식작용이다. 어떤 구
덩이들은 화산활동으로 만들어진 것도 있고, 화산활동과 연관된 용
암류도 있다는 것을 알 수 있다.

Q 우주 프로그램에 엄청난 액수의 돈이 들어가는 것을 보면서
이런 돈을 지구에서 다른 용도로 더 잘 쓸 수 있지 않을까
하고 생각하기도 한다. 우주비행사들을 싣고 왔다갔다하는
우주왕복선 프로그램의 경우에 특히 더 그런 생각이 든다.

A 우리는 그런 프로그램이 인간의 지식을 발전시킨다는 한 가
지 이유만으로도 돈을 쓸 만한 가치가 있다고 생각한다. 그
것은 수익 면에서도 투자할 가치가 있다. 우주왕복선은 사실 비교적
싼 우주탐사방법이다. 왜냐하면 우주왕복선은 다시 사용할 수도 있고
고장 난 궤도위성을 버리지 않고 다시 고칠 수도 있기 때문이다. 지금
까지 개발되었고 또 계속 개발 중인 기술은 모든 사람들을 위한 것이
다. 우주탐사를 통해 날씨와 폭풍을 더 잘 예측할 수 있고, 조기 경고
를 하여 많은 생명을 구할 수 있다. 식생 유형은 농업 분야에 도움을
줄 수 있다. 인공위성은 귀중한 광물이 매장된 곳의 위치를 찾아내는
데 도움을 줄 수 있으며, 바다에서 가장 좋은 어획구역을 찾아내고,
공기오염과 수질오염 추세를 감시할 수도 있다. 우주에서의 실험은
의학발전과 우리에게 유용한 신제품 개발을 촉진시킨다. 아마도 언젠
가는 우주왕복선이 행성간 탐사와 심지어 성간 탐사 임무를 위해 발
사될 유인 우주선 부품을 만드는 데 쓰이게 될 것이다.

Q 소행성대가 행성이 폭발하고 남은 잔해일 가능성이 있나?

A 태양계에 있는 대부분의 소행성들은 화성 궤도와 목성 궤도 사이에 있는 이 소행성대에 밀집해 있다. 폭발한 행성의 잔해라는 이론이 인기를 끄는 부분적인 이유는 공상과학 이야기에서 이런 주제를 썼기 때문일지도 모르겠다. 두 개의 대단히 큰 소행성들이 충돌하여 산산조각이 났을 때 만들어졌다는 이론도 있다. 천문학자들은 이 두 가지 시나리오 중 어느 것도 진지하게 고려하고 있지는 않다.

과학자들은 소행성대가 태양계 초기에 행성으로 굳어지지 않은 찌꺼기라고 믿는다. 그러나 큰 것은 물론 아주 작은 조각까지 포함해도 총질량은 달보다도 작다. 이렇게 비교적 소량의 물질이 태양계에서 가장 큰 행성인 목성이 행사하는 중력의 영향을 받게 되었는데, 목성은 소행성 궤도에서 계속해서 섭동(다른 천체의 중력의 영향 때문에 어떤 천체의 궤도가 교란되는 것을 말함—옮긴이)을 일으켜 이들이 행성을 이루는 것을 막았다.

Q 소행성대에 있는 소행성들의 크기는 어느 정도인가? 소행성들이 지구와 충돌할 가능성은 없나?

A 가장 큰 것은 1801년에 발견된 케레스로서, 직경이 약 960킬로미터 정도이다. 직경이 약 230킬로미터를 넘는 소행성은 약 16개가 있다. 이처럼 큰 소행성들은 행성처럼 구모양을 띠

는 경향이 있지만, 작은 소행성들의 모양은 매우 다양하다. 소행성의 93%가 암석 성분이 많고 규산염 광물이 풍부한 반면, 약 6%는 니켈과 철로 이루어진 금속 성분이 많다. 중간크기의 소행성들은 수천 개가 있으며, 더 작은 것들을 세어본다면 수백만 개가 된다.

좀더 큰 소행성들 중 일부의 궤도는 지구 궤도를 지나가고 있어서 만나게 될 가능성은 약간 열려 있다. 좀더 작은 소행성들 중 많은 것들은 유성체로서 지구에 떨어지지만 대부분은 대기에서 타 없어지거나 거의, 혹은 전혀 아무런 해를 끼치지 않으면서 지구 어딘가로 떨어진다. 예외로는 미국 애리조나에 떨어진 유성체가 있었는데, 이 유성체는 커다란 배린저 크레이터를 만들었다. 이 유성체는 소행성대에서 온 것으로 믿어진다. 일반적으로 행성 표면에 떨어지는 유성체는 그 직경의 네 배 크기의 구덩이(크레이터)를 만들어낸다.

크기가 큰 소행성체 중 하나가 지구와 부딪친다면 그 무엇과도 비교될 수 없는 엄청난 재난이 될 것이다. 충돌지역이 미국 한가운데라면 약 2,400킬로미터 크기의 구덩이가 만들어질 것이며, 아마도 용암이 솟구치고 먼지 구름이 지구를 둘러쌀 것이다. 인류가 그와 같은 대재난에 살아남을 수 있을지 의심스럽다. 그보다 더 나쁜 시나리오는 바로 그 소행성이 바다에 떨어져 거대한 해일을 만들어내 전 세계 해안에 살고 있는 사람들을 덮치는 것이다. 대부분의 사람들이 해안을 따라 살고 있으므로 수백만 명이 죽게 될 것이 확실하다. 그러나 그와 같은 사건은 백만 년에 한번밖에 일어나지 않을 것이다. 크기가 좀더 작지만 그래도 여전히 치명적인 소행성들에 의한 재난은 만 년에 한 번 정도로 발생할 수 있다.

이런 통계에서 신경 쓰이는 것은 우리는 언제 어떤 일이 벌어질지

결코 알지 못한다는 사실이다. 다음 달, 혹은 내년에라도 그런 일이 발생할 가능성이 있는 것이다.

Q 소행성과 혜성의 차이점은 무엇인가?

A 소행성은 대부분 암석물질로 이루어져 있으며, 모양이 불규칙하고 일반적으로 태양계 안에서 궤도를 따라 움직인다. 그 수는 수십만, 아니 수백만에 달할 수도 있다. 소행성은 태양계 초기에 떨어져나온 찌꺼기이다. 이런 점에서 볼 때 대부분의 소행성은 행성만큼이나 오래되었다. 이와는 대조적으로 혜성은 대부분 얼음, 냉동가스, 먼지입자들로 이루어져 있으며 "더러운 눈덩이(dirty snowballs)"라고 적절하게 묘사되고 있다.

긴 가스 꼬리는 혜성의 특징이다. 수많은 혜성은 한쪽으로 치우친 편심 궤도를 따라 이동하여 태양계 자체를 벗어났다가 주기적으로 수백 년 뒤에 다시 돌아온다. 혜성은 소행성보다 수가 적지만, 새로운 혜성이 만들어질 수도 있다. 지금까지 약 900개의 혜성만이 알려져 있다. 혜성은 얼음과 가스의 상당 부분이 태양열로 인해 증발하고 검은 탄소성 핵만 남게 되기 때문에 수명이 짧다. 백만 년 이상 존재하는 혜성은 거의 없다. 어떤 과학자들은 혜성이 태양계가 탄생하기 이전에 생겨났다고 믿고 있다. 소행성과 혜성 모두 질량이 다양하여 측정하기 힘들다.

Q 수성에는 달처럼 많은 크레이터가 있다고 알고 있는데, 서로 많이 비슷한가?

A 두 천체 모두 충돌 크레이터(충돌화구)로 가득하고, 지구에서 볼 때 위상이 변한다. 수성과 달은 그 크기가 서로 비슷하며 엄청나게 뜨겁다. 수성이 대단히 얇은 헬륨, 나트륨, 산소로 된 대기를 가지고 있기는 하지만 수성과 달의 표면에는 미소운석이 쏟아져 내린다(분사효과). 이 때문에 두 곳 모두에서 크레이터가 다양한 정도로 침식되며, 먼지와 미세한 파편으로 된 얇은 층이 형성되었다. 표면은 매우 오래되었고 수백 년 동안 기본적으로 아무런 변화가 없다. 이러한 일반적인 유사성 외에 중요한 차이가 있는데, 그중 일부는 탐사선 마리너 10호가 1974~1975년에 밝혀냈다.

수성은 지구와 매우 비슷한 밀도를 가지고 있는 반면 달은 그 밀도가 상당히 낮다. 태양계에서 가장 안쪽에 있는 행성인 수성은 태양 주위를 88일에 한 바퀴씩 돌며, 달은 지구와 함께 공통의 중력 중심을 돈다. 수성의 자기장은 약한데, 이는 수성이 부분적으로는 여전히 용융상태로 있을 가능성이 있는 금속성의 핵을 가지고 있다는 것을 암시한다. 수성에는 단층 생성으로 인해 높이가 약 1.6킬로미터가 넘는 돌출 절벽이 있지만 달에는 없다. 수성 표면에서 바라보는 하늘은 다른 모습일 것이다. 하늘은 달에서처럼 더 어둡게 보이겠지만 태양은 달에서보다 2.5배는 더 큰 모습으로 이글거릴 것이다. 놀랍게도 수성에는 태양열이 도달하지 못하는 빙관에 물이 있는 것으로 보인다. 온도는 절대온도(켈빈 온도) 100K에서 700K(약 -173°C

에서 427°C)를 오르내린다. 살기 좋은 곳은 아닐 것 같다.

Q 금성은 표면을 가릴 정도의 두꺼운 대기를 가지고 있다. 금성 표면은 어떻게 생겼으며 대기가 그렇게 두꺼운 이유는 무엇인가?

A 금성은 하늘에서 가장 밝은 행성이고, 초기 문명사회에도 알려져 있었으며, 지구에서도 가장 가까운 행성이다. 그럼에도 불구하고 여전히 가장 신비로운 행성이기도 하다. 두껍고 구름 낀 대기는 금성 표면을 힐끗 훔쳐보기도 어렵게 만들었다. 훌륭한 광학망원경이 발명되었어도 금성 표면에 대한 우리의 지식은 그다지 많아지지 않았다. 그러나 짙은 대기의 대부분이 이산화탄소로 이루어져 있다는 게 발견되었다. 많은 사람들은 금성이 뜨겁고 증기 자욱한 행성으로, 정글이 있고, 심지어 공룡이나 다른 원시 생명체들이 있는 곳으로 상상했다. 그러나 이것은 진실과 아주 거리가 멀다.

1960년대와 1970년대에 소련사람들은 우주선을 금성 표면에 착륙시켰다. 이때 찍어서 전송된 사진은 금성이 뜨겁고 건조하고 암석으로 된 행성이라는 사실을 밝혀냈다. 그후 모두 20개가 넘는 소련과 미국의 우주 프로그램으로 인해 대단히 많은 새로운 정보와 모습들이 알려졌다. 특히 미국의 우주선 마젤란 호의 기여가 컸다. 마젤란 호는 1990년 8월에 금성 주위의 궤도로 진입했고 금성의 구름을 통과할 수 있었던 레이더를 이용하여 표면의 세부 정보를 보내왔다. 지금은 금성 표면의 90% 이상이 조사되어 있다.

금성은 수성이나 달보다는 크레이터 수가 적다. 1,000개 미만의 크레이터에 이름이 붙여졌다. 금성의 지형은 다양하여, 고원도 있고 계곡, 평야, 능선, 절벽도 있다. 수많은 화산과 용암 밭이 있지만 물은 없다. 따라서 금성의 풍경을 좌지우지한 것은 주로 화산활동, 단층생성 및 기타 구조 활동이었다. 이산화탄소가 대기중에 많은 이유도 화산가스가 표면으로 이동하여 이산화탄소를 만들어내기 때문이다. 지구의 활화산도 이산화탄소를 대기중으로 뿜어내고 있다.

Q 화성에 생명체, 심지어 위대한 문명이 있지 않았을까? 얼굴같이 생긴 화성 사진도 본 적 있고, 두 개의 인공위성도 있다고 들은 적이 있다.

A 화성 표면의 얼굴은 실제 얼굴이 아니라는 게 밝혀졌다. 우주에서 그 사진을 찍을 때 태양의 그림자가 드리워져서 마치 얼굴 같은 모양이 된 것이다. 나중에 지나갈 때 다른 각도에서 그림자가 별로 없는 상태에서 그 지역을 다시 촬영한 결과, 그 형체는 바위들이었음이 밝혀졌다. 게다가 그 얼굴은 화성의 신이라기보다는 오히려 조지 워싱턴을 닮았다.

궤도를 그리며 화성 주위를 돌고 있는 두 개의 위성(데이모스와 포보스)은 화성 표면에서 발사된 것이 물론 아니다. 두 개 중 크기가 좀 작은 것은 직경이 약 14킬로미터이고, 큰 것(포보스)은 가장 긴 부분의 직경이 약 26킬로미터이다. 이륙시키기에는 무거운 짐임에 틀림없다. 두 위성 모두 모양이 불규칙하고 암석과 얼음으로 이루어져 있으며, 먼지층으로 덮여 있다. 두 위성은 수많은 유성체들과 부딪쳐서 크레이터를 만들었다. 천문학자들은 도저히 인공적으로 만들어진 것 같지는 않은 이 두 위성을 소행성대를 벗어난 유성체가 화성에 의해 잡혀 있는 것으로 생각하고 있다. 궤도 속도와 여러 요소를 살펴보건대 언젠가는 포보스가 화성으로 추락할 것이며 그 자매위성은 모행성에서 점점 더 멀어질 것이 틀림없다.

실제로 화성에서 생명이 시작되었을 수도 있다. 화성의 운석 물질을 전자현미경으로 살펴본 결과 미생물일 가능성이 있는 것들이 발견되었으며, 이는 지구에 있는 것들과 비슷한 형태였다. 돌의 틈에서 발견된 미생물들이 화성에서 생겨난 것인지, 아니면 1만 3,000년 전에 남극에 떨어진 이후에 그 돌에 미생물이 침투해 들어간 것인지에 대해서는 논쟁이 분분하다. 미생물이 발견된 탄산염의 층은 그 연대가 39억 년이나 되었으며, 과학자들은 당시 화성의 기후는 훨씬 더 덥고 습했을 것이라는 데 동의하고 있다. 현재 화성의 기후는 액체 상태의 물이 있기에는 너무 춥지만(평균 -52°C) 표면이나 표면 가까운 곳에 물이 얼어 있는 상태로 존재한다.

마스 글로벌 서베이어Mars Global Surveyor 호가 촬영한 사진을 보면 화성 표면 밑에서 물이 나와 운하를 채우고 있다는 것을 암시하고 있다. 갑자기 밀어닥치는 홍수로 운하가 생겨났을 수도 있지만 오래된 물의 침식작용으로 만들어진 운하가 있는지는 알지 못한다. 화산활동이 물을 표면까지 끌어올렸을 가능성도 있으며, 아직 화산활동이 진행되고 있다면 표면 가까운 곳에 온천이 있다는 것을 뜻하는 것일 수 있고 그렇다면 화성에 생명체가 있을 가능성은 높아진다. 화성의 지형도 조사되었다. 그 결과 어떤 지역은 표면이 해안가의 지형과 비슷하여 아마도 오래 전에 화성에 있었을지도 모르는 바다에 의해 만들어졌을 가능성도 보여준다.

1999년 12월에 발사된 마스 폴러 랜더Mars Polar Lander 호는 불가사의하게 사라져버렸는데, 당초 그 목표는 화성의 남극에 언 상태의 물이 있는지를 알아내는 것이었다. 화성 탐사 계획은 계속되고 있으며(2001년에 2001마스 오디세이, 2003년에 마스 익스프레스와 화성 탐사로봇 스피릿과 오퍼튜니티, 2005년에는 화성정찰궤도선 MRO가 발사되었다. 앞으로 2007년과 2009년에 실시될 화성탐사계획이 추진 중임—옮긴이), 화성에 생명체가 있는지, 혹은 있었는지를 알아내기 위해서는 더 많은 증거가 필요하다.

A 우리가 아는 한 활화산은 없지만 지구에서도 사화산이라고 여겨졌지만 분출했던 화산들이 많이 있었다. 이 질문에서 말하는 화산은 올림푸스 몬스Olympus Mons로 그 높이가 약 2만 7,000미터인데, 아마도 태양계 전체에서 가장 큰 화산일 것이다. 그것은 화성 표면의 많은 특징들이 화산과 구조 활동에 의해 만들어진 것이라는 사실을 고려해볼 때 그리 놀랄 일이 아니다. 화성은 핵, 맨틀, 지각을 형성하기에 충분할 정도의 용융단계에 도달할 수 있었는데, 밀도만 현저하게 낮은 것을 제외하고는 지구의 것과 비슷하다. 화산에서 나온 가스 분출물이 이산화탄소와 약간의 질소, 산소, 그리고 희가스들로 이루어진 대기를 형성했는데 대부분은 상실되었다.

특히 흥미를 끄는 것은 초기의 화성이 하천 체계를 가지고 있었던 것으로 보인다는 점이다. 물이 화성 표면과 지하로 흘렀을 수도 있다. 아마도 이 단계에 생명체로 발전할 시도가 있었을 가능성도 있다. 그러나 오늘날 부분적으로는 낮은 대기압 때문에 모두 고체 상태의 얼음으로 있다. 화성 극지의 빙관에는 얼음과 이산화탄소가 드라이아이스의 상태로 묶여 있으며, 아마도 그런 식으로 계속해서 남아 있을 것이다. 오늘날의 화성 사진을 보면 바람과 먼지폭풍이 자주 휩쓸고 지나가는 먼지 많고 건조한 암석 행성의 모습이다.

Q 그렇다면 화성은 왜 붉은가? 천문학자들이 말하는 운하는 어디에 있나?

A 화성을 바라볼 때 가장 먼저 눈에 띄는 것은 확실히 붉은색이다. 그 원인은 오랫동안 궁금함의 대상이었고 심지어 오늘날에도 100% 확신하지는 못하고 있다. 한때 화성의 대기는 철과 결합하여 산화철을 만들어내기에 충분한 산소를 가지고 있었다. 산화철은 녹을 말한다. 이는 지구의 광물인 갈청광과 적철광과 같다. 그런 색을 띠기 위해서 많은 양의 산화철이 필요한 것은 아니며, 집에 페인트를 칠할 때처럼 붉지 않은 다른 색의 광물질 표면만 살짝 덮을 정도만 있으면 된다.

화성에 운하는 없다. 마리너 위성이 화성 표면 전체의 지형을 자세히 조사했는데, 그런 것은 발견되지 않았다. 그러나 단층과 능선 같은 선형의 지형은 발견되었는데, 과거 천문학자들이 성능이 덜 뛰어난 장비로 조사하면서 이런 지형을 운하로 해석했다. 따라서 지능을 가진 존재가 극지방의 빙관에서 건조한 문명지로 물을 끌어대기 위해 그러한 운하를 건설했을 것이라는 주장이 나왔다. 인간의 시력은 완벽하지 않다. 생소한 무언가를 보면 우리는 그 선과 점을 우리의 경험 속에 있는 비슷한 것과 연결시키는 경향이 있다. 우리가 화

성에서 보는 얼굴과 뉴잉글랜드의 올드맨오브더마운튼(미국 뉴햄프셔
주에 있었던 바위로 어떤 각도로 바라보면 사람의 옆얼굴 모습을 하고 있어서 이런 이
름이 붙여졌으며, 큰바위얼굴이라고도 불렀다. 그러나 자연의 풍화작용으로 2003년에
무너져내렸다—옮긴이)의 얼굴은 모두 자연의 바위 형상들이다.

A 목성은 주목할 만한 행성이다. 태양계에서 가장 큰 행성이
라는 이유뿐 아니라, 태양과 같은 구성성분(수소-헬륨)을 가
지고 있고, 16개의 위성(2005년 현재 확인된 위성의 수는 총 63개에 달한다—옮
긴이)을 거느리고 있어서, 그 자체가 또 하나의 태양계와도 같기 때
문이다. 앞으로 더 많은 위성이 발견될 가능성도 있다. 가장 안쪽에
있는 여덟 개의 위성 중에는 갈릴레오가 발견하여 명명한 대단히 큰
위성 이오, 에우로파, 가니메데, 칼리스토 등이 있다. 이들 위성은
태양계의 다른 행성들처럼 목성의 성운 속에서 강착 작용을 통해 생
성되었을 가능성이 있다. 가니메데와 칼리스토는 행성인 수성만한
크기이다. 편심궤도로 돌고 있는 바깥쪽의 위성들은 목성에 잡혀버
린 유성체들로 보인다.

갈릴레오가 발견한 네 개의 위성은 얼음으로 덮여 있기는 하지만
생명체가 발견되지 않았다. 칼리스토와 가니메데는 약간 울퉁불퉁
하고 크레이터가 많다. 대조적으로 에우로파는 대단히 매끄러운 표
면을 가지고 있고 크레이터도 거의 없다. 어떤 과학자들은 이 사실

을 보고 에우로파가 물이 흘러나와 신속하게 고체의 얼음 호수를 형성하면서 표면이 재형성되는 과정을 겪고 있다고 생각한다. 이오는 지구를 제외하고 태양계 어느 곳에서도 찾아볼 수 없는 활화산 분출을 보여주는 매우 독특한 위성이다.

1979년, 보이저 탐사선은 분출하고 있는 화산을 아홉 개나 찾아내었으며, 부분적으로 표면을 노랗고 오렌지 색을 띠게 만드는 황과 황화합물을 상당양 발견했다.

Q 토성의 유명한 고리는 어떤 종류의 물질로 이루어졌나?

A 무심코 쳐다보면 큰 고리가 서너 개밖에 없는 것처럼 보인다. 이러한 고리들을 최초로 집중해서 살펴본 사람이 바로 갈릴레오였다. 그는 이들 고리가 토성의 표면에 붙어 있다고 생각했다. 크리스티안 호이겐스는 훗날 이러한 고리들이 토성 표면에서 떨어져 있다고 말했는데, 이는 맞는 말이었다. 나중에 일곱 개의 고리가 식별되었지만, 보이저 호와 파이어니어 호가 그곳에 도착해서 발견한 결과, 고리들이 십만 개나 되는 작은 고리로 나뉘어질 수 있다는 것이 알려졌다. 이들 우주선은 토성 부근에 서너 개의 위성이 더 있다는 것도 발견하였으며, 이로써 토성의 위성은 모두 18개로 밝혀졌다(2005년 현재 확인된 위성의 수는 총 50개에 달한다—옮긴이). 토성의 고리들은 약 13만 6,800킬로미터에 걸쳐 뻗어 있으며, 돌 파편, 냉동가스, 얼음덩어리로 이루어져 있다. 파편으로는 실트, 모래 크기의 입자에서 직경이 35피트(약 10미터)나 되는 큰 돌 등 다양하다. 어떤 곳에서는 고리 두께가 겨우 약 4.8미터밖에 되지 않는다.

토성은 목성에 이어 두번째로 크며, 목성처럼 수소와 헬륨으로 구성되어 있지만 수소(88%)가 다소 더 많다. 토성은 태양에게서 받는 것의 세 배 되는 열을 발산한다. 토성의 위성 중 제일 큰 타이탄은 관심의 대상이다. 직경이 약 5,100킬로미터로 수성보다 크며, 질소와 메탄으로 이루어진 대기를 가지고 있다. 어떤 과학자들은 타이탄이 생명이 시작되기 전의 지구와 비슷할 수도 있다고 생각하고 있다.

Q 태양계에서 바깥쪽에 있는 두 행성, 천왕성과 해왕성은 크기와 구성성분이 비슷한가?

A 천왕성이 직경 약 5만 2,000킬로미터로 약 4만 9,000킬로미터의 해왕성보다 약간 더 크다. 두 행성의 대기 구성성분은 비슷하지만(주로 수소와 헬륨으로 구성되어 있다), 해왕성이 3%의 메탄을 가지고 있어 차이가 나며, 이 때문에 해왕성은 푸른빛을 띤다. 두 행성 모두 위성을 가지고 있다. 이들은 아마도 두 행성에 잡힌 소행체로 보이는데, 천왕성은 17개, 해왕성은 8개의 위성을 가지고 있다(2005년 현재 확인된 위성은 천왕성 27개, 해왕성 13개이다—옮긴이). 두 행성 모두 내부의 열 공급원을 가지고 있다. 그러나 차이점도 있다. 천왕성은 축에서 55도 기울어져 있어서 태양 주변을 도는 궤도를 따라 "굴러가는" 것처럼 보인다. 또한 천왕성 주위에는 9개의 고리가 있다. 해왕성의 위치는 망원경을 그쪽 하늘로 돌려 맞추기 이전에 이미 수학 계산(1846년 위르뱅-J. J. 르베리에)으로 예측되었다. 이 놀라운 업적은 천왕성의 궤도가 보이지 않는 힘에 의해 일그러지는 것에 기초해서 이룩한 것이었다.

A 이것 역시 수학자들이 그곳에 행성이 있어야만 한다고 말했기 때문에 하늘 어디를 바라봐야 하는지를 미리 알았던 경우이다. 클라이드 W. 톰보는 1930년에 명왕성을 발견했고, 명왕성의 위성 카론은 1978년에 발견되었다. 명왕성은 직경이 약 2,300 킬로미터라는 점에서 다른 거대 행성들과는 다르다. 카론의 직경은 명왕성의 절반 정도이다. 명왕성은 차가운 바위 세계로 빙관이 있으며, 메탄으로 된 얇은 대기가 있다. 일반적으로 알려졌듯이 명왕성은 때로는 해왕성의 궤도와 교차하여 해왕성을 태양계의 가장 바깥쪽에 있는 행성으로 만들어버리기도 한다. 명왕성이 해왕성의 위성 중 떨어져나간 것일 가능성이 많다. 어떤 수학자들은 아직도 명왕성 궤도 너머에 또 다른 행성(행성 x)이 있을 것이라고 생각하기도 하는데, 그 이유는 두 행성의 궤도에서 발견되는 불규칙성이 또 다른 중력의 존재를 암시하기 때문이다.

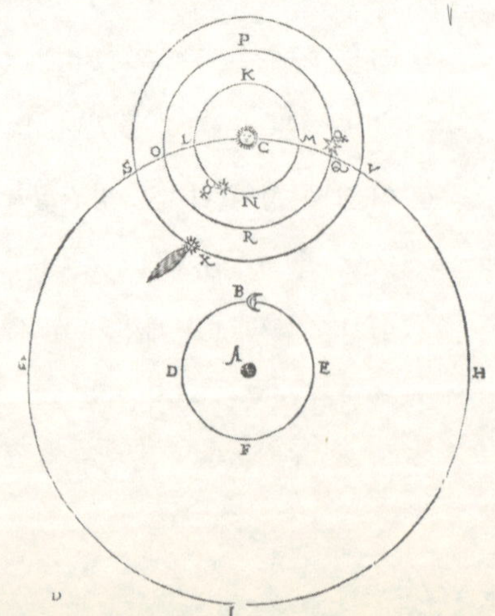

 매번 천년이 끝날 무렵에는 세계의 종말을 예언하는 이들
이 있었다. 이런 예언은 제쳐놓고, 과연 이와 관련한 자연
의 명령은 어떤 방식으로 보여지게 될까?

당분간 지구는 멸망치 않고 잘 지낼 것이다. 태양이 우리
의 열과 빛의 공급원이기 때문에 지구의 존재는 태양의 운
명과 밀접하게 관련되어 있다. 그러나 결국 태양은 생을 다할 것이
고 지구도 태양과 함께 할 것이다. 예를 들어, 그런 일은 벌어지지
않겠지만, 태양이 갑자기 꺼져버린다면 지구는 영원한 밤 속에서 점
점 차가워질 것이고 생명은 멸망해가기 시작할 것이다. 때가 지나면
지구는 냉동 바위 조각이 되어버릴 것이다. 소수의 박테리아는 정지
된 상태로 살아남을 수도 있을 것이다.

좀더 가능성이 높은 것을 살펴보자. 태양의 열핵연료가 다 소비되
면 태양은 신성 단계로 들어가 지구 궤도를 지나 밖으로 팽창할 것
이다. 바다는 끓어오를 것이고 지구는 바삭하게 구워져 마치 존재하
지도 않았던 것처럼 증발되어버리고 말 것이다. 천문학자들은 태양
이 중년의 나이쯤 되었고, 신성 단계가 되기 전까지 수십억 년은 남
아 있을 것으로 생각하고 있다. 그러니까 걱정할 필요는 없다.

2부 지구

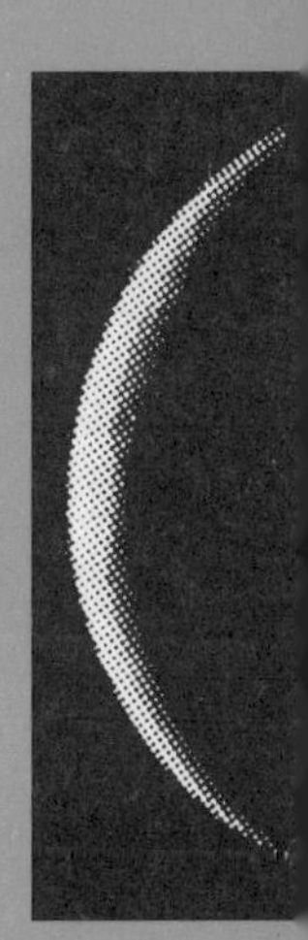

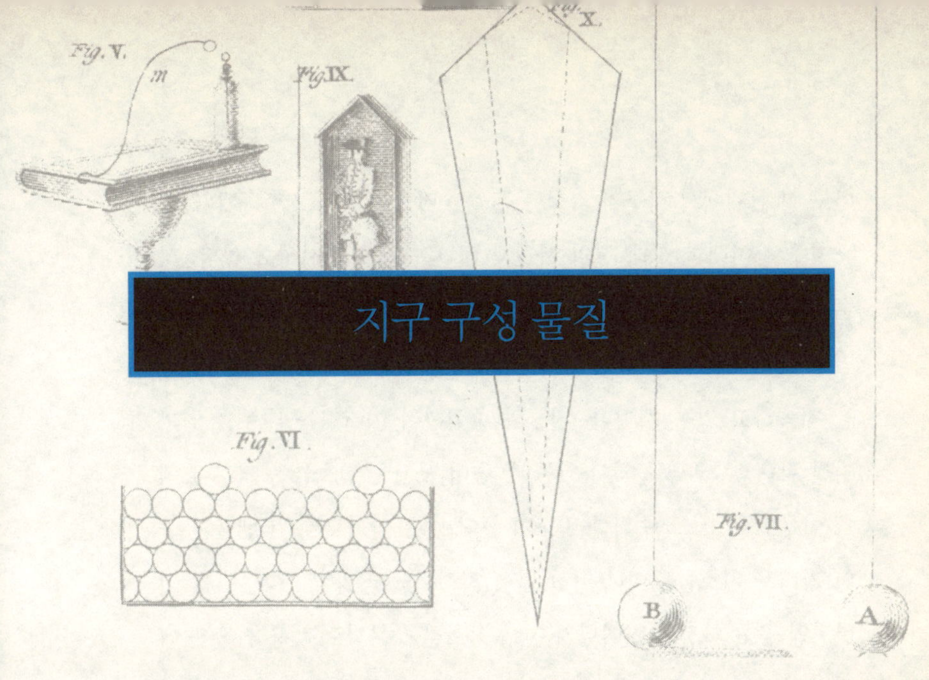

지구 구성 물질

Q   지구는 얼마나 오래되었고 어떻게 생겨났나?

A 지각의 암석, 달에서 채취한 암석 표본, 근처 우주 공간에서 들어온 운석 등에 대한 수많은 연대측정 결과에 근거하여 과학자들은 지구의 나이가 약 45억 년쯤 되었다고 결론을 내렸다. 일반적으로 지구의 기원은 태양계의 다른 구성원들과 동일하다. 거대한 수소, 먼지 및 기타 가스로 된 구름이 중력의 영향으로 천천히 응축되었으며, 구름의 중심 부분은 태양이 되었고 바깥쪽의 작은 소용돌이는 행성이 되었다. 이 거대한 구름은 응축되면서 회전했고, 계속해서 열을 얻었다. 태양의 경우에는 원시태양(protosun)에서 일어나는 핵반응이 이러한 열의 공급원이었고, 원시행성(protoplanets)들은 끊임없는 강착 충돌로 인해 열을 얻었다. 다시 말해, 지구와 같은 행성들은 많은 우주 파편들을 쓸어 모으면서 커졌던 것이다. 아

마도 이 단계에서 지구가 최소한 25%는 커졌을 것으로 추측된다.

지구도 이러한 오래 전의 사건에 대한 증거를 제시하고 있다. 다른 8개의 행성과 함께 우리의 행성 지구는 태양 주변을 궤도를 그리면서 같은 방향으로 돌고 있다. 태초에 회전하던 구름과 같은 운동을 지속하고 있는 것이다. 지구의 중심까지 이어지는 내부는 양파 껍질 같은 층 구조로 되어 있는데, 좀더 무거운 원소들은 커다란 핵을 이루고 있고 그 주위를 밀도가 좀더 낮은 암석으로 된 맨틀과 좀더 가벼운 원소들로 이루어진 얇은 지각이 둘러싸고 있다. 이는 전반적인 응고 과정이 일어나기 전에 최소한 부분적으로 용융 혹은 액체 단계를 거친 곳에서 기대할 수 있는 구조이다. 액체화되면서 지구의 물질은 움직일 수 있었고, 중력이 지시하는 대로 이동하면서 자리를 잡았다.

Q 현재 지구 내부는 어느 정도의 액체상태를 유지하고 있나?

A 지구의 핵은 내핵과 외핵으로 구분할 수 있다. 내핵은 고체상태이지만 외핵은 액체상태, 혹은 적어도 액체처럼 행동한다. 물론 핵을 직접 볼 수는 없지만 지진에 의해 생성되는 지진파의 움직임을 보고 상태를 추측할 수 있다. 강력한 지진이 발생하면 P파와 S파라는 진동이 발생한다. S파는 고체를 재빠르게 지나가지만 액체를 만나면 멈춘다. 큰 지진에서 이런 파들이 지구 핵을 통과해 들어가면 P파만이 지구 반대쪽의 지진 관측소에 도달한다. 간단히 말해 지진파가 지구 내부의 X선 사진을 찍는 것이다.

화산이 분출할 때 볼 수 있는 용암은 핵에서 나오지는 않지만 지각 내의 방사능으로 인해 국지적인 "열점(hot spot)"에서 만들어졌을 수도 있다. 용암을 만들어내는 열도 대륙판들이 부딪치는 지점에서 기원하고, 산이 만들어지는 과정에서 내부에서 표면으로 열이 공급될 수도 있다. 용암이 만들어져서 움직일 수 있게 되면 압력이 낮은 지역으로 이동하여 위로 표면을 향하게 된다.

Q 암석이 서로 다른 이유는 무엇인가?

A 암석은 고체이다. 화산에서 나오는 용암이 식어서 굳어지기 전에는 암석으로 간주하지 않는 이유도 여기에 있다. 수석가라면 알고 있겠지만, 엄청나게 다양하고 재미있는 암석을 자연에서 볼 수 있다. 그러나 지질학자들은 지구 어디에서 어떤 암석을 수집하더라도 그 기원에 근거하여 크게 세 종류로 구분한다. 그 세 가지는 바로 ① 화성암, ② 퇴적암, ③ 변성암이다.

화성암은 굳어지기 전에 용융단계를 거친 바위들이다. 화성암(igneous rock)의 영어 단어에서 이그니어스igneous는 라틴 어에서 "불"을 뜻하는 이그니스ignis에서 나온 말이다. 용암이 굳어지면 화성암이 된다. 과거 어느 때에는 지구 전체가 용융단계에 있었기 때문에 모든 바위들은 화성단계를 경험했다.

화강암은 화성암이다. 퇴적암은 모래, 실트, 점토 혹은 지구 표면이나 그 근처에서 노출되어 침식한 바위에서 나오는 화학 침전물 층으로 이루어진다. 셰일과 석회암은 전형적인 퇴적암이다. 변성암은 이미 존재하던 암석이 높은 열과 압력상태에 있을 때 만들어진다. 새로운 판상 광물이 등장하기도 하고, 바위 속의 구조가 평행선이나 잎 모양을 띠기도 한다. 지붕널처럼 겹쳐져 있다고도 표현된다.

Q 암석과 광물의 차이점은 무엇인가? 혹시 이 두 가지가 서로 같은 것인가?

A 그렇지 않다. 암석과 광물은 서로 매우 다르지만 밀접하게 연관되어 있다. 광물은 상당히 확실한 화학식을 가진 결정질의 고체이며, 각각의 광물이 특징적인 물리적 성질을 가지고 있는 경우가 많다. 광물은 대개 그 화학적 성질에 따라 규산염, 탄산염, 황화물로 나뉜다. 모든 광물은 색, 광택, 경도 등 외형상 특징을 가지고 있다. 이런 것들을 물리적 성질이라 한다. 어떤 광물은 다른 광물에서 거의 볼 수 없는 특징을 가지고 있기도 한다. 예를 들어 자철광은 자기를 띠며, 암염은 소금 같은 맛이 난다.

광물을 가지고 있지 않은 암석은 없다. 왜냐하면 암석은 광물집합체이기 때문이다. 광물과의 관계에 의해 암석의 이름이 지어진다. 따라서 화성암인 화강암은 대개 장석, 석영, 운모, 그리고 종종 어두운 색의 각섬석과 같이 약간의 다른 광물로 구성되어 있다. 퇴적암인 사암은 화강암이나 지구 표면의 다른 암석이 침식되면서 나온 석영으로 이루어지기도 한다. 변성암은 붉은 광물인 석류석이나 날과 같은 결이 있는 광물인 규선석처럼 높은 온도·압력의 광물을 나타내기도 한다. 거의 한 가지 광물로만 이루어진 암석이 발견된다면 지질학자들은 엄격하게 규정하는 것은 피하고 단일광물성(monomineralic) 암석이라고 부를지도 모른다. 암석은 지각에서 빼트릴 수 없는 요소로도 간주된다.

 박물관에 전시된 광물을 본 적이 있는데, 같은 광물이라도 왜 어떤 결정은 다른 것보다 더 크거나 작을까 하고 궁금해한 적이 있다.

A 집에서 색채가 다양한 결정을 기르는 취미를 가진 사람들은 이러한 결정이 물과 용해성분의 용액에서 자란다는 것을 알 것이다. 자연에서도 같은 일이 일어난다. 대부분의 결정은 땅속의 뜨거운 용액에 의해 커진다. 어떤 원소들이 용액에 들어 있느냐에 따라 원자들이 특정한 유형으로 배열할 것이다. 예를 들어 만일 실리카(산소와 규소 원자)가 있다면 육면의 석영 결정(수정)이 만들어질 것이다. 용액이 급속하게 차가워지면 원자들이 좀더 커다란 결정으로 커질 시간이 충분하지 않기 때문에 크기가 작은 결정이 만들어진다. 냉각 속도가 느리면 커다란 결정을 만드는 데 도움이 된다. 중요한 요소는 물이다. 뜨거운 용액에 물이 많으면 많을수록 결정은 더 크고 빨리 만들어진다. 이는 물이 원자들을 훨씬 더 잘 움직이게 만들기 때문이다.

이러한 냉각 과정은 값비싼 광상과 관련이 있다. 냉각되는 마그마(마그마는 땅속에 녹아 있는 암석 덩어리이다)에서는 결정화 작용이 일어난다. 결정화가 일어나는 온도는 광물마다 각각 다르다. 금, 은, 석영은 낮은 온도에서 형성된다. 따라서 마그마가 굳어지고 냉각되면서 남아 있는 유체에 금, 은, 석영이 농축된다. 이러한 잔액에는 물도 꽤 있어서 상당량의 금과 은을 가진 광석이 만들어진다. 때로는 수십 센티미터나 되는 석영과 전기석, 녹주석 등과 같은 희귀한 광물

결정체가 만들어질 수도 있다. 이렇게 늦게 냉각된 것을 페그마타이
트라고 부른다.

A 눈이 모두 다 육면으로 된 것은 아니다. 어떤 것은 둥근 공
같고 또 어떤 것은 부분적으로만 얼어 있는 진눈깨비 형태
이기도 하다. 눈은 우리 대부분에게 너무 친숙한 것이어서 눈이 광
물이라는 것을 잊어버린다. 기회만 있으면 물은 육면체, 혹은 매우
다양한 눈 결정으로 자랄 것이다. 눈의 이상한 점 중 하나는 구름을
만들 정도로 충분한 물은 아니지만 공기중에 작은 먼지같이 핵을 만
들기에 충분할 정도이면 청명한 하늘에서도 눈송이가 떨어질 수 있
다는 것이다.

광물은 대개 그 화학특성에 따라 구분되지만 결정체계에 따라 분
류될 수도 있다. 결정체계에는 여섯 가지 종류가 있다. 눈과 석영은
결정상태에서 육면이 대칭되는 육면체에 속한다. 또 다른 종류로는
결정이 삼중의 축을 따라 자라서 입방체나 팔각형을 만드는 등축 결
정체계도 있다. 자철광과 암염이 이에 속한다.

Q 지구가 한때 용융상태로 있었다면 바다는 없었을 것이다.
그렇다면 물은 다 어디서 나온 것인가? 그리고 왜 그렇게
짠가?

A 지구는 먼저 물 저장고 역할을 할 낮은 지점을 가지고 있
는 딱딱한 지각을 형성해야 했다. 아마도 지구가 생겨난
처음 15억 년 중에 이런 일이 일어났을 것이다. 그러나 지각이 형성
된 뒤에도 많은 용융 물질이 밑에서 꿈틀대고 있었고, 이런 물질이
아직 얇고 연약한 지각을 통해 터져나오는 화산활동이 오랫동안 계
속되었다. 분출된 용암과 재 이외에도 가스 구름과 수증기가 엄청났
다. 증기는 식으면서 응결되었고, 때로는 폭우가 내려 앞으로 바다
가 될 분지를 계속 채우기 시작했다. 심지어 오늘날에도 화산이 분
출되면 많은 양의 물이 대기중으로 방출된다.

점점 넓어지는 바다의 물은 처음에는 소금기가 없었다. 물, 그리
고 계속되고 있던 화산활동으로 인해 더해지는 것들이 순환하기 시
작했다. 물이 땅에서 바다로 흘러가고, 증발하고, 비가 되어 다시 땅
으로 내리고, 다시 반복해서 바다로 들어가는 이와 같은 순환을 물
의 순환이라 한다. 바다로 돌아가면서 시내와 강은 소금과 같은 것
들을 침식시키고 용해시킨다. 이런 물이 바다 표면에서 증발하면 소
금이 남게 된다. 차차 바다는 용해된 소금이 많아졌고 따라서 짜졌
다. 이런 일은 하룻밤에 일어나는 게 아니라 수백만 년에 걸쳐 일어
난다. 화산활동이 수그러들면서 바다에 있는 물의 양은 다소 안정되
었다. 우리에게는 바다가 엄청나게 넓고 거의 바닥도 없는 것처럼

보이지만 실제로 평균 약 365미터 깊이의 이 물은 직경이 약 1만 2,800킬로미터인 지구의 얇은 수분층에 불과하다.

A 지구를 에워싸고 있는 공기 덮개가 진화과정을 거치긴 했지만, 과거 어떤 시기에 대기가 메탄과 암모니아만으로 이루어졌었다고 100% 확신하고 있지는 않다. 이런 믿음이 생긴 것은 화산이 분출할 때 이러한 독성가스를 방출하기 때문이다. 이와 마찬가지로 원시 대기가 질소와 이산화탄소로 구성되었을 수도 있다. 공기의 화학적 변화의 역사는 대단히 복잡하여 아직도 완전한 이해가 이루어지지 않고 있다. 바닷물의 경우처럼 우리는 화산활동으로 지구 내부에서 기체가 운반되어 대기가 존재하게 되었다고 설명하고 있다. 과학자들은 이를 탈가스(degassing) 과정이라고 한다.

아무튼 어떤 변화 과정을 거쳐 기본적으로 질소가 주를 이루고 약간의 이산화탄소, 수증기로 되어 있는 대기가 20억 년 전쯤에 형성되었던 것 같다. 바다에 초기 식물이 등장함에 따라 식물의 광합성 산물로 산소가 풍부해졌다. 초기의 식물인 녹조류는 "산소 오아시스"를 만들었는데, 이는 식물을 둘러싸고 있는 산소 주머니를 말한다. 이 주머니 속에서 산소가 포화상태에 이르자 산소는 물속으로 퍼져나갔다. 결국 바다도 산소로 포화상태가 되었고, 이어 대기중으로 산소가 방출되기 시작했다. 약 6억 년 전부터 시작하여 놀랄 만큼 많은 생명체가 바다와 육지로 퍼져나갔다. 산소량은 3%에서 현재 수준인 21%까지 증가되었다. 생명체는 산소 없이 시작되어야 했지만, 이제 대부분의 생명체는 산소 없이 살아갈 수 없다. 그럼에도 불구하고 오늘날에도 생존하는 데 산소가 필요없는 박테리아가 존재한다. 이런 박테리아를 혐기성 박테리아라고 한다.

Q 대기에 약간의 크립톤이 있다고 알고 있다. 이것은 어떤 기체인가?

A 그렇다. 크립톤은 아주 소량으로 나타나는데, 대기 가스 중에 1대 900,000 정도의 비율로밖에 발견되지 않는다. 1898년에 액체 상태의 공기를 거의 끓여 없앤 뒤 남은 잔여물에서 처음 발견되었다. 이런 기체를 비활성기체라고 하는데, 대개 다른 원소들과 결합하여 화합물을 형성하지 않기 때문에 이런 이름이 붙었으며 아르곤, 크세논, 네온 등이 있다. 그 희소성과 −152°C 에서 액화된다는 사실에도 불구하고 산업분야에서 쓰이고 있는 크립톤은 고속 사진 촬영에 필요한 플래시 램프로 사용된다. 또 다른 주요 용도로는 금속표면의 결함을 찾아내는 것으로, 방사성 크립톤이 금속의 미세한 틈에 모이게 됨으로써 그 틈을 쉽게 찾을 수 있게 해준다. 자연상태에서 고체로 존재하는 크립톤은 알려져 있지 않으며, 대기 중에 있는 소량의 크립톤은 아마도 화산 분출과 온천에서 나온 것으로 추측된다.

 과학에 대해 이야기할 때 과학적인 방법을 쓰는 것에 대해
많이 이야기한다. 과학적 방법이 특별한 이유가 무엇인가?

전혀 신기할 게 없다. 과학적 방법은 문제를 풀고 새로운 지
식을 얻기 위한 단계별 과정으로, 그 단계는 다음과 같다.

① 문제 혹은 아이디어를 찾아낸다.

② 가설(설명)을 세운다.

③ 가설과 관련된 자료를 수집한다.

④ 수집한 자료에 대해서 가설을 시험한다.

⑤ 결론을 내린다.

⑥ 결론이 진실임을 증명한다.

우리 모두는 일상적인 삶에서 이러한 방법을 쓰고 있다. 그것이
과학 실험실에만 한정된 것이 결코 아니라는 것을 보여주는 간단한
예를 들어보기로 하자. 여러분이 화장대 위에 (돈이 많이 들어 있는) 지
갑을 놓아두었는데, 나중에 보니 없어졌다는 것을 알게 되었다. 문
제가 생긴 것이다①. 그 방에 들어갈 만한 사람은 세 명밖에 없으므
로 분명히 그중 한 명이 범인일 것이다②. 그 세 명은 어머니, 동생
빌, 그리고 사촌 낸시이다. 조사를 해보니③ 어머니는 쇼핑하러 하
루 종일 외출 중이셨고, 빌은 자기 방에서 책을 읽고 있었고, 낸시는
빨래를 하고 있었다는 것을 알게 된다. 빌은 여러분도 잘 아는 친구
에게 큰 돈을 빌린 적이 있었다. 여러분이 부엌에 가보니④ 새로 산

반찬거리가 있었고(어머니께서는 실제로 쇼핑을 하셨다), 세탁실에는 깨끗하게 빨아서 개어놓은 옷(낸시가 빨래를 한 것이다)이 있었고④, 빌의 친구에게 전화를 걸어보니 빌이 돈을 좀 갚았다고 한다④. 여러분은 빌이 돈을 가져갔다고 결론짓는다⑤. 여러분은 빌과 대면하고, 결국 빌은 고백을 한다⑥. 참으로 바보 같은 예이긴 하지만 과학자들이 생각하는 방식을 잘 보여주고 있다.

Q 과학적인 사고방식과 관련하여 "오컴의 면도날"이라는 표현을 들은 적이 있다. 이게 무슨 말인지 잘 모르겠다.

A 오컴의 면도날을 적용시키는 것은 과학적 방법과 논리적 사고에서 중요한 역할을 하는 보조수단으로 생각할 수 있다. 14세기의 철학자인 윌리엄 오브 오컴 경은 이를 검약의 원리라고 말했다. 어떤 문제에 대한 답이 될 수 있는 몇 가지 중에서 선택을 해야 할 때 설명이 가장 그럴듯한 게 맞을 가능성이 있는 답이라는 뜻이다. 예를 들어 어떤 사람이 실종되었다. ① 납치 혹은 아주 비열한 장난에 의한 것이라거나, ② 외계 우주인의 광선총에 맞고 분해되었을 수 있다는 설명이 가능하다. 우리는 오컴의 면도날을 적용하여 첫번째 것①을 맞을 것 같은 답으로 고르게 될 것이다. 오컴의 면도날은 때로는 놀림조로 가장 놀랍지 않은 원리라고도 표현된다.

그러나 항상 완전히 확실한 경우만 있는 것은 아니다. 그 사람이 납치되지 않았거나 어떤 비열한 장난에 처해진 게 아니라는 증거가 있고, 정부에서 외계인 우주선 함대가 착륙했다는 발표를 했다고 가정해보자. 이제 두번째 설명②이 덜 놀라워 보이게 된다. 이와 비슷하게 과학에서도 많은 사람들이 인정하는 완벽하게 그럴듯해 보이는 이론도 새로운 증거와 맞아떨어지지 않으면, 내키지는 않지만 거부될 수도 있으며, 덜 그럴듯해 보이는 가설이 더 큰 고려의 대상이된다.

Q 생명이 바다에서 시작되었다면 어떻게 육지로 올라올 수 있었을까? 혹시 육지에서 독자적으로 생겨나지는 않았을까?

A 수백만 년 동안 육지와 바다가 만나는 해안선을 따라 밀물과 썰물(조수)이 생기는 지역이 있었다. 이런 지역을 연안대라고 하는데, 만조선과 간조선 사이를 말한다. 이러한 해변은 물 밑에 있다가 공기에 노출되기를 반복한다.

가설에 의하면 이동가능한 물고기 같은 바다 생물들이 물이 빠져나가는 간조 때에 우연히 이 지대에 떨어져 남았는데 다음 물이 들어오기 전까지 물 없이도 살아남을 수 있었다고 한다. 진화가 더 진행되면서 이러한 생명체들이 혼합된 환경에서 그럭저럭 버틸 수 있게 되었고, 그중 가장 잘 맞고, 가장 튼튼했던 일부는 오랫동안 물없이도 살아남을 수 있었다. 결국 육지나 물 양쪽에서 똑같이 잘 지내는 양서류(오늘날에도 일부가 살고 있다)가 등장하게 되었다. 양서류에서 파충류와 포유동물로 나아가는 진화를 분명하게 암시하는 화석기록이 있다.

흥미롭게도 우리 자신도 바다의 일부분을 간직하고 있다. 우리의피는 바닷물과 매우 닮아 있다. 우리 몸에 들어 있는 수분의 총량은몸무게의 약 70%이다. 혈액의 기본적인 화학성분은 용해된 소금과

물이다. 생명이 육지에서 독자적으로 생겨났을 것 같지는 않다. 독자적으로 생겨났다는 증거는 없다. 생명이 한 번 시작된 것은 유일무이한 하나의 사건이다. 같은 행성에서 그런 일이 두 번 발생할 가능성은 매우 낮다. 조수간만을 만들어내는 달이 없었더라면 진화가 어떤 방향으로 일어났을지 추측해볼 수도 있을 것이다. 모든 생명체들은 여전히 바다에만 있고 육지는 불모의 땅이 되었을까? 이런 수중생물이 우리 인간만큼의 지능을 갖추고 있었을까?

Q 최초의 생명체는 무엇이었을까?

A 일반적인 진화의 법칙은 간단한 것에서 복잡한 것으로 나아가는 것이다. 지렁이같이 간단해 보이는 것도 사실은 간단한 것과는 거리가 멀지만 말이다. 초기의 생명체는 아마도 아프리카 트란스발의 아주 오래된(31억 년) 암석에서 발견된 박테리아와 녹조류였을 것이다.

최초의 생명체는 식물계에서 나왔으며 동물들은 나중에 뒤따라왔다. 그러나 가장 초기의 화석기록은 굉장히 불충분하다. 지질학자들은 이렇게 얼마 안 되는 화석 잔해 암석이 있었던 때를 선캄브리아기라고 한다. 그 뒤를 이은 캄브리아 기에는 척추동물만 제외하고 모든 주요 동식물 문이 생겨났다. 이때 살아남은 생명체들이 오늘날에도 바다에서 살고 있으며, 바닥에 붙어사는 이끼벌레와 산호 등이 그 예이다.

A 최초의 육상생물이 등장한 것은 실루리아 기인 약 4억 년 전쯤이었던 것으로 보인다. 이에 대한 지질학적 증거는 이러한 식물들을 화석으로 보존하고 있는 퇴적암층이다. 육지는 황폐하고 거칠고 매력 없는 곳이었음에 틀림없다. 또한 동물 생명체가 돌아다니는 모습은 보이지 않았을 것이다. 왜냐하면 식물이 육상에 등장하고 나서 꽤 시간이 지난 뒤에 동물이 등장했기 때문이다. 오늘날 아프리카의 사하라 사막이나 남아메리카의 아타카마 사막과 같은 곳의 모습이 실루리아 기에 볼 수 있었던 풍경과 같았으리라 생각할 수 있다. 그러나 현대의 그런 사막들에도 몇몇 식물은 자라고 있으며 어떤 것들은 아주 무성하게 잘 자라기도 한다. 또한 식물 이전 시대에는 흐르는 물에 의해 육지가 빠르고 깊이 침식되었을 것이다. 그렇게 생각되는 이유는 식물이 덮여 있다면 그 뿌리가 땅을 붙들고 있어서 침식을 늦추기 때문이다. 육지와 바다 모두에서 산소를 방출하여 동물 생명체가 육지로 등장할 수 있게 해준 것은 식물이었다. 조만간 해안가의 양서류들에서 파충류, 포유류, 조류 등이 등장했고, 바다에서 내륙 쪽 멀리까지 돌아다닐 수 있던 이들은 바다에서 자유로워졌다. 그 이전의 모든 생명체는 해양 환경 속에만 있었다.

Q 최근에 다녀온 화석 채집 여행에서 운 좋게도 삼엽충을 발견했다. 이 재미난 화석에 대해서 이야기해줄 수 있나?

A 삼엽충은 6억 년 전 캄브리아 기의 석회석과 셰일의 화석 기록에 처음 등장한다. 납작하고 달걀형인 이 생물은 머리, 가슴, 꼬리의 세 부분으로 이루어져 있다. 이 때문에 특징적인 외형을 띠고 있다. 삼엽충은 진흙더미 해저에서 살았으며, 기어다닐 수는 있었지만 헤엄은 치지 못했다. 다른 절지동물처럼 삼엽충도 허물을 벗었는데, 두꺼운 뼈대 껍질을 벗으면서 성장할 수 있었다. 이렇게 벗은 허물은 지나가는 흔적으로뿐 아니라 화석으로도 보존되었다. 화석은 고대 생물이 직간접으로 남긴 잔해이다. 따라서 발자국도 실제 잔해는 아니지만 화석이다.

이러한 삼엽충 대부분은 길이가 약 2.5센티미터 정도에 불과했지만 나중에 가서는 약 60센티미터까지 커졌다. 4억 년에 걸쳐 살면서 1만여 종을 만들어낸 삼엽충은 고생대 말에 가서 멸종했다. 그 정도면 매우 성공적인 동물이다. 삼엽충은 고생대 이전이나 이후에는 나타나지 않으므로, 만약 여러분이 삼엽충을 발견한다면 그것이 발견된 암석이 고생대의 것임을 알 수 있다. 그러한 화석을 표준화석이라고 하는데, 이런 화석들은 고생물학자들이 지각에 있는 암석의 연대를 측정하는 데 도움을 준다.

A 나비와 여러 가지 날아다니는 생물이 화석 기록으로 남아 있는 것은 매우 드물다. 그렇기 때문에 값이 아주 비싸다. 지질학자들은 나비와 나방이 보통 6,000만 년보다는 덜 오래되었다는 것을 입증했다. 여러분이 살고 있는 지역의 암석 지질지도를 살펴보면 나비 바위들이 그보다는 훨씬 더 오래된 것 같아 보인다. 질문자가 말하고 있는 화석은 지금은 멸종한 스피리퍼spirifer라고 하는 완족동물의 화석인 것 같다. 이들은 해저에서 살았던 바다동물로서 열고 닫을 수 있는 두 개의 껍질을 가진 조개와 비슷하게 생겼다. 스피리퍼의 껍데기는 보통 날개같이 생겨서 놀랄 정도로 나비를 닮았다. 스피리퍼는 화석으로 흔하게 있으며, 그들의 친척들(다른 완족동물)은 오늘날에도 해저에서 살고 있다.

화석으로는 드물지만 나비들은 매우 성공적으로 살아남아서 10만 종이 넘는 다양한 종을 만들어냈으며, 물론 오늘날까지 번성하고 있다. 나비와 나방 화석이 드문 주된 이유는 그들이 육상·공중 생물이고, 뼈대나 껍질같이 딱딱한 부분을 가지고 있지 않기 때문이다. 해저는 화석이 보존되기에 가장 적합한 곳이다. 육지에서 죽은 동물과 식물은 화석이 될 가능성이 매우 낮다.

A 전반적인 화석기록, 특히 지난 6,000만 년을 망라하는 화석기록을 살펴보면 멸종이란 운이 나쁜 몇몇 종에만 일어나는 재난이 아니라는 것을 알게 된다. 그것은 오히려 생장, 생식과 함께 자연질서의 한 부분인 듯하다. 생존했던 동식물 네 과 중 세 과는 멸종했다.

소행성체의 충돌로 인한 대격변, 먹이 부족, 포식자의 침입, 번식력의 상실 등과 같이 구체적인 원인을 언급할 수 있을 것이다. 실제로 각각의 경우에 이런 원인이 적용될 수 있을 것이다. 그러나 어떤 지질학자들은 생물 집단을 멸종으로 이끈 좀더 일반적인 원리를 지적하기도 한다.

우리는 진화에서 수백만 년에 걸쳐 어떤 경향이 있다는 것을 발견할 수 있다. 그 속에서 어떤 종은 다른 종보다 더 낫고, 그것이 차지하고 있는 환경에서의 지위에 보다 잘 적응한다. 달리기 잘하는 사슴은 자연선택을 통해 더 길고 강한 다리와 더 잘 참아내는 폐를 발달시킨다. 호랑이는 더 날카로운 이빨, 더 기다란 발톱, 더 예리한 시각과 후각을 발달시킨다. 이것을 분화라고 한다. 단기적으로 이것은 종에게 장점이 된다. 그것은 다른 형질은 제외할 만큼 오직 한 가지만을 더 잘하게 만든다. 이것이 극단적으로 흐르면 과도한 분화가 일어난다. 환경에서의 생태적 지위가 상대적으로 빨리 변한다면 과도하게 분화된 생물은 재빨리 적응할 수 없다. 예를 들어 평야가 습지로 변하면 사슴은 빠른 속도를 낼 수 없다. 먹이 공급원이 점차 줄어들어 날카로운 발톱과 이빨이 낚아챌 먹이가 더 이상 없게 되면 호랑이는 멸종한다.

A 아주 재미있었을 것 같다. 하지만 멸종은 생존에 필요한 것이라는 점을 명심해야 한다. 모순되는 말처럼 들린다면 다시 한번 생각해보라. 오늘날의 세상이 태초부터 등장했던 모든 생명체들이 다 생존하여 함께 사는 그런 곳이라고 상상해보자. 늪지에는 거대한 공룡 같은 것과 도마뱀, 악어, 커다란 양치류가 함께 살고 있고, 날아다니는 익수룡이 울새와 매와 함께 같은 하늘에 있다. 마스토돈, 커다란 나무늘보, 코끼리, 칼 같은 송곳니를 가진 호랑이, 네안데르탈 인, 곰, 늑대, 그리고 현대의 인류가 육지를 어슬렁거린다. 지구상에 등장한 적 있는 모든 잡초들이 옥수수, 당근과 공간을 경쟁하면서 농부를 곤란하게 만든다. 바다에서는 수천 종의 상어와 경골어들 사이에서 온갖 종류의 장경룡이 온갖 종류의 고래와 영역 경쟁에 나선다. 해저에는 상상가능한 온갖 굴, 조개, 산호 등이 널려 있다. 상상을 초월하는 혼란이 있을 것이다.

지구의 역사에서 종종 생명체가 등장하고, 생존에 이로운 점이 더해진 또 다른 생명체를 만들어낼 것이다. 그러면 원래의 생명체는 죽어 없어질 것이고 그럼으로써 임무는 완수된다. 자연은 생존에만 관심이 있다. 그것은 마치 스프가 들어 있는 깡통을 여는 것과 같다. 깡통(스프를 보호하고 있는)이 열리면 깡통은 스프의 생존에 더 이상 필요가 없어지고 따라서 버려진다. 자연에서 다리가 달린 물고기가 생명을 바다에서 육지로 옮겼고, 그런 다음 버려졌다. 임무는 완성된 것이다. 위에서 이야기한 시나리오는 물론 순전한 환상이다. 그러나 요점은 명확하게 제시했다. 즉, 죽음과 제거가 생명 자체만큼이나 중요한 생명의 일부인 것이다. 자연은 깔끔함을 유지한다. 자연은 다른 종들이 살아남도록 생태적 지위의 공간을 남겨둔다. 반면, 전에 존재했던 다른 종들은 가야만 하는 것이다. 그렇지 않았다면 이 행성에는 어떤 생물도 존재하지 못했을 것이다.

Q 유전에서 일하는 사람이 천연가스와 석유는 곤충에서 나온 것이라고 내게 말했는데, 그 사람이 날 속이려고 그런 소리를 했을까?

A 그 사람이 이야기를 하면서 미소를 지었더라도 그가 말한 것은 비유적이긴 하지만 진실이다. 곤충이라 하면 대부분의 우리는 파리, 모기 같은 것들을 생각하고, 그런 것들이 어떻게 우리의 석유 공급원이 되었나 하고 심각하게 의심하게 된다. 그러나 석유와 가스가 유기물, 다시 말해 한때는 살아 있었던 생물에서 만들어진다는 것은 매우 잘 증명된 사실이다. 석유지질학자들은 고대 해저생물(특히 식물성 플랑크톤이라고 하는 조그맣고 떠다니는 생물)이 해저 퇴적물에 들어가 그곳에서 액체 석유와 가스로 전환되었다는 추정하고 있다. 다른 해양 동물들도 기여했을 수도 있다.

이를 증명하는 아주 좋은 증거가 있다. 석유와 가스는 살아 있는 유기체의 구성 원소인 탄화수소로 되어 있다. 석유는 산호초나 얕은 바다생물로 가득 차 있던 환경에서 형성된 퇴적층에서도 나타난다. 성공적인 석유 시굴과 탐사는 한때 생물상이 번성했던 얕은 해저지역에 있던 고대 암석을 찾아내는 일에 기초한다. 지질학자들은 이상하게 보일 수도 있는 많은 것들에 대해 논쟁을 벌이지만, 이것을 두고 논쟁하지는 않는다.

A 석유회사들이 석유 매장량의 25~35%를 가질 수 있다면 운이 좋은 것이다. 석유는 흔히들 믿고 있는 것처럼 "웅덩이"에 괴어 있는 것이 아니라 암석의 작은 틈과 구멍에 모여 있다. 석유를 땅에서 뽑아내야만 하는 것이다. 처음에는 암석층과 뚫린 구멍 사이의 압력차이만으로도 석유가 유정으로 움직이게끔 하기에 충분하다. 이러한 압력차가 줄어들면 석유는 움직이지 않을 것이다. 그러나 압력을 받고 있는 근처 유정에 물을 넣어 물이 더 많은 석유를 밀어내게 하는 것이 가능하다. 이것은 2차 회수라고 하는 수많은 방법 중 하나이다. 그렇다 해도 매장된 석유의 3분의 1씩 끌어내지는 못한다.

한때 미국은 세계 최고의 석유생산국이었다. 현재는 중동과 베네수엘라와 같은 외국에 의존하고 있다. 북해가 유럽 국가들에게 그러했듯이 알래스카가 미국에게는 큰 축복이었다. 미국은 입증된 석유 매장지를 여전히 많이 보유하고 있지만 쉽게 찾아낼 수 있는 석유를 써버리게 됨에 따라 새로운 석유 매장지를 찾아내는 일은 점점 더 어려워지고 있다. 석유와 가스는 재생 불가능한 자원이다. 한번 소비되면 영원히 없어진다. 세계의 석유 수요가 증가됨에 따라 조만간 우리는 석유를 다 써버리고 말게 될 것이고, 오일 셰일, 석탄 등과 같은 대체 연료에 의존하게 될 것이다. 그런 것들도 다 써버린 뒤에는 아마도 원자력, 풍력, 태양 에너지 원을 실용적 수준까지 개발하게 될 것이다.

Q   석탄과 석유를 화석연료라고 부르는 이유는 무엇인가?

A 석유, 천연가스, 석탄은 이전에 지구상에 살았던 생물의 잔해이다. 따라서 화석의 정의에 부합된다. 일반적으로 알려져 있듯이 석탄층은 습한 환경에서 자라고 파묻혀 전환된 식물의 잔해이다. 전환은 토탄, 카날탄, 역청탄, 무연탄 등 수많은 단계를 거쳐 일어난다. 가장 큰 변화를 겪어 화석이 파괴되어버린 무연탄만 제외하고 여러 석탄과 관련된 식물화석이 많이 발견되는 것은 그리 놀라운 일이 아니다. 미국은 오랫동안 석탄을 캐냈지만(주로 동부 주에서) 석탄 매장량은 여전히 엄청나다(특히 서부 주).

석유와 천연가스는 액체이고 기체이기 때문에 화석연료라고 상상하기가 더 어렵지만, 지질학자들은 석유와 천연가스의 유기적 성질을 놓고 논쟁을 벌이지 않는다. 석탄처럼 석유도 원래 식물계의 일원, 즉 고대 바다의 식물성 플랑크톤에서 기원하고 있다. 그러나 석유의 경우에는 전환 과정을 통해 고체보다는 액체의 결과물을 낳게 되었다.

화석연료는 수백만 년 전에 지구를 내리쬐던 햇빛이 사로잡힌 화석햇빛으로 생각할 수 있다. 이러한 태양에너지가 전환되어 석탄과 석유로 저장되었다가 다시 방출되어 연소를 통해 유용하게 일을 하고 있는 것이다.

A 유리가 아니라 호박이었던 것 같다. 호박은 1억 년 전까지 거슬러 올라가는 침엽수에서 나온 나무진(수지)의 화석이다. 대개 형태는 불규칙하여, 물방울에서부터 막대기 같은 형태에 이르기까지 다양하며, 색깔도 황갈색, 오렌지 색, 적갈색, 황토색 등 다양하다. 끈적거리는 상태일 때 곤충들이 내려앉으면 마치 파리 잡는 끈끈이처럼 붙잡히게 될 것이다. 후에 나무진이 휘발성 물질(재빨리 증발해버리는 물질)을 잃고 굳어져 호박이 된다. 곤충이 아주 잘 보존되어 세밀한 부분까지 다 보여주며, 심지어 파리 다리에 난 털까지 볼 수 있다. 물론 모든 호박에 다 곤충이 들어 있는 것은 아니다. 그것은 예외에 속한다. 실제로 대부분은 불투명한 먼지나 공기방울 같은 흠이 있다. 깨끗하고 투명한, 혹은 반투명 호박은 보석으로 간주된다.

호박 산지로 가장 유명한 곳은 발트 해 연안이다. 2,000종도 넘는 곤충들이 발견되었다. 그중에는 파리, 각다귀, 거미, 모기 등도 있었는데, 현대의 것과 별 차이가 없었다. 이는 곤충들이 큰 변화 없이 상당히 오랫동안 존재했다는 것을 보여준다. 이러한 호박 매장지는

4,000~6,000만 년 된 것들로, 해안을 따라, 특히 폭풍이 그친 뒤에 탐사된다. 고대부터 알려져 귀하게 여겨졌기 때문에 로마 인들은 발트 해에 로마 군단을 보내 호박을 로마로 가져왔다. 러시아의 황제들도 발트 해에서 호박을 수집했으며, 어느 궁의 방 하나를 완전히 호박으로 장식하여 호박실이라는 이름으로 부르기도 했다. 독일인들이 제2차세계대전에 이 방을 해체하여 가져갔지만 그 이후 본 사람이 없다. 역사적으로나 그것 자체로나 값이 엄청난 것이었다. 호박에 얽힌 또 다른 이야기로는, 호박 속의 모기 중에 공룡이 있을 때 공룡의 피를 빨아먹은 모기가 있을 수도 있으며, 그 피가 모기의 몸에 남아 있을지도 모른다는 것이다. 그렇다면 그 피에서 DNA를 추출하여 복제할 수도 있을 것이다. 이는 아직 상상에서만 가능하다.

Q 지르콘 보석 광고를 보았는데, 지르콘은 사람이 만든 게 아닌가?

A 질문자가 말하는 것은 굴절, 분산, 경도, 색 등이 다이아몬드를 닮은 인조 다이아몬드 혹은 인조 결정체인 인조 지르코니아인 것 같다. 지르콘은 전 세계 여러 곳에서 나오는 천연산을 말한다. 색깔은 다양하며 때로는 투명하기도 하지만 대개는 불투명하다. 지르콘 보석류는 호주와 뉴질랜드에 있는 강의 자갈에서도 발견되지만, 인도네시아와 스리랑카에서 더 자주 발견된다. 지르콘은 지르코늄이라는 금속 원소의 주요 원천으로, 지르코늄은 구리와 같이 더 잘 알려진 금속 원소들보다 실제로 지구상에서 더 흔하다. 원자력시대가 오기 전까지 지르코늄은 그렇게 많이 쓰이지 않았다. 그

러다가 핵원자로의 우라늄 연료봉 재킷으로 대단히 유용하다는 것
이 알려졌다.

미국에서 지르콘의 가장 중요한 공급원은 동부 플로리다 해변의
모래이다. 옛날에 금을 캐던 사람들이 사금을 일던 방법의 현대판인
원심분리기를 사용하면 모래크기의 입자들은 더 가벼운 광물질과
분리시킬 수 있다. 지르콘은 금처럼 무겁지는 않지만 석류석, 전기
석, 자철광, 녹렴석과 같은 광물처럼 석영보다는 무겁다. 이러한 광
물들을 중광물이라고도 한다. 여러분 집 마당의 흙에서도 아주 소량
의 지르콘 결정이 발견될 가능성은 많지만 경제적 가치는 거의 없을
것이다.

Q 오팔의 아름다운 유색(오팔에서 볼 수 있는 다양한 색 변화-옮긴
이)은 어떻게 생기는 것인가?

A 묘하게도 그것은 오팔(단백석)에 있는 미세한 틈, 결 등과
같은 결함이 빛을 간섭하여 하얀 빛을 무지개 빛으로 분해
시키기 때문에 나타나는 현상이다. 그러한 틈에 물이나 공기가 들어
있을 수도 있는데, 이 때문에 색깔이 나타난다. 오팔은 화산지대의
실리카 용액에서 만들어진다. 따라서 보통의 석영과 동일한 원소들
을 가지고 있다. 오팔의 90%는 사우스오스트레일리아에서 나온다.
다양한 색깔을 가진 오팔의 종류는 매우 많다. 흔히 볼 수 있는 오팔
은 불투명하고 색깔도 없다. 밀크 오팔, 허니 오팔 등이 그 예이다.
단백광은 방향에 따라 색이 변하는 것을 말한다. 값어치가 큰 오팔
로 화이트 오팔과 블랙 오팔 등 두 종류가 있다. 화이트 오팔은 색이

번쩍거리고, 좀더 희귀한 블랙 오팔은 어두운 색에 불타는 듯한 빛이 난다. 또 다른 종류로 파이어 오팔(화단백석)이 있는데, 단백광은 아니지만 투명한 색깔 때문에 이런 이름이 붙여졌다.

로마 인들도 오팔을 귀하게 여기고 행운의 상징으로 생각하기는 했지만, 당시 미신을 믿는 이들은 오팔이 사람들을 이상하고 신비한 곳으로 데려갈 힘을 가지고 있다고 믿었다. 이런 믿음은 아마도 죽은 이들의 왕국에서 길 잃은 영혼들을 안내하는 신인 머큐리와 오팔을 연관지었기 때문에 생겨난 것 같다.

Q 알루미늄은 어디에서 발견되나? 금이나 구리처럼 자연에서는 보이지 않는 것 같다.

A 알루미늄이 산소와 규소에 이어 지각에서 세번째로 풍부한 원소이긴 하지만 자연에서 잘 보이지 않는다는 것은 맞는 말이다. 장석과 같이 어디에서나 흔히 볼 수 있는 광물들이 많은 양의 알루미늄을 가지고 있지만, 순수 금속으로 알루미늄을 추출해낼 만한 기술은 아직 가지고 있지 않다. 그러나 자연은 우리를 위해 알루미늄을 가공하는 준비 작업을 많이 해주고 있다. 심한 화학적 풍화작용을 통해 자연은 규소, 철과 같은 원소들을 제거하고 보크사이트라고 하는 알루미늄 성분이 매우 많은 풍화된 점토를 남긴다. 열대지방의 환경에서 가장 많이 발견되는 보크사이트가 바로 알루미늄 원광이다.

이 점토를 빙정석(플루오르 광물)과 섞고 가열한다. 이것은 전기분해 과정이다. 상자 혹은 용기가 음극 역할을 하여 순수한 알루미늄을 끌어당기며, 보크사이트의 또 다른 구성물인 산소는 용기에 설치된 막대(양극)로 끌려가 없어진다. 이 기술을 찰스 홀의 이름을 따서 홀 공정이라 한다. 홀은 1880년대에 오벌린 대학교(미국 오하이오)의 학생이었는데 23세의 나이에 이 방법을 개발했다. 부자가 된 그는 죽으면서 오벌린 대학교에 500만 달러를 기부했다. 이 대학교 캠퍼스에는 그의 상이 세워져 있는데, 물론 알루미늄으로 만들어져 있다.

여러분도 알듯이 알루미늄은 가볍고 강한 금속으로 건축에서 사용되는 것을 비롯해 비행기, 맥주통에서부터 부엌의 알루미늄 랩에 이르기까지 다양하게 사용되고 있다. 미국과 캐나다는 주요 알루미늄 생산국이다. 홀이 홀 공정을 개발했던 바로 그때에 프랑스 인 폴 에루도 그와 같은 방법을 개발해냈다.

Q 거대한 육상 공룡들이 여러 대륙에서 발견되었다. 공룡들은 수영을 못 했을 것 같은데 과연 어떻게 바다를 건널 수 있었을까?

A 얼핏 보면 까다로운 질문 같지만 서너 가지로 답을 할 수 있다. 우리는 어느 특정한 육상 공룡이 여러 대륙에서 생겨나지 않았을 것이라고 가정하고 있다. 그런 일은 생물학적으로 가능하지 않을 것이다. 따라서 우리가 다루고 있는 것은 한 곳에서 다른 곳으로 퍼져나가는 분산의 문제이다. 이는 지금도 그렇지만 과거에 대륙이 이동을 했고, 한때는 서로 붙어 있었다는 것으로 설명할 수 있다. 이와 마찬가지로 그럴듯한 또 다른 설명은 전반적으로 해수면이 낮아져서 육지로 연결된 다리가 생겨서 공룡과 여러 동물들

이 건너갈 수 있었다는 것이다. 유목민들이 바로 이런 방법으로 지난 마지막 빙하기(홍적세)에 아시아에서 베링 해협을 건너 북아메리카로 건너왔었다는 것은 의심의 여지가 없다.

"드문 사건"을 만들어내는 시간과 가능성이라는 요인도 있다. 수백만 년이라는 시간이 주어지면 언젠가는 폭풍이 소규모의 공룡 무리들을 나무나 식물로 된 천연 뗏목에 태워 다른 대륙으로 운반하는 일이 일어날 수도 있다. 이것은 한 무리의 원숭이들이 수백만 년 동안 타자기를 마음대로 두드리다보면 셰익스피어의 모든 작품들을 쳐낼지도 모른다고 생각하는 것과 같다. 설명하기 좀더 쉬운 것은 바람이나 새에 의해 씨앗을 멀리까지 퍼뜨릴 수 있는 식물의 확산이다. 과거 수세기 동안 대서양과 태평양에서 새롭게 떠오른 화산섬에 식물이 생겨날 수 있었던 것은 바로 이러한 방법을 통해서였다.

Q 소행성체가 지구와 충돌하여 공룡이 멸종했다는 것이 현재 입증된 사실로 받아들여지고 있나?

A 그렇지 않다. 소행성체 충돌은 매력적인 이론이기는 하다. 공룡은 백악기 말엽인 6,000만 년 전에 멸종되었다. 이때 멸종된 것에는 티라노사우루스와 같은 육상 공룡은 물론 바다에 살던 파충류도 포함된다. 과학자들은 백악기 말의 암석들이 백금과 비슷한 금속 원소인 이리듐을 보통 이상으로 많이 함유하고 있다는 것을 발견했다. 이 원소는 지구상에서는 다소 희귀하지만 소행성체에는 꽤 많이 있다. 또한 우리는 미국 애리조나에 있는 미티어 크레이터처럼 실제로 소행성체가 지구와 충돌하기도 한다는 것을 알고 있

다. 커다란 소행성체가 지구와 충돌한다면 이리듐으로 가득한 먼지로 하늘을 어둡게 뒤덮어 태양빛을 가리고 지구 전체를 더 춥게 만들어버리는 대재난을 일으킬 것이다. 먹이사슬에서 꼭 필요한 식물의 생장은 억제될 것이다. 그렇다. 그런 일이 일어났을 수도 있다. 이 이론을 지지하는 사람들은 소행성체와의 충돌이 지구의 지질역사에서 다른 시기에 주기적으로 일어났던 멸종도 설명해줄 수 있다고 믿는다. 그들은 태양이 사실은 쌍성으로서, 매 2,600만 년 정도마다 돌아오는 어두운 동반성을 가지고 있으며 그럴 때마다 지구에 또 다른 소행성을 쏟아부어 멸종을 야기한다고 생각한다. 그럴듯한 이론인 것 같다.

그러나 여전히 해결되지 않은 문제들이 남아 있다. 어떤 고생물학자들은 공룡이 소행성체가 오기 전 이미 1,000만 년 전에 멸종하기 시작했다고 주장한다. 지질학적 기록에 반영되어 있듯이 크고 작은 멸종은 전 세계 해수면의 상승 및 하강과 깊은 상관관계가 있다. 지금까지 태양의 동반성은 아직 발견되지 않았다. 소행성체와의 충돌만이 자연이 하나의 생물 종을 죽게 만들 수 있는 유일한 이유일까? 더 확실하게 답하기 위해서는 더 많은 증거가 필요하다.

Q 소행성체 이론이 등장하기 전에 과학자들은 공룡의 멸종에 대해서 어떻게 생각했나?

A 여러 가지 주장들이 나왔지만 대부분은 그리 훌륭한 것이 아니었다. 포유류가 공룡의 알을 먹어버려서 멸종했다든지, 공룡이 병에 걸려 완전히 다 없어졌다든지, 혹은 공룡이 뇌가 작

어서 생존하기에는(2억 년간 살다가) 너무 바보 같았다든지 하는 것들이었다. 이런 주장 중 그 어느 것도 큰 장점을 가지고 있지는 않다. 확실한 이론이 되려면 육지에서는 물론 바다에서의 파충류 멸종을 고려해야 한다. 왜 어떤 파충류는 죽고 어떤 파충류는 살아남았는지도 설명해야만 한다. 알려져 있는, 혹은 예상 가능한 효과를 낳는 기작(mechanism)이 있어야만 한다. 대부분의 지질학자들이 생각하는 그러한 기작은 바로 해수면의 상승과 하강이었다.

이러한 바다의 변화는 6억 년도 더 되는 시간에 걸쳐 퇴적암에 각인되어 있으며, 확증된 표준적인 지질학 현장조사 방법으로 해독해 낼 수 있다. 심지어 이런 일이 일어난 기간도 알아낼 수 있다. 해수면이 올라갔건 혹은 내려갔건 그런 변화는 기후, 육상 분포, 바다의 깊이 등에 큰 변화를 초래한다.

이것은 다시 식생, 온도, 강우량, 먹이 공급 등에 영향을 준다. 하부환경은 파괴되거나 어느 정도 변형되고, 새로운 생태 지위가 등장한다. 각 환경에 있는 생물들에게 불가피하게 비참한, 혹은 유익한 효과를 미치게 된다. 대량 멸종은 백악기(중생대 말)를 포함하는 지질학적 시기의 말에 일어난 거대한 바다의 후퇴와 잘 맞아떨어진다. 또한 그런 때에 어떤 생명체들은 번성하여 우위를 차지하게 되었다는 것도 알 수 있다. 포유류와 속씨식물(현화식물)이 그런 예로써, 이들은 소행성체가 충돌했을 것으로 추정되는 백악기 이후에 번성했다. 이런 생각은 과거에 일어났던 멸종을 설명하는 데 여전히 상당한 강점을 지니고 있다.

A 전 세계적으로 약 60미터 정도의 해수면 상승이 있을 것으로 추정된다. 굉장히 빠른 속도로(예를 들어 50년에 걸쳐) 그런 일이 일어난다면 그것은 완전한 대재난이 될 것이다. 많은 수의 사람들이 전 세계 해안선을 따라, 혹은 그 근처에 살고 있는데, 이들 지역이 물에 잠길 것이고 사람들은 내륙으로 이동해야만 할 것이다. 플로리다 반도는 없어질 것이고, 한때 사람이 살았던 곳에는 해상생물이 들어설 것이다. 날씨 유형도 급격하게 변할 것이다. 크기를 불문하고 많은 강들은 하구와 호수로 변해버릴 것이다. 인류가 짐을 꾸려 훨씬 좁아진 주거 공간으로 이동해감에 따라 세계는 새롭고, 아마도 위험스러워질 것이다. 원래부터 거주하던 이들은 침수당한 지역에서 이주해온 난민들을 싫어할 것이고 폭력, 질병, 전쟁 가능성은 더 높아질 것이다. 국가들은 살 수 있는 땅을 차지하려는 목적만으로도 전쟁을 일으킬 것이다. 많은 농지가 파괴되어 극심한 식량 부족을 초래할 것이다.

이 모든 일이 일어날지 여부는 의심스럽다. 그러나 1세기에 몇 센티미터 정도이긴 해도 실제로 해수면은 올라가고 있다. 이는 극지방이 이제 막 시작된 지구온난화의 결과를 느끼고 있기 때문이다. 바다의 침략이 천천히만 일어난다면 세계는 이에 적응하면서 대처할 준비를 할 수 있을 것이다. 그러기를 바랄 뿐이다.

Q 시베리아 사람들이 냉동된 매머드 고기를 정기적으로 먹는
다는 게 사실인가?

A 시베리아 사람들은 냉동 매머드 고기를 정기적으로 먹지
않는다. 시도해본 사람도 있긴 있었지만 도저히 "상등육"
마크를 받을 만하지는 않다는 것을 알게 되었다. 사람이 먹기에는
적당하지 않지만, 해빙되거나 침식작용으로 이 멸종된 야수들이 노
출되면 개나 다른 포식자들이 그 고기와 뼈를 갈기갈기 찢어보기는
할 것이다. 지질학적으로 보면 꽤 가까운 과거인 8,000년 전까지만
해도 원시인들은 매머드를 사냥했다. 부족들이 연합하여 매머드를
벼랑 끝으로 몰아 잡아서 고기, 가죽, 뼈를 나누고 모든 부분을 활용
했을 것이다. 인간이 매머드 멸종의 원인이 되었을 것 같지는 않다.
정확한 이유는 알려져 있지 않지만 마지막 빙하시대 이후 기후의 변
화가 식생에 변화를 가져와 매머드를 멸종에까지 이르게 만들었을
것으로 추측된다.

Q 매머드와 마스토돈은 어떻게 다른가?

A 차이가 거의 없다. 둘 모두 코끼리과에 속하며 두개골, 엄
니, 이빨 등만 약간 차이 날 뿐이다. 사실 엄니는 앞니가
변형된 것이다. 화석기록에 의하면 마스토돈이 지구상에 먼저 등장
했고, 여기서 매머드로 이어지는 분파가 생겨난 것으로 보인다. 이
어 매머드에서 현대의 코끼리가 나오게 되었다. 마스토돈과 매머드

모두 8,000년 전까지 생존했으며 인간과 공존했다. 이들 무리의 수
는 엄청났다. 그들의 상아 엄니는 중세시대부터 시베리아에서 수출
되었다. 그들의 먹이 공급, 혹은 다른 생존 요인에 영향을 끼친 환경
변화가 비교적 빠른 속도로 일어났던 것이 틀림없다. 그렇지만 마스
토돈과 매머드의 뼈와 엄니는 한참 동안 우리 주변에 남아 있을 것
이다.

Q 얼음 속에 얼어붙은 원시동굴인(혈거인)에 관한 영화를 보고
알래스카와 시베리아에 있는 매머드가 생각났다. 얼음에 얼
어 있는 인간이 더 많이 발견되지 않는 이유는 무엇인가?

A 매머드가 얼음 속에 얼어 있다고 흔히들 생각하는데, 이는
잘못 알려진 것이다. 그렇지 않다. 매머드는 얼어붙은 점
토, 모래, 실트 등의 퇴적물에서 발견된다. 고생물학자들은 그렇게
보존된 것을 냉동 혹은 완전보존이라고 부른다. 어떤 매머드는 빙하
속에 생긴 균열인 크레바스에 빠져죽었다가 얼음이 없어지면서 녹
은 물이 매머드를 퇴적물 속에 묻어버린 것으로 보인다. 다른 것들
은 강을 건너다 얼음이 깨지면서 빠져서 조류에 휩쓸려 좀더 잔잔한
물로 옮겨져 그곳에서 강의 퇴적물 밑에 매몰되었다. 또 다른 것들
은 진흙 사태로 희생되었을 수도 있다.

이와 비슷한 방법으로 사람이 보존되는 것은 훨씬 더 드문 일이
다. 인간은 훨씬 더 가볍고 민첩하고 똑똑하기 때문에 매머드가 당
한 것과 같은 일을 피할 수 있었다. 아마도 시력도 더 좋았을 것이
다. 하지만 그런 일이 없었던 것은 아니다. 베링 해의 세인트로렌스

아일랜드에서 1,600년 전에 산사태에 희생된 것으로 보이는 에스키모 여인의 사체가 발견되었다. 사체의 보존 상태가 아주 좋아서 과학자들은 그 여인이 동맥경화를 앓고 있었다는 것까지 알아내었다. 그리고 그 유명한 유럽의 "아이스 맨"(1991년 오스트리아와 이탈리아 국경 근처 외츠탈알프스에서 발견되었으며, 기원전 3300여 년에 살았던 인간으로 추정됨—옮긴이)도 있다. 아이스 맨을 조사한 과학자들은 그가 현재의 이탈리아 국경 근처의 높은 산을 넘어가다가 강한 눈보라 속에서 얼어죽었을 것으로 추측했다. 아주 훌륭한 상태로 보존된 그의 사체에는 옷, 소지품 등이 그대로 남아 함께 발견되었다.

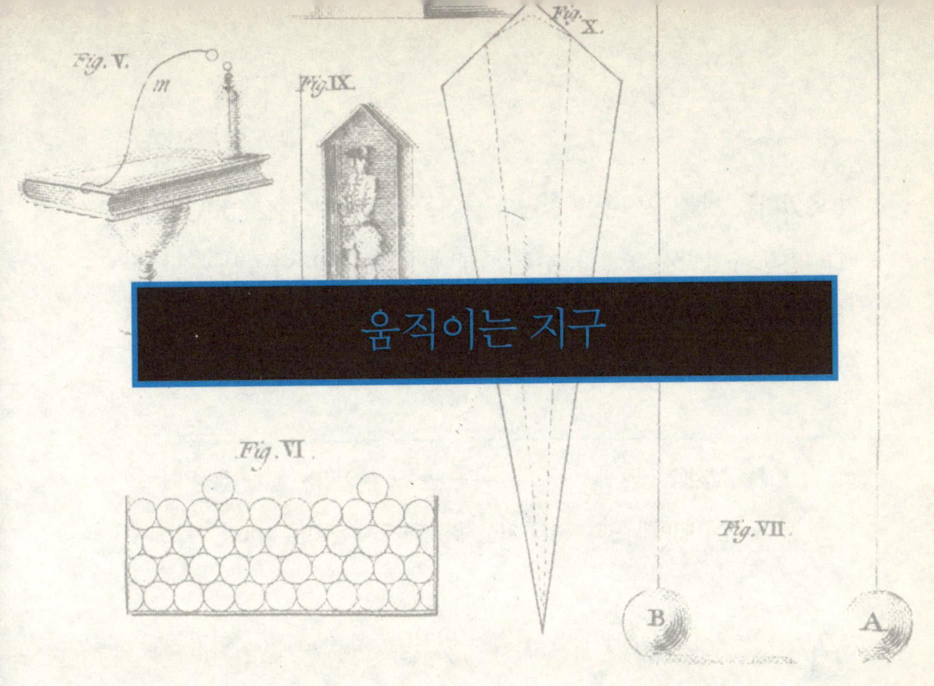

움직이는 지구

A 그렇다. 그리고 그것은 거의 기정사실화되었다. 이러한 생각이 처음 등장한 것은 세계지도에서 아프리카와 남아메리카가 마치 퍼즐 맞추기의 두 조각처럼 서로 들어맞게 생겼다는 것을 알게 된 16세기까지 거슬러 올라간다. 그러나 독일의 기상학자 알프레트 베게너가 이런 생각에 좀더 큰 관심을 기울이게 된 것은 1912년에 이르러서였다. 그는 모든 대륙이 한때는 하나의 초대륙으로 붙어 있었다고 믿었다. 그는 그러한 초대륙이 아마도 2억 년 전쯤 여러 조각으로 나뉘어져 천천히 움직여 현재의 위치까지 이동했다고 생각했다. 대부분의 과학자들은 대륙을 한 곳에서 다른 곳으로 움직이게 만드는 힘이나 기작을 눈으로 확인할 수 없었기 때문에 이러한 이동론을 받아들이지 않았다. 이 이론은 결국 베게너

가 옳았다는 것을 보여주는 일련의 발견이 이루어지기까지 30년도 넘게 별로 주목받지 못했다. 한편 베게너는 50세의 나이에 빙관 탐사를 위해 그린란드로 떠났으나 그후 그에 대한 소식을 다시는 들을 수가 없었다.

Q 잡지와 신문에서 구조론 혹은 판구조론이라는 말을 점점 더 많이 보게 된다. 혹시 지진, 화산과 관련된 이론이 아닌가?

A 두 가지 모두와 많은 관련이 있다. 구조론(tectonics)이라는 용어는 대륙 대부분을 덮고 있는 지각의 변형에 관한 것으로, 이를 가장 잘 보여주는 것이 여러 층으로 된 퇴적암이다. 여기에서 위쪽은 산으로 솟아 있는 암석층에 바다조개 화석을 볼 수 있는데, 이는 고대의 해저가 수십 혹은 수백 미터 위로 상승했다는 명백한 증거이다. 포개진 층도 있고 단층작용으로 균열되거나 제자리를 벗어나 있는 것도 있다. 구조력(tectonic force)에 의해 로키 산맥과 안데스 산맥 같은 산맥이 만들어진다. 또한 지각이 넓고 완만하게 아래쪽으로 구부러지거나(하향요곡) 위쪽으로 구부러지기도(상향요곡) 한다. 이 모든 것은 지구가 움직이지 않는 둥근 바위 덩어리가 아니라 내부의 강력한 구조력에 대한 반응으로 계속해서 변화를 겪고 있는 활동적이고 역동적인 행성이라는 것을 시사한다. 이 과정이 아직도 계속된다는 것은 현대에 일어난 지진과 화산분출 등으로 증명되고 있다.

판구조론(plate tectonics)은 이러한 변형, 지진, 화산이 어떻게, 그리고 왜 일어나는지를 설명해주는 이론이다. 이 이론은 베게너가 오래 전에 주창한 대륙이동론에서 발전되어 나온 것이다. 간단히 말하자면, 지각은 12개 혹은 그 이상의 거대하고 딱딱한 판으로 이루어졌으며, 이는 마치 몇 군데 금이 간 껍질로 둘러싸인 계란과 비슷하다. 그러나 이러한 판들은 움직일 수가 있다. 판들이 서로 멀어지는 방향으로 움직이기도 하고(발산), 서로 부닥치기도 하며(수렴), 서로 미끄러져 지나가기도 한다(변환). 이러한 판들의 가장자리를 따라 더 많은 화산과 지진활동이 일어나고 있다. 바다 가운데 해령을 따라 훌륭한 증거들이 발견되는데, 이곳에는 열로 인해 맨틀 상층부의 물질이 분출하여 옆으로 퍼져나가면서 새로운 해저를 만들어낸다. 이 과정에서 판들이 움직이면서 그 위에 올라앉아 있는 대륙을 함께 운반한다.

Q 해저가 지구에 새로운 지각을 더해가면서 퍼져나가고 있다면 왜 풍선이 부풀어오르듯이 확장되지 않을까?

A 과학자들도 바로 이 문제에 대해 깊이 생각했다. 구조판의 움직임에 대한 연구결과, 두 판들이 서로 만나면 하나가 다른 판 밑으로 들어가 맨틀로 다시 흡수되기도 한다는 것이 발견되었다. 그 좋은 예가 바로 일본으로 이곳에서는 태평양판이 일본 밑으로 들어가고 있다. 섭입(subduction)이라고 알려진 이 과정은 오래된 지각을 제거함으로써 새로운 지각이 균형을 이루게 된다는 것을 보여준다. 섭입대를 따라 심해에 해구도 발달한다. 판구조론에서 재미있는 점은 대륙 자체는 매우 가벼워서 섭입대 아래로 잡아당겨질 수 없기 때문에 대륙은 밑으로 들어가지 않는다는 사실이다. 이 점은 지질

학적 차원에서 해저는 매우 젊지만(중생대보다 더 오래되지는 않았음) 대륙
의 암석은 30억 년씩이나 되었다는 것으로도 확인할 수 있다.

판구조 활동 기작의 원동력은 지각 아래의 맨틀 대류이며, 이 대
류가 새로운 맨틀 물질을 표면으로 이동시켜 해저확장을 일으킨다
는 생각이 가장 널리 받아들여지고 있다. 맨틀 대류는 또한 섭입대
에서 오래된 지각을 다시 맨틀로 끌어들이는 일을 도와주기도 한다.
이런 과정은 불에 올려놓은 팬에서 지글거리는 토마토 수프가 표면
위로 끓어올랐다가 약간 식어지면 내려오고 열이 가해지면 다시 끓
어오르는 것에 종종 비유되기도 한다. 물론 열이 없으면 판구조 활
동도 없을 것이다. 그 열의 근원은 지구가 처음 만들어졌을 때 방사
능 붕괴에 의해 생성된 잔여 열일 것으로 생각된다.

Q 태평양 주변의 "불의 고리"에 대해 이야기하는 것을 들은
적이 있다. 불의 고리란 무엇인가?

A 지도에서 태평양의 전반적인 경계부분을 찾아보면 화산과
지진으로 유명한 일본과 인도네시아 지역이 포함된다는
것을 알 수 있을 것이다. 또한 남태평양의 화산섬들, 북으로는 캘리
포니아와 알래스카 등도 포함되는데, 이들 지역 역시 지진과 화산으
로 잘 알려져 있다. 환태평양 지대에 이렇게 지진과 화산 활동이 집
중되어 있기 때문에 불의 고리(ring of fire, 환태평양 화산대)라는 이름이
붙게 되었다.

이곳에서는 다수의 구조판들이 접촉하고 있다. 태평양판은 서쪽
으로 이동하여 일본 밑으로 들어간다. 또한 북쪽으로 움직이는 태평

양판의 상대적인 움직임도 있으며, 북아메리카 판은 남쪽으로 움직이면서 서부해안을 따라 산안드레아스 단층과 여러 단층을 만들어냈다. 동시에 알래스카에 대해서도 압력이 가해짐에 따라 이곳에서도 강력한 지진이 발생한다. 또한 판 내부와 아래에서 열점이 발견될 수도 있다. 이 지점도 화산활동의 원인이 된다. 하와이 군도는 판 가장자리에 위치하고 있지는 않지만 열점의 화산활동으로 인해 생성되었다.

Q   대륙은 얼마나 빨리 움직일까?

A 아주 느리게 움직인다. 보통 1년에 약 2.5센티미터 정도에 불과하다. 따라서 2.5미터 정도 움직이려면 100년은 걸릴 것이다. 우리가 익숙한 시간과 거리 규모면에서 볼 때 거의 무의미해 보일지도 모른다. 그러나 시간 규모를 바꿔서 자연이 무언가를 이룩해내기 위해서 수백만 년 걸린다는 것을 깨닫는다면 사정은 달라진다. 100만 년 만에 대륙 혹은 판들은 32킬로미터는 이동할 수 있을 것이다. "최근의" 빙하시대가 200만 년 전에 시작된 이래 판들은 약 64킬로미터는 이동했다. 공룡이 멸종한 이래 대륙은 1,000마일(1,600킬로미터) 넘게 움직였을 것이다. 당시의 지리지도는 아마도 거의 알아보기 어려울 것이다.

대륙이 지구면을 따라 이동한다는 것은 귀중한 정보이다. 이것은 예를 들어, 미국 펜실베이니아에 석탄층을 만들어낸 고대의 열대 늪 지대가 수백만 년 전에 어떻게 있을 수 있었는지를 설명해준다. 현재 펜실베이니아인 지역이 적도지역을 통과하며 떠다녔던 것이다.

A 지각의 암석은 여러 곳에서, 특히 구조작용이 일어나는 곳에서 뒤집어지는데, 그 과정은 보통 수십만 년, 혹은 수백만 년에 걸쳐 일어나며, 사람이 보고 있는 동안 일어나는 게 아니다. 어떤 일이 일어나는지 알고자 한다면, 여러 층으로 된 퇴적암이 양쪽 측면으로부터 압축되어 찌그러지는 것 같은 효과가 일어나는 것을 상상하면 된다. 힘이 아주 천천히 가해지기 때문에 암석은 땅콩이 부서지는 것처럼 산산조각이 난다기보다는 마치 밀랍처럼 유연하게 흐르게 된다. 배사구조라고 하는 볼록하게 올라간 구조가 형성되어 위로 점점 더 높이 쌓인다. 끝 쪽은 기울어져 거의 수평 자세가 되는 경향이 있다. 이러한 층을 이루고 있는 일부 암석은 90도 이상 회전되었기 때문에 거꾸로 있게 된다. 종이나 이불을 가지고 실험해볼 수 있다.

이런 식으로 압착되었지만 각도가 작은 면을 따라 깨져 있는 큰 암석판도 볼 수 있다. 이러한 움직임이 일어날 수 있는 면을 따라 생긴 거대한 자리이동을 스러스트(충상) 단층작용이라 한다. 오버 스러스트 단층은 겹쳐질 수도 있으며 수킬로미터까지 밀쳐지기도 한다. 지질학자들은 이를 통해 지각이 짧아진다고 생각한다. 이런 현상은 수백만 년에 걸쳐 일어나며, 로키 산맥과 애팔래치아 산맥에서 그런 예를 찾아볼 수 있다.

A 그 정도로 팔팔하지는 않겠지만 실제로 지각은 위아래로 움직이고 있다. 전 대륙에 걸쳐 해저에서 만들어졌을 법하지만 지금은 육지인 해발 수백, 수천 킬로미터 되는 곳에서 굳은 퇴적층을 볼 수 있다. 그 놀라운 예는 빙하시대 이후 지난 200만 년 동안 일어났다. 거대하고 육중한 얼음판이 대륙을 삼키고 밀쳐냈다. 얼음이 녹아 퇴각하자 대륙은 탄력적으로 다시 튀어나왔다. 이것이 사실임은 높이가 같아야 할 오래된 호숫가가 서로 다른 위치에 있는 것을 볼 때 확신할 수 있다. 위치가 다른 것은 지각의 한 부분이 다른 쪽보다 더 빨리 튀어 올라왔다는 것을 시사하기 때문이다. 이렇게 오래된 호숫가의 어떤 부분은 심지어 기울어져 있어서 물이 경사면에 고여 있지 못하는 경우도 있다. 오늘날 대륙의 절반을 흘러가는 미시시피 강의 하구에는 퇴적물이 엄청나게 쌓이고 있다. 정밀 측정에 의하면 루이지애나 남부의 지각은 아주 천천히 가라앉고 있다고 한다.

Q 모세가 홍해를 건너간 것을 대륙이동으로 설명할 수 없을까? 당시에는 홍해가 훨씬 더 좁았을 것이다.

A 이동이 그렇게 빨리 이루어지는 것은 아니다. 오늘날 지리학자들은 대륙이동이 실제로 일어난다는 것은 물론 더 나아가 홍해가 아프리카 대륙에서 갈라져 움직이는 좋은 예라는 것을

거의 의심하지 않는다. 출애굽(히브리 노예들이 모세의 지도 하에 이집트를 떠나온 것을 말함—옮긴이)이 약 3,500년 전(원하면 더 오래되었다고 생각해도 좋다)에 일어났다고 가정한다면 이 기간 동안 아라비아가 아프리카에서 분리되면서 만들어진 홍해의 폭은 몇십 미터 혹은 그보다도 더 좁았을 것이다. 홍해는 현재 그 폭이 160킬로미터에 달한다. 할리우드 영화에서 그려진 것과 같이 물이 갈라지며 길을 만들어냈다는 것을 정확한 역사로 생각할 수는 없다. 모세가 수심이 매우 얕은 수에즈 만으로 건넜을 가능성이 좀더 높다. 어떤 이들은 같은 시간에 지중해에 있는 티라 섬에서 화산 폭발이 일어나 거대한 파도가 지중해 주변을 강타하면서 일시적으로 수에즈 만에서 물이 빠져나갔을 때 모세가 이집트를 탈출했고, 이어 물이 다시 밀려들어와 파라오의 군대를 덮쳤을 것으로 추측한다.

Q 그랜드캐니언을 만들어내는 데 시간이 얼마나 걸렸을까?

A 그랜드캐니언은 콜로라도 강물이 흐르면서 만들어졌다. 지질학자들의 추정에 의하면 약 1,500만 년이 걸렸을 것이라고 한다. 바위를 흘러 지나가는 물과 물이 가져온 퇴적물만으로 이런 일을 해낼 수 있었다는 건 믿기 어렵지만 시간만 충분히 주어진다면 가능성이 있으며 실제로 그런 일은 일어난다.

어느 지질학자가 말한 신화 속의 새 이야기가 생각난다. 이 새는 1년에 한번씩 날아와서 커다란 바위에 부리를 비벼 부리를 날카롭게 간다고 하는데, 수백만 년이 지나면 그 바위는 없어지고 더 이상 존재하지 않게 된다는 이야기이다. 약 1,500만 년 전 콜로라도 고원은 빠른 속도의 지각 상승을 겪게 되었다. 이로 인해 구불구불한 콜로라도 강은 빨리 흐르게 되었고, 그 새로운 에너지가 이처럼 세계적인 장관을 만들어내었다. 계속해서 바위를 깎아내려가고 있는 콜로라도 강은 지구에서 가장 오래된 바위들 사이를 흘러가고 있다.

Q 과학자들은 샌프란시스코에 또다시 큰 지진이 일어난다면 이 도시가 바다 속으로 가라앉을 것이라고 생각하고 있을까?

A 1906년에 일어난 그 유명한 샌프란시스코 지진은 산안드레아스 단층을 따라 일어난 움직임 때문에 발생했으며, 어떤 곳에서는 단층이 약 5미터나 움직였다. 그러나 다른 종류의 단층에서 나타나는 큰 상하운동은 없이 움직임 대부분이 측면으로 일어났다. 또한 샌프란시스코는 대륙판 위에 있어서 태평양판의 밀도가 더 높은 현무암 물질보다는 좀더 가벼운 암석물질로 되어 있다. 간단히 말해서, 가라앉기가 어렵다.

지질학자들은 단층의 자물쇠 역할을 하는 억압된 힘이 산안드레아스 단층에 있으며, 이는 움직임이 일어난다면 또 다른 큰 지진을 불러일으키는 원인이 될 것이라는 것을 알고 있다. 지진이 일어나면 약간의 범람은 있을 수 있겠지만 샌프란시스코가 바다 밑으로 밀려들어가리라는 것은 매우 의심스러운 주장인 것 같다. 문제는 현재 샌프란시스코가 1906년에 비해 훨씬 더 커졌고 훨씬 더 많은 인구가 살고 있는 도시라는 점이다.

A "최악"이 무엇을 말하느냐에 따라 달라진다. 인명손실의 면에서 보면 가장 비참했던 지진은 1556년 중국 산시에서 일어난 것으로 알려져 있다. 이 지진으로 83만 명이 사망한 것으로 추정되었다. 좀더 최근에는 역시 중국에서 일어난 1976년의 리히터 강도 7.7의 지진이 있는데, 허베이 성을 파괴한 이 지진으로 80만 명이 사망한 것으로 추정되었다. 굉장히 많이 알려진 1906년의 샌프란시스코 지진이 약 700명의 사망자를 낸 것과 비교하면 그 규모 면에서 엄청나다.

방출된 에너지의 차원에서 지진을 이야기할 수도 있다. 측정기구를 처음 사용한 이래 리히터 강도 8을 넘는 큰 지진이 몇 차례 기록되었다. 가강 강력한 지진으로 생각할 수 있을 만한 지진으로 1755년 포르투갈 리스본에서 일어난 지진이 있다. 한 지점에서 땅이 6분간 흔들렸고 도시 전체는 완전히 파괴되었다. 지진으로 인해 발생한 불을 모두 끄는 데 거의 일주일이 걸렸다. 항구의 배에 타고 있던 선원들은 허공으로 튕겨져 나갔으며, 쓰나미(지진해일)라고 하는 12미터 높이의 거대한 파도가 도시를 삼켜버렸다. 지진해일은 대서양을 건너 카리브 해의 마르티니크 섬까지 도달했는데, 그때 높이가 3.6미터나 되었다. 마지막으로 재산, 물품, 용역 등 경제적인 측면에서 지진을 이야기할 수도 있다. 20세기 말 미국 캘리포니아에서 일어난 지진만 해도 수십억 달러의 피해를 가져왔다.

Q 미국 아이다 호에서 일어난 지진으로 호수가 만들어졌다.
어떻게 그런 일이 가능했을까?

지진은 어느 정도 지구의 풍경을 바꿔놓는다. 단층을 따라
움직임이 일어나면 지진이 발생한다. 이는 지표면을 한번
에 수십 센티미터 혹은 수 미터씩 위, 아래, 좌우로 움직이게 만든
다. 예를 들어, 1906년에 샌프란시스코 지진이 발생한 뒤 단층지대
에 걸쳐 있었던 울타리 선이 1.8~3미터 혹은 그 이상 벌어졌다. 울
타리 선 대신 강이 벌어져 위로 올라가 정상적인 물의 흐름이 막히
게 되었다고 가정해보자. 강물이 역류하여 마치 댐 위의 물처럼 고
이게 될 것이다. 바로 이런 과정을 거쳐 아이다 호의 베어레이크가
만들어졌다. 또 일어날 수 있는 일은 지진이 일어날 때 지구의 비틀
림이 계곡에 산사태를 일으켜 물길을 가로막게 되는 경우이다. 이런
일이 1950년대에 미국 서부의 옐로스톤에서 발생했다. 당시 만들어
진 호수는 지금도 있으며 그 이름도 딱 어울리는 어스퀘이크 레이크
(지진호수)라고 한다.

Q 아주 먼 옛날에 지진이 발생했다는 사실을 과학자들은 어
떻게 알 수 있나?

그렇게 오래된 옛날이 아니라면 알 수 있다. 지진으로 인
한 피해는 건물과 여러 구조물 등에 나타나기도 한다. 예
를 들어 19세기에 미국 사우스캐롤라이나의 찰스턴을 강타한 지진

으로 입은 건물 피해는 오늘날에도 볼 수 있다. 그러나 건물이 없는 지역에서도 지질학자들은 그 지역에 있는 암석에서 단층의 증거를 찾는다. 단층은 지구에 생긴 틈 혹은 균열로서, 지진의 원인이 되는 에너지의 대량 방출을 동반하는 암석의 이동이 함께 일어난다. 흔적을 찾을 수 있는 암석의 위치변화는 측정이 가능하다. 수십 혹은 수백 미터에 이르는 상당한 위치변화가 발견된다면 이는 수백만 년 전에 강력한 지진이 몇 차례 발생하였다는 것을 시사한다. 전 세계에는 수십만 개의 단층이 있다. 다행히도 현재 그 모두가 다 활동을 하는 것은 아니다.

Q 언제쯤이면 과학자들은 지진이 언제, 어디서 발생할지 예측할 수 있게 될까? 예측할 수 있다면 많은 인명을 구할 수 있을 것이다.

A "어디"에서 일어날 것인가라는 질문과 관련해서는 미국 캘리포니아의 산안드레아스 단층 지역과 같이 지진이 일어나기 쉬운 곳을 지적할 수는 있다. 그러나 1912년에 미국 미주리의 뉴마드리드를 강타한 지진과 같이 예기치 않은 곳에서 지진이 발생하기도 한다. 이곳은 전혀 지진이 일어날 것 같은 곳이 아니었다. 따라서 어디에서 강력한 지진이 일어날 것인가를 예측하는 것은 지금도 연구 중인 기술 과제이다. 대단히 중요한 것은 "언제" 지진이 일어날 것인지를 예측하는 일이다. 단층을 따라 쌓인 압력이 새로운 균열을 만들고 여기로 지하수가 이동한다. 지하수는 수명이 짧은 방사성 동위원소 라돈을 함유하고 있다. 샘에서 라돈이 검출되면 지진

의 신호로 볼 수도 있을 것이다. 동시에 전략적 위치에 설치된 민감한 경사계로 약간의 지표면 상승을 탐지할 수도 있다. 또한 먼 곳에서 나온 지진파가 의심지역을 지나가면 느려지는 경향이 있다는 보고도 있었다.

지진 예측이 실용적인 수준으로 이루어질 수 있을 때 발생할 수 있는 문제 중 하나는 바로 사람의 행동이다. 예를 들어 앞으로 석 달 뒤에 로스앤젤레스에 강력한 지진이 발생할 예정이라면 재산 가치는 어떻게 될 것인가? 사람들은 직장을 그만두고 모든 재산을 챙겨서 도시를 빠져나갈 것이다. 지진에 대해 걱정하지 않던 사람들도 수백만 명의 피난민들이 피해가 있을 지역 밖으로 몰려나오는 데 따르는 영향을 느끼게 될 것이다. 설상가상으로 지진이 석 달이 아니라 일주일 이내에 일어나게 된다고 가정해보자. 사람이 가득 찬 극장에서 "불이야!"라는 소리가 들렸을 때처럼 엄청난 공포를 불러일으킬 것이다. 앞으로 우리는 이런 사회적 문제들을 직면해야 할지도 모른다.

Q 화산에서 분출되는 용암은 지구 속 얼마나 깊은 곳에 있을까?

A 상당히 깊다. 하와이의 화산들은 세계의 그 어떤 화산보다도 면밀하게 연구, 감시되고 있기 때문에 많은 것이 알려져 있다. 1959~1960년에 킬라우에아 화산이 폭발하는 동안 밑에서부터 위로 올라오는 마그마의 움직임은 그 이동에 수반되는 일련의 작은 지진들로 인해 추적할 수 있었다.

지질학자들은 그 용융물질이 연약권이라고 하는 48킬로미터 지하의 연약한 암반지대에서 기원했을 것이라고 생각한다. 이 지대는 맨틀 상층부에 있으며, 하와이가 태평양판 안에 있으므로 "열점"으로 간주할 수 있을 것이다. 용융된 용암은 결국 장관의 용암류와 용암 분천과 함께 표면까지 도달한다. 하와이 섬들은 세계에서 매우 크고 높은 화산 건조물이다. 그러나 물론 그 대부분은 바다 밑에 있다. 이 용암은 주로 어두운 현무용암이며, 일부는 훨씬 더 깊은 곳에서 나온 것일 수도 있다.

Q 아이슬란드에는 온천이 많다고 들었다. 그렇게 추운 곳에 어떻게 온천이 있을 수 있을까?

A 온천은 뉴질랜드, 미국 서부의 옐로스톤 국립공원 등과 같이 세계 전역에서 발견된다. 이들 지역의 기후는 아이슬란드와는 다르다. 흥미로운 점은 온천과 그 밑에 있는 것이 아이슬란드처럼 추운 육지를 만들었다는 것이다. 온천의 물은 표면 아래 깊은 곳의 용융된 암석에서 나오는데, 바로 이 암석은 화산에서 뿜어져나오는 물질을 공급한다.

아주 먼 옛날, 해저에서 용융된 암석 물질이 분출하여 현무암이 쌓이게 되었고, 결국 표면까지 이르게 되어 아이슬란드라는 섬을 만들었다. 아이슬란드 밑에서는 용융된 마그마와 가스가 아직도 끓고 있다. 1960년대에 아이슬란드 남부에 수르트세이 화산이 생겨난 것은 땅이 어떻게 생성되었는지를 잘 보여준다. 태평양에 있는 섬 대부분은 물론 미국의 50번째 주인 하와이도 이와 비슷한 식으로 생성되었다.

Q 미국 세인트헬렌스 산이 가까운 미래에 다시 폭발할 가능성이 있을까?

A 대개는 폭발에 이어 긴 휴지기가 있기는 하지만 가능성은 항상 존재한다. 1980년 5월 18일에 있었던 세인트헬렌스 산의 화산폭발은 123년 만에 발생한 것이었다. 세인트헬렌스 산은 화산폭발 가능성을 가지고 있는 캐스케이드 산맥을 따라 있는 화산 봉우리 중 하나에 불과하다. 또 다른 산으로 샤스타 산, 레이니어 산, 래센 봉, 후드 산, 베이커 산 등이 있다. 래센 봉은 1915년에 마지막으로 폭발했다. 지질학자들은 이들 산이 실제로는 5,000만 년도 더 되는 오래된 화산의 잔해 위해 만들어진 새로운 화산들이라는 것을 알아냈다. 세인트헬렌스 산처럼 "신생" 화산들은 겨우 100만 년밖에 되지 않았다.

Q 지금까지 알려진 세계 최대의 화산폭발은?

A 유력한 후보는 동인도 제도의 크라카토아이다. 이 화산은 1883년 8월 이틀에 걸쳐 비교할 수 없을 정도의 힘으로 폭발했다. 크라카토아를 이루고 있던 세 개의 작은 봉우리들은 그해 여름 내내 불길하게 연기와 증기를 내뿜었다. 그러다가 8월 26일, 160킬로미터 밖에서도 들을 수 있는 엄청난 폭발과 함께 화산이 분출하기 시작했으며, 4.16입방킬로미터의 화산재가루(재, 분석, 부석)를 공중으로 27킬로미터까지 내뿜었다. 다음날 분출이 최고조에 달해

그 굉음이 4,800여 킬로미터나 떨어진 오스트레일리아에서도 들을 수 있을 정도였으며, 화산먼지가 자바와 수마트라의 하늘을 뒤덮어 밤처럼 어두워지게 만들었다. 해저가 흔들려 거대한 지진해일을 발생시켰는데, 그 높이가 36미터에 달했고 자바 섬을 덮치면서 3만 6,000명이 목숨을 잃었다. 이 폭발로 나온 화산먼지와 재는 지구 전체로 퍼져나갔고 수년이 지난 뒤에야 비로소 가라앉았다.

좀더 오래된 과거 역사에 발생하여 기록이 덜 남아 있는 것으로 약 3,500년 전에 지중해에서 발생한 티라의 화산폭발이 있다. 오늘날까지 남아 있는 분화구의 크기로 판단해보면 크라카토아보다도 더 큰 폭발이었다. 티라의 화산폭발은 지중해 전역을 어둡게 뒤덮었으며, 범람, 지진, 새빨갛게 달아오른 화산재 비를 불러일으켰다. 일부 고고학자들에 의하면 이 폭발은 크레타의 미노아 문명을 쇠퇴시킨 주요 원인이었다고 한다.

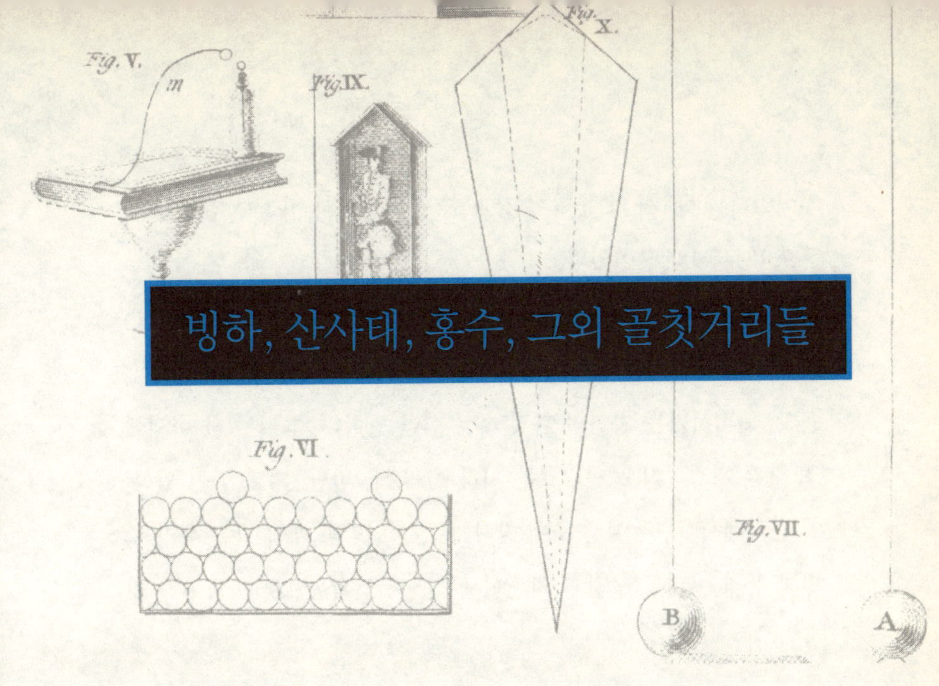

빙하, 산사태, 홍수, 그외 골칫거리들

Q   세계에서 가장 긴 강은 어느 강인가?

A   세계에서 가장 긴 강은 나일 강이다. 나일 강물은 적도 근처와 아프리카 빅토리아 호에서 모여 북으로 흘러간다. 수단, 이집트를 거쳐 흐르며, 이집트에서 지중해로 빠져나간다. 만약 나일 강을 미국에 가져다 놓는다면 뉴욕 시에서부터 캘리포니아의 로스앤젤레스를 지나 그 너머까지 뻗치게 될 것이다. 나일 강은 이집트를 통과하면서 폭이 8~16킬로미터나 되는 편평한 바닥의 골짜기를 만든다. 이 골짜기 양쪽은 물이 없는 사막으로 둘러싸여 있다. 이 물길을 따라 약 1만 년에서 5,000년 전에 초기 이집트 인들이 터를 잡고 이 지구에서 위대한 문명 중 하나를 건설했다. 강은 사람과 짐승들에게 물과 먹이를 제공했다. 강은 탐험가, 정착민, 상인, 정복자들이 다른 곳, 다른 사람에게로 가는 가장 쉬운 길, 때로는 유일한

길이었다. 많은 초기 문명이 강과 항구 주변에서 자리를 잡았던 이유도 바로 이 때문이었다.

강과 하천에 흐르는 물은 지구 표면에서 가장 강력하게 작용하는 지질학적 동인이다. 지질학적 동인은 암석과 퇴적물질 등을 침식, 운반, 퇴적시키는 자연의 과정 혹은 힘을 말한다. 흐르는 물 이외에 또 다른 지질학적 동인으로는 지하수, 빙하, 바람, 파도 등이 있다. 집 근처에서, 혹은 여행 중에 만나게 되는 언덕과 계곡 같은 우리 주변의 풍경은 대부분 강과 하천의 침식, 퇴적 활동으로 만들어진 것들이다.

A 대부분의 지역에서 그 지형은 수많은 크고 작은 하천과 그 지류의 침식과 퇴적에 좌우된다. 강우량이 거의 없고 연중 일부분만 하천이 흐르는 사막에서도 그 풍경은 하천에 의해 결정된다. 마침내 비가 내리면 급류가 되어 온대지방의 하천이라면 수년이 걸릴 것을 몇 시간 만에 침식시켜버린다. 이러한 지질학적 동인의 궁극적인 목표는 평탄화(gradation, 땅을 깎아내려 해수면과 같아지게 만드는 것으로, 그렇게 되면 하천의 에너지는 다 소비되어버린다)이다. 이 목표를 달성한 하천은 준평원이라고 하는 편평한 지역을 만든다.

하천이 수백만 년 동안 활동했다면 왜 모든 땅이 편평하지 않은지 궁금해할지 모르겠다. 구조활동, 즉 지구의 움직임이 없었다면 모두 편평해졌을 것이다. 그러나 구조활동은 계속해서 땅을 밀어올려 더 많은 고지대를 만들고 이것은 다시 새롭게 침식된다. 들어올려진 지대는 새로운 고지대로서 침식활동이 아직 시작되지 않은 곳이다. 이런 순환이 수천 년 동안 계속되고 있다.

A 세계의 바다와 해안선을 따라 몇몇 주목할 만한 소용돌이 (회전류)가 발견될 만한 곳이 있다. 소용돌이는 영국 스코틀랜드, 노르웨이, 일본의 해안 지역과 같은 곳에서 해안선의 형태, 바닥의 지형, 밀물과 썰물의 영향 등으로 인해 생성될 수 있다. 강이 휘는 곳에서 위를 향해 소용돌이치는 물의 흐름이 생겨날 수 있는데 이를 콜크라고 한다. 열려 있는 바다의 소용돌이는 단지 크기가 클 뿐이다. 북대서양의 사르가소 해가 그중 하나이다. 그러나 일부 지역이 해초로 막혀 있고 그 가운데에는 스페인의 옛 배들이 잡혀서 방치되어 있고, 주변에는 좀더 최근의 배들이 잡혀 있다는 그런 이야기는 완전히 꾸며낸 이야기이다.

실제로 배를 타고 사라가소 해를 지나간다면, 그곳이 소용돌이 지역이라는 사실을 지적해줘야만 그런 곳인 줄 알 수 있을 정도이다. 싱크대처럼 물이 아래로 소용돌이치며 다른 것도 함께 빨아들이는 그런 곳이 있다는 이야기는 들어보지 못했다. 나이아가라 폭포의 소용돌이는 웅장하게 회전한다. 한참동안 바라보아야만 그 움직임을 분간할 수 있을 정도이다.

A 물이 떨어지는 길이가 약 807미터나 되는 베네수엘라의 앙헬 폭포일 것이다. 폭포는 높이 못지않게 다른 인상적인 특징도 가지고 있다. 예를 들어 라오스에 있는 비교적 작은 폭포인 코네 폭포에서 떨어지는 물의 양은 초당 약 1만 1,600입방미터이다. 그보다 더 큰 잠베지의 빅토리아 폭포는 폭이 1.6킬로미터이고 초당 약 48만~68만 입방미터의 물이 떨어져 세계 최대의 물커튼이라 불린다.

폭포는 강의 물길이 비교적 임시적으로 갖게 되는 특징으로서, 결국에는 침식작용에 의해 없어진다. 폭포와 급류를 가지고 있는 강은 비교적 생긴 지 얼마 안 된 하천으로 간주된다. 폭포가 생기는 원인은 여러 가지이다. 밑에 있는 암석의 경도 차이로 인해 하천은 좀더 약한 암석을 더 빨리 깎아내리면서 지나고, 이로 인해 가파른 곳이 생겨난다. 단층작용으로 인해 덜 단단한 암석들이 옮겨져서 폭포 생성을 돕기도 한다. 또 다른 종류의 폭포로 현곡이 있다. 현곡은 계곡을 씻어내리는 빙하에 의해 하천의 본류가 깊게 패인 곳을 말한다. 하천의 지류들은 좀더 높은 곳에 그대로 남겨짐에 따라 물은 어쩔 수 없이 계속 바닥으로 떨어지게 된다. 400여 미터가 넘는 거리를 떨어지는 미국 요세미티 공원의 어퍼 폭포도 이런 식으로 만들어졌다.

A 지구의 모든 산들을 다 덮기 위해서는 바다에 약 41억 입
방킬로미터가 넘는 물이 더해져야만 할 것이다. 그와 같이
방대한 양의 물이 어디서 나올 수 있는지, 혹은 홍수가 물러가고 그
많은 물들이 다 어디로 가버렸는지를 과학적으로는 도저히 알아낼
수 없다. 또한 방주의 공간도 문제가 된다. 4만 3,000마리가 넘는 동
물들을 수용해야만 할 것인데, 방주가 그 정도로 넓지는 않았다. 여
덟 명의 사람들(미숙련 동물사육사들)이 거의 1년 동안 동물들을 보살피
며 먹이와 물을 주어야 했을 것이다.

노아의 방주가 안착했을 것으로 추정되는 터키의 아라라트 산을
철저하게 조사했지만 믿을 만한 잔해 증거는 발견되지 않았다. 종이
확실하게 보존되기 위해서는 동물의 암수 한 쌍만으로는 충분하지
않다는 것도 명심할 필요가 있다. 대부분의 생물학자들은 종이 살아
남기 위해서는 30여 마리의 혼성 개체들이 필요하다는 데 동의한다.
이런 점들은 노아의 방주 이야기를 글자 그대로 진실이이라고 믿는
것을 반대하는 수많은 합리적 근거 중 일부에 불과하다.

이 이야기가 실제로 사실이었다면 아프리카의 피그미, 금발의 스
웨덴 사람, 알래스카의 에스키모 등 모든 사람들이 다 노아 집안의
후손들일 것이다. 노아가 살았던 지역에서 국지적인 대홍수가 일어
나긴 했으며, 이에 대한 과학적 증거가 있다. 이 홍수가 노아가 겪은
홍수 이야기와 바빌로니아와 여러 고대 기록에 나와 있는 더 오래

전의 대홍수 이야기의 근거가 되었을 것이다.

Q 어떤 공포영화에서는 악한이 유사 속으로 빨려들어가 죽음
을 당하는 장면이 나온다. 이런 모래의 특징은 무엇이며 어
디에서 주로 발견되나?

A 한때는 이런 곳의 모래는 특별한 모래라고 생각했지만 사
실은 전혀 특별하지 않다. 어떠한 모래라도 "질척질척해
질" 수 있다. 우리가 모래사장을 걸어갈 때 모래는 우리의 무게를 지
탱해낸다. 모든 모래알이 서로 접하고 있어서 지압강도를 갖기 때문
이다. 그러나 샘처럼 위로 향하는 물의 흐름이 모래를 지나간다면
모래알은 서로 떨어지게 되고 모래-진흙-물의 혼합물이 마치 액체
처럼 움직이게 된다. 그렇게 되면 동물이나 사람의 몸은 가라앉기
시작한다.

민간에서 말하는 것과는 반대로 유사(퀵샌드)는 사람을 빨아들이지
않는다. 실제로 모래-물 용액은 밀도가 더 높기 때문에 물만 있을
때보다 부력이 더 크며, 물리법칙에 따라 없어진 액체 무게만큼의
힘에 의해 뜨게 된다. 동물과 사람들이 유사에 빠져 들어가는 이유
는 두려움과 공포, 그리고 이어서 위로 올라가려고 발버둥치기 때문
이다. 유사는 습지에서 더 잘 발견되는데, 그 이유는 그런 지역이 지
하수면과 교차할 가능성이 있어서 물이 아래에서 위로 솟구칠 가능
성이 더 크기 때문이다. 불투과성의 점토층이나 이와 비슷한 물질이
효과적인 배수를 막아서 점토 위에서 물이 흠뻑 젖게 될 가능성도
있다. 지진이 일어났을 때처럼 지표면에 진동이 생기면 물속의 모래

알들이 서로 떨어지면서 튀어올라 유사 같은 상태가 만들어지며, 이는 지진으로 인해 생기는 또 하나의 위험이 된다. 유사에 빠졌을 때에는 침착하게 있으면서 도와달라고 소리 지르는 게 좋다.

A 이상할지 모르지만 그것은 사실이며, 여러분 자신이 직접 증명할 수 있다. 책상 위에서 책을 떨어뜨리면 책 밑의 공기가 빠져나가면서 주변의 가벼운 물건들을 움직이게 만드는 것을 알 수 있다. 마찬가지로 위에서 떨어진 수백만 톤의 바위와 흙덩어리가 경사면 아래로 이동하면 밑의 공기들은 시속 약 80~100킬로미터의 속도로 밀려날 것이다. 공기가 빠져나가기 전에 쿠션 효과가 생기게 되므로 바위와 흙은 표면 위 몇 센티미터의 압착공기층을 타고 내려오게 된다. 이는 또한 산사태의 속도(시속 160킬로미터까지 올라가는)를 설명해주기도 한다. 공기층 때문에 마찰이 줄어든 것이다. 산사태가 끝난 뒤 그 흔적을 면밀하게 조사하면 이를 증명할 수 있다. 미세한 풀잎과 자갈은 그대로 남아 있을 것이다.

1959년 8월에 미국 몬태나에서 일어난 헵겐 호의 지진과 산사태에서 그런 상태를 발견할 수 있었다. 당시 28명의 사람들이 죽었는데, 대부분이 매디슨리버캐니언에서 야영을 하던 사람들이었다. 그것은 대단히 무서운 경험이었음에 틀림없다. 한밤중에 지진이 일어나 거대한 산사태가 촉발되었고, 헵겐 호 댐 너머로 물이 넘쳐흘렀

다. 엄청난 속도로 물이 범람하면서 자동차들을 밀어냈고, 어둠 속
에서 시속 80킬로미터의 광폭한 바람이 불어닥쳤다. 가파른 단층이
생겨나면서 땅은 몇 미터 아래로 떨어졌다. 지구가 얼마나 야만스러
워질 수 있는지를 보여준 또 하나의 예다.

Q 피사의 사탑은 왜 기울어져 있을까? 그리고 왜 쓰러지지
않았을까?

A 원래 종탑으로 설계된 피사의 사탑은 보나노 피사노의 감
독하에 1173년부터 짓기 시작했으나 200년이 지나서야 완
공되었다. 10미터 정도의 높이에 달했을 때 탑이 기울어졌다는 게
확실해졌다. 탑이 기울어진 이유는 토대를 확실하게 쌓지 않았기 때
문이었다. 땅을 3미터까지 파내려가 보았지만 기반암은 없었고 지
압강도가 다른 모래흙만 발견되었다. 더 높이 쌓으면서 탑을 똑바로
세우기 위해서 층을 비스듬하게 올렸다. 그럼에도 불구하고 현재 7
층으로 된 이 55미터의 탑은 수직면에서 5미터 기울어져 있다. 피사
의 사탑은 벽 두께가 2.4미터, 직경은 약 15미터 정도 된다. 그러나
탑은 계속해서 몇 밀리미터씩 기울어지고 있다.

1960년대에 시멘트로 탑의 토대를 보강했지만 효과가 없었다.
1989년에 피사의 사탑 관람을 중단시키고, 탑이 무너지는 것을 막
기 위한 토대 공사를 위해 400만 달러가 책정되었다. 이러한 새로운
보존 노력은 2000년에 시작되었다. 조그만 탑 하나 가지고 이게 무
슨 난리인가 하고 생각하는 사람이 있을지 모르겠다. 그러나 피사의
사탑은 중세 건축의 탁월한 예이며, 어쨌든 800년이나 된 건축물이

다. 또한 관광객들에게 인기가 많은 곳이기도 하다. 탑이 폐쇄되던 해에 탑 꼭대기까지 올라간 방문객의 수는 70만에 달했다. 어쨌든 기술자들이 피사의 사탑이 무너질 위험 없이 기울어져 있을 수 있게 해주길 바랄 뿐이다(피사의 사탑은 보강작업을 끝내고 2001년 12월부터 다시 일반인들에게 공개되고 있다—옮긴이). 기울어진 것 자체가 이 탑의 매력 중 하나이기 때문이다.

Q 기독교인들이 숨어 지냈던 로마의 카타콤은 자연적으로 만들어진 것인가, 아니면 기독교인들이 판 것인가?

A 카타콤은 사람들이 응회암이나 다른 화산암과 같이 부드러운 암석층을 파서 만들었다. 그 목적은 지하묘지로 사용하기 위해서였으며, 로마 시대에 박해를 받던 기독교인들의 피난처로 특별히 만들어진 것은 아니었다. 실제로 유대 인들도 지하묘지를 만들었다. 이집트, 몰타, 시칠리아, 튀니지 등에서도 비슷한 것이 발견되지만 로마에 있는 것이 가장 길고 정교하며, 가장 잘 알려져 있다. 카타콤은 미로처럼 생긴 통로, 방, 시체를 안치하는 자리 등이 여러 층으로 이루어져 있다. 시체는 관 없이 천으로 싸서 간단하게 안치했다. 카타콤은 시체안치 외에도 때로 장례식과 기도 모임을 위해 사용되었다.

카타콤은 원래 가족무덤으로 사용하기 위해 팠으나 나중에는 친구와 기독교인들도 수용하게 되었다. 박해 당시에도 이미 존재하고 있었기 때문에 피난처로 그곳을 택한 것은 합리적인 선택이었다. 후에 고트 족들과 같은 외부의 침입이 있던 때에도 같은 목적으로 사용되었다. 313년 밀라노 칙령으로 로마의 기독교 박해가 끝나자 카타콤은 거의 방치되어 입구는 침식작용으로 막히게 되었고 종종 잊혀지기도 했다. 그러다가 17세기에 들어서 다시 발견되어 조사되었고, 지도도 만들어졌다. 조사해봐야 할 통로들이 지금도 많이 있다. 아피아 가도 근처에 있는 커다란 카타콤은 현재 방문객들에게 공개되고 있다.

Q 딱딱한 바위가 어떻게 흙으로 바뀔 수 있을까?

A 그것은 화학적 풍화작용이라는 완벽한 자연과정으로서 항상 일어나고 있다. 그러나 굉장히 천천히 일어나는 과정으로, 수천 년 심지어 수백만 년씩 걸리기도 한다. 지구의 표면을 거대한 화학실험실로 생각할 수 있다. 그 안에서 화학화합물인 암석들이 대기중의 이산화탄소, 산소, 물 등과 반응한다. 그 결과 암석은 부식된다. 이 과정은, 예를 들어, 철로 된 물체가 야외에서 녹스는 것과 별로 다르지 않다. 온도가 높거나 습기가 있으면 이 과정은 더욱 빨라진다. 이러한 풍화작용은 깊은 물속에서도 작은 유기체들의 도움을 받아 일어날 수 있다. 여객선 타이타닉 호 잔해에서 나온 금속을 조사한 과학자들은 100년 혹은 200년이 더 지나면 이 거대한 배는 녹슨 조각더미에 불과하게 될 것이라고 생각하고 있다. 덧붙여 말하자면, 우주비행사들이 달에서 가져온 암석은 실제로는 매우 오래된 것이지만 방금 생겨난 것처럼 보이는 광물을 함유하고 있다. 이는 달에는 대기가 없어서 자연의 화학실험실이 없기 때문이다.

A 담수호와 염수호로 나눠 살펴보자. 염수호로는 유럽과 아시아 사이의 연안을 따라 6,400여 킬로미터에 걸쳐 있는 카스피 해가 세상에서 가장 큰 호수의 자격을 갖추고 있다. 담수호 중에서는 표면적 면에서 볼 때에는 북아메리카의 슈피리어 호가 가장 크지만, 가지고 있는 물의 양을 살펴보면 약 2만 2,900입방킬로미터의 물을 가지고 있는 시베리아의 아주 깊은 호수, 바이칼 호가 가장 크다.

호수는 물의 순환과정에서 바다로 흘러들어가는 물이 잠시 머무는 내륙 분지 혹은 기준면이다. 이 순환과정에서 호수는 지구 전체 물의 0.4%에 불과한 매우 미미한 존재이지만 사람들을 위해서는 대단히 중요한 용도로 쓰이고 있다. 우리는 호수를 식수원, 전력생산, 수송, 상업, 그리고 여흥을 위해 이용하고 있는데, 이는 호수의 수많은 기능 중 일부이다.

현재 지구상에 있는 대부분의 호수는 1만 2,000년 전에 빙하시대가 끝나면서 얼음이 녹아 물러난 뒤 남은 물로 생긴 것들이다. 북아메리카에서 미국과 캐나다에 걸쳐 있는 5대호와 수백만 개의 작은 호수들은 이 지역을 덮었던 거대한 위스콘신 빙상의 흔적이다. 알래스카에만 300만 개의 호수가 있다.

A 소금바다(염해), 소알 해와 같은 이름도 있지만 사해라는 이름은 요르단 강물이 흘러들어가는 이 80킬로미터 길이의 호수를 아마도 가장 잘 묘사하는 이름일 것이다. 사해의 물은 25%가 소금이어서 물고기가 살 수 없다. 일부 박테리아만이 이 호수에서 유일하게 살고 있다. 해수면에서 400여 미터 아래에 위치하여 지구표면에서 가장 낮게 위치한 호수인 사해는 밖으로 나가는 물길은 없으나, 대신 증발이 일어나며 지하 샘물을 비롯하여 요르단 강과 여러 강들로부터 새로 물이 들어온다. 요르단 강에서 사해로 휩쓸려 들어온 물고기와 기타 유기체들은 즉각 죽어버린다. 사해, 갈릴리 해, 요르단 강은 동아프리카가 나머지 아프리카 대륙에서 분리되는 단층의 한 부분에 위치하고 있다. 고고학자들이 발견한 고유물은 사람들이 50만 년 전보다 훨씬 이전부터 그곳에 살았다는 것을 암시하고 있다.

거대한 알칼리 광물의 저장소인 사해의 증발암 광물은 칼리와 소금 생산 산업을 가능하게 했다. 관광객들은 온화한 겨울 날씨, 마사다와 같은 역사 유적, 사해 사본이 발견된 동굴 등을 찾아 이곳을 방문한다. 그러나 호수 연안을 따라 대규모 현대 도시가 세워지지는 않았다. 게다가 여름은 엄청나게 덥다. 성경에 등장하는 많은 사건이 사해를 중심으로 일어났었다. 가장 알려진 것은 아마도 소돔과 고모라의 멸망일 것이다. 이들 도시의 잔해는 아마도 사해 남쪽 끝의 얕은 물속에 잠겨 있을 것으로 생각된다. 사해는 결국에 가서 사라져버릴 운명인 듯하다. 사해의 물은 계속해서 줄고 있는데, 이는 부분적으로 이스라엘과 요르단이 가동하고 있는 브롬 생산 시설물 때문이다.

 최근에 칼즈배드 동굴에 가보았다. 단순히 오래된 물이 녹아서 만들어졌다는 것 외에 다른 무언가가 또 있지 않을까?

A 대부분의 동굴은 석회석이 용해되어 생긴다. 그러나 지하로 스며들어가는 물은 식물에서 나온 유기산을 함유하게 되어 훨씬 더 효과적인 석회석 용해제가 된다. 그냥 단순히 오래된 물이 아닌 것이다. 단순히 오래된 물이라면 실제로 그렇게 잘 작용하지 못할 것이다. 비록 느리기는 하지만 석회석의 주성분인 탄산칼슘과 약한 탄산 사이에 화학반응이 일어난다. 조그만 구멍이 생겨나고, 수천 년 혹은 수백만 년의 세월에 걸쳐 동굴이 만들어진다. 결국에 가서는 미국 뉴멕시코의 칼즈배드에서 발견되는 것과 같은 거대한 동굴이 만들어지는 것이다. 석회석이 없었다면 동굴은 거의 없었을 것이다.

동굴 천장에서 떨어진 물이 증발하면서 탄산칼슘을 남기고 이것이 "고드름"같이 생긴 종유석을 만든다. 동굴 바닥까지 도달하는 여분의 물은 석순이라고 하는 탄산칼슘 더미를 쌓는다. 지하 석회석 위 지표면의 지형도 영향을 받는다. 동굴 천장이 무너지면서 싱크홀이라는 원형의 함몰지역이 만들어지기도 하는데, 흔히 이곳은 물로 채워져 있다. 표면의 하천이 땅속으로 사라져 더 큰 규모로 용해작용을 계속하기도 한다.

네안데르탈 인과 크로마뇽 인들과 같이 수렵과 채집을 하던 초기 인류에게 동굴은 큰 혜택을 주었다. 그들은 동굴을 포식자들과 자연의 힘으로부터 피할 수 있는 집으로 삼았다. 또한 바로 이러한 동굴의 벽에서 프랑스와 스페인의 초기 인류들의 예술작업으로 그려진 그 유명한 동굴벽화를 볼 수 있다. 동굴은 이러한 초기 인류들이 어떻게 살고, 일하고, 무슨 생각을 했는지를 조사하는 고고학자들에게도 큰 선물이 되고 있다.

A 이런 것을 수맥을 탐지한다고 한다. 끝이 갈라진 막대기를 들고 물을 발견하고자 하는 곳을 걸어간다. 막대기가 아래쪽으로 당겨지는 것 같으면, 이것이 바로 땅속에 물이 있다는 것을 암시하는 것이라 한다. 그런 곳을 파보면 물이 있는 경우가 많다. 이것은 그리 놀라운 일이 아니다. 왜냐하면 심지어 사하라 사막에서도 충분히 깊게 파내려가기만 한다면 어느 곳에서든지 물을 발견할 수 있기 때문이다. 지하수는 지상수보다 훨씬 더 많다. 많은 사람들이 수맥탐지 막대기가 물이 있는 곳을 찾아낸다고 믿고 있지만 그것은 아무런 과학적 근거가 없는 미신이다.

명성을 떨치고 있는 몇몇 수맥 탐지가들 역시 속기 쉬운 추종자들에게 속임수를 쓰기도 할 것이다. 그들이 차에 전국 지하수 지도를 가지고 다니다가 물을 발견하면 수맥 탐지 막대기로 발견했다고 주장한 사실이 알려진 바 있다. 어떤 이들은 금도 이런 식으로 찾아낼 수 있다고 주장하지만 그렇게 부자인 것 같아 보이지는 않는다. 샘을 파고 싶은 사람이 있다면 좀더 논리적인 방법을 이용하길 권한다. 거주하고 있는 지역의 지하수 지도를 가지고 있는 관공서에 문의하면 물이 나올 만한 곳은 물론 얼마나 깊이 파야 되는지 등에 대해 기꺼이 조언을 해줄 것이다.

Q 애리조나에 있는 것처럼 숲 전체가 어떻게 암석으로 변할 수 있었는지 궁금하다.

A 페트리파이드 포레스트(미국 애리조나에 있는 화석림 국립공원—옮긴이)에 관해 잘못 알려진 이야기 중 하나는 오늘날 그곳에서 볼 수 있는 나무들이 실제로 그곳에서 자란 것들이라는 사실이다. 심지어 페트리파이드 포레스트에 대한 광고물은 나무들이 똑바로 서서 자라나고 있는 모습을 묘사하고 있다. 이 나무들은 죽어 쓰러져 강물에 의해 애리조나 북부로 운반되어 모래와 실트 속에 묻혀버렸다. 시간이 흐르면서 실리카를 함유한 지하수가 나무의 섬유조직을 그 부피 그대로 실리카 분자로 바꿔치기하여 나무의 특징, 심지어 껍질까지 보존되었다. 이런 사실은 페트리파이드 포레스트 공원에서도 잘 설명하고 있다.

화석화된 작은 나무 조각들은 텍사스 전역에서 발견된다. 따라서 그런 현상은 드물지 않다. 물론 페트리파이드 포레스트에서처럼 나무 몸체가 전부 그대로 보존되는 것은 진기한 일이다. 지질학적 시간으로 볼 때, 페트리파이드 포레스트는 트라이아스 기 말기에 생성되어 친리 층에 매몰되었다. 이 당시 지구상에서는 포유동물들은 작고 하찮은 존재였으며, 훨씬 더 큰 공룡 덕에 파충류가 지배적인 존재로 부상하기 시작하고 있었다.

A 사실이다. 어떤 곳에서는 그 두께가 1.6킬로미터를 넘기도 했다. 이런 얼음은 약 1만 2,000년 전부터 녹아 퇴각하기 시작했다. 우리가 이렇게 거대한 얼음판의 두께를 알 수 있는 것은 얼음판이 전진하면서 엄청난 양의 모래, 실트, 점토, 심지어 거대한 표석을 침식시키며 가지고 왔기 때문이다. 얼음이 녹았을 때 이러한 퇴적물들이 땅에 남게 되었다. 빙력토라고 하는 이러한 빙하 찌꺼기를 찾아냄으로써 우리는 빙하가 어디까지 도달했는지를 알아낸다. 빙하는 그 무게 때문에 지각을 가라앉게 만들기 때문에 빙하의 두께에 대해서도 알아낼 수 있다. 거대한 빙상은 지금도 그린란드와 남극에 존재하며, 그 두께가 1.6킬로미터 이상이라는 것은 잘 알려져 있다.

빙상, 즉 빙하가 전진해올 때, 빙하는 마치 거대한 불도저처럼 작용하여 그 길에 놓여 있는 돌과 퇴적물을 무차별적으로 쓸어 아주 먼 거리까지 운반시킨다. 이런 것들이 쌓이게 되면 꾸불꾸불한 산등성이와 불규칙한 더미가 쌓아지기도 한다. 이런 것을 빙퇴석이라 한다. 이러한 얼음판을 만드는 데 필요한 모든 물의 근원은 바다였던 것이 분명하다. 이 때문에 해수면이 90여 미터씩이나 내려갔으며 세계 곳곳에서 연안선의 형태를 바꿔놓고, 육지로 다리가 만들어져 동물들이 이동할 수 있게 되었는데, 이때 원시인류가 아시아에서 북아메리카로 이동하기도 했다.

Q 평행선으로 긁힌 자국이 난 거대한 암석 덩어리를 보았는데, 누군가가 그것은 얼음 때문에 그렇게 되었다고 했다. 이것 역시 우리가 잘 모르는 것에 대한 설득력 없는 설명이 아닐까?

A 그 반대이다. 지질학자들은 찰흔이라고 부르는 이러한 긁힌 자국에 대해서 잘 알고 있다. 얼음을 단지 냉장고에서 만들어지는 정육면체나 길을 걸을 때 미끄러지게 만드는 살얼음 빙판으로만 생각하고 있다면 이해하기 힘들 것이다. 한때 빙하로 덮였던 지역에 있는 기반암에서 이런 자국을 볼 수 있다. 이런 지역이 수백 미터 두께의 깊고 넓은 얼음으로 덮여 있는 것을 상상해보라. 이게 사실이었다는 것은 전 세계 해수면이 급격하게 떨어졌다는 것으로 알 수 있다. 바다가 얼음을 만든 모든 물의 유일한 근원지였을 것이 분명하기 때문이다. 이러한 얼음 덩어리들은 천천히, 그리고 잘 적응하면서 움직이며, 얼음판 밑 부분에서 돌들을 낚아채게 된다. 이러한 빙상이 움직이면서 빙상에 있는 돌들이 할퀸 자국을 남기게 되는 것이다. 지질학자들은 현대의 빙하에서 이러한 찰흔 형성을 관찰했다. 한참 전에 형성된 찰흔도 아마 이런 식으로 만들어졌을 것이다. 이러한 찰흔은 빙하가 움직인 방향에 대한 단서를 제공하기도 한다. 수많은 찰흔 지역에서 측정한 나침반 방위는 전반적인 빙하의 이동 형태를 알려준다.

Q 어떤 사람들은 새로운 빙하시대가 다가오고 있다고 하고, 그런가 하면 지구온난화와 온실효과에 대한 이야기도 들린다. 도대체 무슨 일이 일어나고 있는 걸까?

A 이 점에 대해서는 엇갈리고 불확실한 면이 있다. 어떤 지질학 교과서에서는 앞으로 지구가 "더 더워지거나 더 추워질 것"이라고 한다. 이것이 모든 기본 원리를 다 포함하는 것 같다. 사실 우리가 아직 빙하시대에 있는 건지도 모른다. 왜냐하면 빙하시대는 대륙 빙하가 한 번 이상 왔다가 물러가는 것이 불규칙하게 반복되고 그 사이에 따뜻해지는 간빙기가 있기 때문이다.

위스콘신이라는 빙기는 1만 2,000년 전에 끝났는데, 오래 전인 것 같지만 지질학적으로 보면 어제에 불과하다. 따라서 더 따뜻한 간빙기로 가고 있는 중일 수도 있으며, 지금부터 10만 년 뒤에 또 다른 큰 빙하가 닥쳐올지도 모른다. 그것은 알 수 없는 일이다.

당분간은 더 따뜻해질 것이라는 징표들이 있다. 남극의 만년빙이 눈에 띌 정도로 녹고 있고, 거대한 컬럼비아 빙하가 물러가고 있다. 해수면은 100년에 약 2.5센티미터씩 올라가고 있는 듯하다. 여기에다 화석 연료를 태우고, 대기중의 이산화탄소와 메탄의 양을 증가시켜 열을 붙잡아두게 만드는 인간의 활동이 상황을 악화시키는 효과를 낳고 있다. 어떤 결과가 더 우세하게 되건 간에(더 더워지거나 더 추워지거나) 그렇게 되기까지는 아주 길고 긴 시간이 걸릴 것이다.

Q 미국, 덴마크 그리고 여러 국가들이 그린란드의 빙관에 구
멍을 뚫는 데 많은 돈을 들인 이유는 무엇인가? 그런 돈을
세계 각지에서 기아에 허덕이는 사람들에게 쓴다면 훨씬
더 좋은 일이 될 것 같다.

A 대단히 두꺼운 이러한 얼음에 시추를 하여 얻어낸 빙하 코
어core는 연구용으로 쓰이고 있다. 아주 깊은 곳의 얼음은
수천 년 된 것으로, 옛날 지구의 대기성분을 가지고 있는 얼음에 갇
힌 작은 공기방울을 가지고 얼음의 실제 연대를 측정할 수도 있다.
이러한 공기는 이산화탄소를 함유하고 있기 때문에 탄소14를 이용
한 방법으로 연대측정이 가능하다. 이런 연구를 통해 대기가 수천
년에 걸쳐 어떻게 변했는지를 알 수 있다(우리가 공기를 오염시키긴 했어도
그렇게 많은 차이가 있지는 않다). 또한 먼지 입자층은 과거에 큰 화산폭발
이 있었다는 것을 보여주며, 이는 기후변화와도 연관될 수 있다. 지
구와 지구에서 일어나는 과정들을 더 많이 알게 되면 알게 될수록
인류를 위해 자연의 힘을 더 잘 통제할 수 있다. 그러므로 돈을 낭비
하는 게 아니다. 또한 국가들이 서로 전쟁을 벌이기보다 가치 있는
사업에 서로 협조하는 것은 좋은 일이다.

Q 세계지도를 보다가 큰 사막들이 적도 위아래 남북으로 위
도 약 20도 지점에 띠를 형성하고 있는 것을 발견했는데,
그냥 우연히 그렇게 된 것인가?

A 우연이 아니다. 이런 유형은 높은 위도에서 적도로 이동하
는 바람 때문에 생긴 결과이다. 바람은 이동하면서 습기를
흡수하지만 이것을 비로 내보낼 수가 없다. 그 이유는 적도에 가까
워질수록 온도가 올라가서 더 많은 양의 습기를 흡수할 수 있기 때
문이다. 동시에 이런 바람은 더운 공기가 그러하듯이 점점 더 높이
올라간다. 이런 식으로 공기는 비 한 방울 떨어뜨리지 않으면서 위
도 20도 지역을 통과하게 되고, 따라서 이 지역은 사막이 된다. 바람
이 적도 지역 상공에 도달하면 좀더 차가운 대기 상층부와 접촉하여
온도가 떨어지면서 모든 물을 방출하여 적도 부근에 열대우림지대
가 형성되는 것을 돕게 된다.

사막은 또한 산이 비를 가진 바람을 방해하는 지역에서도 형성되
며, 수원지가 멀리 떨어져 있는 큰 대륙의 중앙부 같은 곳에서도 만
들어진다. 이 세계에는 대부분의 사람들이 생각하는 것보다 더 많은
사막지대가 있다.

Q 허리케인의 바람이 막대기, 심지어 지푸라기 같은 것으로
하여금 철판을 뚫게 만들 정도로 강할 수 있을까?

A 가능하다. 그러나 그 철판 두께가 몇 센티미터나 되는 것
이라면 안 될 것이다. 바람의 위력은 사람이 경험할 때 비
로소 느낄 수 있다. 경외심이 들 정도이다. 심지어 시속 약 110~
130킬로미터의 "보통" 바람도 거리에 있는 사람들을 뒹굴게 만들
수 있다. 허리케인이 불면 지푸라기가 유리판을 찌를 수도 있다. 텍
사스의 나무 울타리 기둥에 엄지손톱 크기의 자갈들이 박혀 있는 것
을 흔히 볼 수 있다. 어떤 자갈들은 땅에서 90센티미터나 튀어올라
서 바람의 위력을 조용히 증언하기도 한다. 카리브 해의 허리케인에
휩싸인 옛 스페인의 배들은 바다의 물보라 때문에 선원의 눈이 빠졌
다고 보고하기도 했다. 좀 과장된 표현이었던 것 같기는 하지만 진
짜 여부는 모르는 일이다.

Q 요즈음에는 어떤 일이든 거의 다 가능하다고 알고 있지만,
아직도 지구가 편평하다고 믿고 있는 사람들이 있다고 들
었는데 사실인가?

A 믿기 어려워 보이지만 지구가 편평하다는 믿음을 가지고
있는 회원들로 구성된 그런 단체가 몇몇 있다. 그들은 심
지어 신이 땅과 바다를 흔들어놓기 때문에 대륙이동이 일어난다고
생각하기도 한다. 그들은 지구가 행성이 아니라 편평한 판이라고 주

장한다. 끝이 없는 무한한 세계인 것이다. 편평한 지구를 믿는 사람들은 자신들을 지구의 물리적 과정에 대한 진리의 탐구자라고 정의한다. 그들은 이론이라는 것을 상상이라 생각하고 대신 "증명 가능한" 지식에 초점을 맞춘다. 일부는 아주 맹렬한 반과학주의자들로서, 과학을 "대중의 아편"이라고까지 부른다. 그들의 "증명된" 생각 중에는 태양이 지구에서 3,000마일(4,800킬로미터) 떨어져 있으며, 직경은 32마일(51킬로미터)이고, 달과 같은 크기라는 것도 있다. 그들은 지구가 생긴 지 6,000년 되었다고 믿는다. 그들은 오스트레일리아 사람들이 머리가 아래 방향으로 향한 채 걸어다닌다는 게 논리적으로 불가능하다고 믿고 있다. 또한 지구는 우주 속으로 이동하거나 축을 중심으로 자전하지 않고 정지상태로 있다고 생각한다. 물론 그들의 주장은 과학적으로 뒷받침되지 않는다. 그들이 매일같이 누리고 있는 사회의 모든 부속물들(자동차, TV, 라디오, 전깃불, 전기난방, 의학적 진보 등)이 그들이 그토록 모욕하는 과학으로부터 나온 것들이라는 사실은 아이러니가 아닐 수 없다.

Q 우리가 해변에서 볼 수 있는 모래는 다 어디서 나왔을까?

A 해안에서 떨어진 내륙의 하천은 암석물질을 풍화시키고 침식시키느라 바쁘다. 이러한 물질이 하천이나 강에 빠져 들어가 아래쪽으로 멀리까지 운반된다. 이렇게 운반되면서 입자들은 마모되고 부딪치면서 크기가 작아진다. 뒤섞인 입자들은 바닷가 해변이나 큰 호수에 도달한다. 그곳에서 들어왔다 나갔다 하는 파도에 의해 아주 고운 실트 입자, 점토, 모래 크기의 입자들이 골라지게

되고, 모래 크기 입자들은 해변에 남아 쌓여서 해안선을 형성하게 된다. 좀더 고운 입자들은 더 깊은 바다로 쓸려들어간다. 현미경으로 관찰하면 대부분 석영이긴 하지만 이러한 모래의 광물원이 서로 다르다는 것을 알 수 있다. 열대지역에서는 석회질 뼈대의 해양생물이나 산호의 파편으로 이루어져 있기도 하다. 모래는 직경 2밀리미터에서 1/16밀리미터의 입자들로 이루어져 있다.

Q 왜 어떤 해안선은 넓은 모래사장으로 되어 있고, 메인 주 해변과 같은 곳의 해안선은 바위 절벽으로 되어 있을까?

A 지질학자들은 침수연안과 노출연안 두 가지로 구분한다. 전자의 경우는 바다로 돌출한 육지의 끝부분보다 해수면이 더 높아서 바닷물이 육지 위로 올라온다. 큰 파도, 특히 폭풍우가 몰아닥칠 때의 큰 파도는 해안 바위를 강타하여 침식시켜 절벽을 만들어낸다. 노출연안의 경우에는 해변이 바다보다 높이 있어서 앞바다의 물이 얕다. 따라서 해안에 도달하는 파도는 바닥과의 마찰 때문에 그 힘을 상당양 잃게 된다. 그래도 파도는 높아질 수 있고, 미세한 퇴적물과 분리된 모래는 강에 의해 해안까지 운반될 수도 있다. 캐롤라이나 지역의 해변은 이러한 해안선 유형의 한 예이다. 해안선이 침식되면 재산과 휴양지역에 엄청난 피해를 안겨줄 수 있다.

A 해저가 편평하고 특징 없는 평지라는 오래된 생각에 맞아떨어지는 심해 평지가 있기는 하지만 그런 생각은 대체로 진실이 아니다. 해저 지형은 매우 다양하다. 좁고 길게 갈라진 틈같이 생긴 해구가 바다에서 가장 깊은 곳이다. 이러한 해구 중 일부는 약 800킬로미터에 걸쳐 있기도 하다. 마리아나 해구의 깊이는 11킬로미터에 달하는 것으로 알려졌다. 그 깊이는 음향측심 방법과 배시스케이프라고 하는 유인 잠수정 탐사에 의해 측정되었다. 전 세계에 20개의 주요 해구가 있다는 것이 알려졌는데, 그중 17개가 태평양에 있으며 활발한 지진활동과 관련이 있다. 해구는 판과 대륙지각이 이어지는 자리로, 이곳에서 판이 밀려들어간다. 그 과정에서 매우 복잡하고 아직 완전히 이해되지 않고 있는 섭입작용의 물리적 결과로 해구가 형성된다.

19세기에는 적절한 기술이 부족했기 때문에 해양 탐사에 장애가 있었다. 수심은 포탄에 줄을 묶어 측정했는데 매우 부정확했다. 나중에는 초기 해양 탐사가인 찰스 윌리엄 비비가 사용한 것과 같은 잠수종(다이빙 벨)이 사용되었지만 잠수종을 매달은 선의 강도 때문에 한계가 있었다. 희한하게도 바다에서 가장 깊은 곳인 해구는 육지에서 매우 가까운 곳에 위치하고 있다.

Q 쓰나미라고 하는 거대한 해일은 그 높이가 60미터나 될 수 있다고들 한다. 믿어지지 않는다. 어떻게 그걸 측정할 정도로 가까이 갈 수 있을까?

A 60미터가 믿어지지 않는다는 데 동의한다. 하지만 37~40미터 되는 쓰나미에 대한 기록이 있으며, 15미터 정도만 되도 매우 큰 인상을 남기기에 충분하다. 어떤 이들은 지진해일을 해안으로 밀려들어오는 물의 장벽으로 상상하기도 한다. 사실 그것은 물이 해안에 도달하면서 비정상적인 수준까지 급속도로 올라가는 것을 말한다. 그 높이는 지진해일이 지나간 뒤 해수면 위의 물 피해를 직접 살펴보는 것으로 측정된다. 홍수 뒤에 물이 어디까지 차올랐는지를 알기 위해 지하실의 수위표를 보는 것과 같은 맥락이다. 쓰나미라는 단어는 지진이 자주 일어나는 일본에서 직접 그것을 목격할 기회가 있었던 일본사람들에게서 빌려온 말이다.

바람에 의해 만들어지는 보통의 파도와는 달리 지진해일은 해저를 강타하는 지진이나 화산폭발에 의해 생성된다. 지진이나 화산폭발의 뒤를 이어 파도가 시속 수백 킬로미터의 속도로 해양을 가로지르고, 좀더 얕은 해안지역으로 들어가면서 그 높이는 엄청나게 높아진다. 바다에서는 지진해일이 60~90센티미터 정도밖에 되지 않아서 잘 보이지 않는다. 태평양 지역은 지진활동 때문에 다른 어느 곳보다도 지진해일이 일어날 가능성이 더 많다. 일년에 한두 차례는 일어나는 것 같다. 1946년에는 지진해일이 하와이 섬을 강타하여 159명이 죽고 2,500만 달러의 손해를 끼쳤다. 기록에 나와 있는 가장 파괴적인 지진해일은 1703년 일본 아와를 강타한 것으로 약 10만 명의 사람들이 목숨을 잃었다. 지진해일은 조수와는 상관이 없다.

Q 태평양의 지형도를 보다가 마치 꼭대기가 잘려나간 것 같이 위가 편평한 산들이 많다는 것을 발견했다. 이렇게 생긴 산들은 어떻게 생성되었나?

A 이러한 것들은 현무암으로 이루어져 있으며 대개는 해산이라고 하는 완만한 경사지대와 함께하고 있고, 태평양과 인도양 해저에 점처럼 자리하고 있다. 해저 아래 80~96킬로미터 밑에 있는 열점에서 만들어지며, 약 2,000개가 알려져 있고, 높이는 평균 약 900미터이다. 꼭대기는 왜 편평할까? 대부분이 파도가 도달하지 못하는 깊은 곳으로 내려가기 전까지 한때는 표면과 가까이에 있어서 강력한 파도의 작용으로 침식되고 꼭대기가 잘려나갔던 것 같다. 꼭대기에서 채취한 퇴적 표본은 이런 것을 뒷받침하고 있다. 꼭대기 부분이 산호로 덮여 있기 때문이다. 산호는 얕은 물을 좋아한다. 어떤 산호 뼈대 잔해는 백악기 후기의 것으로 6,000만 년도 더 된 것이다. 이러한 지형을 기요guyot라고도 한다.

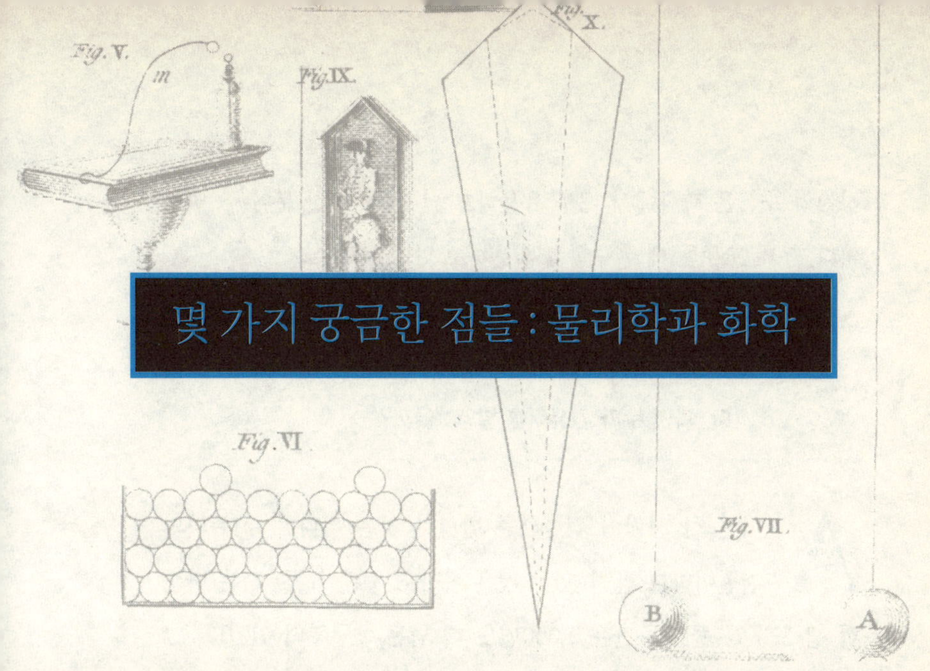

몇 가지 궁금한 점들 : 물리학과 화학

Q 수학을 "과학의 여왕"이라고 부르는 이유는?

A 모든 과학자들은 연구를 하면서 무언가를 측정해야만 할 때가 있으며, 이 때문에 수학에 대해 최소한 기본적인 이해가 필요하다. 또한 순수 수학자는 자신의 연구를 하기 위해 다른 과학 분야를 알 필요가 없는 반면 물리학자, 화학자, 지질학자 및 다른 과학 분야의 연구자들은 자신의 분야에서 연구를 수행하기 위해 반드시 수학을 알아야 하기 때문이라고도 설명할 수 있다. 수학을 처음으로 과학으로 정립한 사람들은 바빌로니아 인들이었지만, 수학에 큰 기여를 한 사람들은 그리스 인들이었다. 특히 기원전 300년에 《원론》이라는 책을 쓴 유클리드는 수학과 기하학의 토대를 쌓았다. 인류역사에서 성경에 이어 두 번째로 많이 발행된 책은 유클리드의 책으로 추정되고 있다. 어떤 학생들에게는 어려운 과목이기도

하지만 수학은 과학에서 매우 유용하고 필수불가결한 분야 중 하나
이다. 우리 모두는 매일 수학을 활용하고 있다.

A 어떤 한 사람이 컴퓨터를 발명한 것은 아니다. 컴퓨터의
전신이라고 할 수 있는 것은 아마도 주판이라고 하는 단순
한 셈 도구였는데, 주판은 2,000년도 더 넘는 옛날부터 있었다. 그
이전에도 수학적 필요 때문에 여러 가지 원시적인 계산도구가 사용
되었을 것이다. 예를 들어, 싸움터에 나가는 군대에서는 사상자수에
신경을 쓸 것이다. 모든 병사들이 돌을 하나씩 쌓고 전투에 나간 뒤,
전투에서 살아 돌아온 병사들은 돌을 하나씩 치운다. 그러면 남아
있는 돌이 전사자수를 나타나게 될 것이다.

최초의 현대적인 전자계산도구(컴퓨터)는 1946년에 만들어진 에니
악ENIAC이다. 이 컴퓨터를 설계한 사람은 필라델피아의 J. P. 에커트
와 J. W. 모클리였으며, 1만 8,000개의 진공관이 장착되어 다소 투
박했다. 후에 유니박UNIVAC이 만들어졌고, 이어 몇 년 동안 20개의
비슷한 것들이 만들어졌다. 그러다가 점점 더 나은 게 만들어지면서
컴퓨터 분야 전체가 확장되었고, 마침내 오늘날 역동적인 산업으로
발전했다. 미국 가정의 약 42%(2001년 미국 센서스 자료에 의하면 56.5%―옮
긴이)가 개인용 컴퓨터(PC)를 가지고 있으며 미국과 전 세계의 사업
행태를 바꾸어놓았다. 지난 20년간 이루어진 발전속도는 놀라웠다.
그래도 컴퓨터 성장과 발전의 최고 정점은 아직 오지 않았다.

A 아마도 중세시대 잉글랜드에서 기원했을 것이다. 오랜 시간에 걸쳐 파인트 단위의 양은 물론, 그것이 액체의 양(액량)을 재는 것인지 마른 물건의 양(건량)을 재는 것인지에 대해서도 많은 변화가 있었다. 그 당시 쿼트는 건량 단위로 쓰였고, 파인트는 오늘날의 쿼트에 해당하는 양만큼의 액량 단위로 보통 쓰였다(파인트와 쿼트는 야드-파운드 법의 부피 단위. 현재 1파인트(=1/2쿼트=1/8갤런)는 영국에서는 0.568*l*, 미국에서는 액량 0.473*l*, 건량 0.550 를 말함—옮긴이). 맥주 같은 것을 팔기 위해서는 양을 측정할 필요가 있었을 것이다. 따라서 중세에서 1파인트의 맥주를 샀다면 약 1쿼트만큼의 맥주를 주었을 것이다. 술을 그다지 많이 마시지 않는 사람들은 그 절반 정도를 마셨다.

포도주는 좀더 작은 양으로 쟀다. 포도주 한 잔의 기본 단위로 질이 쓰였는데, 대략 4온스, 혹은 반 컵 정도 되었다. 1잭은 위스키 한 잔 분량인 2온스였다. 판매세(그 당시에도 이런 게 있었다)를 올리기 위해 찰스 1세는 잭의 양을 줄이는 칙령을 공표했다. 당연히 질의 양도 내려갔다. '잭이 쓰러지고… 이어서 질도 넘어졌다네'라는 잭과 질(Jack and Jill)이라는 자장가가 바로 여기서 유래했다. 텐갤런해트 Ten-Gallon Hat(카우보이들이 쓰는 모자. 여기서 갤런은 용량 단위가 아니라 장식끈을 뜻하는 스페인 어 갈론galón이 변형된 말이다—옮긴이)가 실제로 담을 수 있는 양은 약 1갤런밖에 되지 않는다. 그 모자가 실제로 10갤런을 담을 수 있을 정도의 크기라면 그것을 쓴 카우보이 모습은 우스꽝스러웠을 것이다. 갤런은 카우보이들이 이동하면서 그들의 말이 가지고 다닌 물, 혹은 말에게 먹일 물의 양을 재는 단위였다.

A 1676년, 덴마크의 천문학자 올라우스 뢰머는 목성이 지구와 가장 가까운 위치에 있을 때 목성의 위성 이오의 식 현상을 관측하고 있었다. 그는 6개월하고 보름이 지난 뒤에 목성이 지구로부터 가장 멀리 떨어진 지점에서 그 위성의 식이 다시 한번 일어나면 빛이 지구의 태양공전 궤도의 직경을 통과해가는 데 얼마가 걸릴지를 계산할 수 있을 것이라는 아주 똑똑한 추론을 해냈다. 이론적으로 예측한 것으로부터 지연된 도착시간은 22분이었고, 이는 빛이 지구에 도달하기까지 여행하는 속도가 초속 약 28만 9,000킬로미터라고 해석되었다. 후에 이 수치는 수정되었고, 이곳 지구에서 빛의 속도를 알아내기 위해 다른 방법들도 사용되었다. 1850년에 프랑스 인 아르망 피조와 여러 사람들은 두 개의 거울을 서로 멀리 떨어진 곳에 놓고, 하나는 빨리 회전시키고 나머지 하나는 움직이지 않게 했다. 회전하는 거울에서 나온 빛은 고정된 거울까지 갔다가 다시 회전하는 거울로 돌아왔다. 빛이 두 거울 사이를 이동하는 동안의 거울 회전수로 빛의 속도를 측정할 수 있었다. 비록 빛의 속도로 이동할 수 있는 것은 아무것도 없지만, 우리가 감지할 수 있는 최대 한계에 있는 어떤 은하들은 빛의 속도의 90%에 가까운 속도로 움직이고 있다.

A   우리가 아는 한 성공한 사람은 없다. 수세기에 걸쳐 많은 사람들이 그런 기계, 즉 외부의 에너지 공급 없이 영구히 움직이는 기계를 만들려고 했다. 납을 금으로 바꾸는 방법을 찾으려 했던 연금술이 중세시대에 그랬던 것처럼 영구기계는 많은 사람들을 매혹시켰다. 가장 흔한 영구운동기계 유형은 평형상태가 깨지는 형태의 바퀴였고, 또 어떤 것들은 지속적인 물의 순환에 의지하는 것이었다. 이러한 모든 노력은 실패였다. 왜냐하면 에너지 보존(총 에너지는 일정하다)과 관련된 과학법칙을 어기고 있기 때문이다. 이와 관련해 사기 사건도 많이 발생했다. 1870년에 존 킬리는 자신이 발명한 모터가 대서양을 횡단하는 대형 선박을 움직일 수 있다고 주장하면서 많은 돈을 끌어모았다. 저절로 감기는 시계같이 어떤 장치들은 영구운동의 한 형태인 것처럼 보이기도 하지만 그것을 사용하는 사람의 움직임에서 외부 에너지 공급이 이루어진다. 대자연을 속일 수는 없다.

Q   원자력 시대에 살고 있지만 아직도 "연쇄반응"이 무엇인지 잘 모르겠다. 설명해줄 수 있는지?

A   제2차세계대전 중인 1942년에 시카고 대학교에서 최초의 연쇄반응 실험이 이루어졌다. 물리학자들은 우라늄 235의 원자에 중성자를 쏘아 원자가 분열, 즉 쪼개지게 만들었다. 그러나

분열된 우라늄의 핵이 중성자를 방출했고, 이들 중성자는 다시 더 많은 우라늄을 분열시켰다. 그것은 자립적으로 일어나는 반응이었고 에너지를 생성했다. 그러한 반응이 몇 분의 1초 정도로 빨리 일어나게 해주면 핵폭발이 일어날 것이다. 연쇄반응을 잘 통제하면 여기서 나오는 에너지를 열, 전기 등 평화적 목적으로 사용할 수 있다.

인류가 존재하기 전인 수백만 년 전 아프리카에서 천연 우라늄 광이 연쇄반응을 일으켜 주변의 암석들을 녹여버렸다. 이러한 반응이 계속되고 속도도 빨라졌다면 지구에서 인류의 목격자, 혹은 희생자 없이 핵폭발이 일어났을지도 모르겠다.

Q 최초로 온도계를 발명한 사람은 누굴까?

A 밀폐 유리 온도계는 1654년 이탈리아의 메디치 추기경이 처음 발명했던 것으로 생각된다. 적포도주가 눈에 잘 보였기 때문에 그는 온도계의 액체로 적포도주를 사용했다. 그후 1730년에 르네-앙투안 레오뮈르는 알코올을 적색 염료와 함께 사용했다. 수은이 온도상승에 따른 팽창률이 좀더 일정했기 때문에 더 좋은 액체라는 것이 알려졌다. 그러나 문제는 액체가 위아래로 움직일 수 있고 더 잘 보일 수 있는 관을 만드는 일이었다. 마침내 이 문제도 해결되었다. 1724년, 파렌하이트(다니엘 가브리엘 파렌하이트, 1686~1736. 독일의 물리학자. 그가 발전시킨 온도계 척도를 그의 이름을 따서 파렌하이트, 즉 화씨(°F)라 한다―옮긴이)가 32°F를 어는 점으로 정했으나, 가장 높은 지점은 우리가 익히 알고 있는 물 끓는 온도 212°F로 한 것이 아니라 96°F(체온)로 삼았다. 오늘날에는 상당한 고온까지 측정하는 온도계

도 등장했는데, 수소 온도계는 1,100°C까지 측정가능하며, 질소 온
도계는 1,550°C까지 측정할 수 있다.

A 조르주 클로드라는 프랑스 사람이다. 네온 가스는 이미 영
국의 물리학자 윌리엄 램지와 모리스 트레버스가 1898년
에 발명했다. 그들은 공기를 액화시켜 아르곤을 분리해냈는데, 그때
전기자극을 주면 빛을 발하는 또 다른 원소가 있다는 것을 발견했
다. 그들은 그것을 "새로운" 혹은 "최신"이라는 뜻을 지닌 그리스 어
에서 이름을 따 네온이라고 불렀다.

화학자였던 클로드는 1910년경 불활성기체를 가지고 실험을 하
다가 네온에 전류가 흐르면 오렌지 색과 붉은색이 섞인 빛을 발한다
는 것을 발견했다. 이는 램지와 트레버스도 알아냈던 것이었지만 클
로드는 그것을 즉시 외부 간판에 응용했다. 그 아이디어는 금방 인
기를 끌었고, 1920년에 네온 등은 흔히 볼 수 있는 것이 되었다. 이
를 토대로 형광등과 나트륨 등이 만들어졌다. 이것은 다시 우리의
삶을 바꾸어놓았다. 이제 날이 어두워진다고 해서 더 이상 일을 멈
추지 않아도 되게 되었던 것이다.

클로드는 다른 중요한 과학적 기여도 했지만 제2차세계대전 중에
독일에 협조했다 하여 1945년에서 1949년까지 투옥되는 곤란을 겪
었다. 그는 90세이던 1960년에 사망했다.

Q 학생이라면 벤저민 프랭클린이 천둥이 치는 빗속에서 연을 날렸고 그게 전기와 관련이 있었다는 것쯤은 다 알고 있다. 그런데 그가 증명하려고 했던 것은 과연 무엇이었나?

A 이 이야기가 사실인지는 확실하지 않다. 만약 사실이었다면 그가 연을 날린 곳은 아마도 프랑스였을 것이다. 프랭클린은 1748년에서 1752년에 이르는 기간 동안 과학 전반에 대해 큰 관심을 갖게 되었다. 연을 날린 실험의 목적은 번개의 전기적 성질, 즉 전기화재라는 것을 보여주는 것이었다. 아마도 이런 실험 결과(실제로 행해졌다면), 프랭클린은 끝이 뾰족한 철 막대기를 사용하면 건물에 번개가 치는 것을 막을 수 있다고 주장했다. 대부분의 사람들이 벤저민 프랭클린을 미국 건국과 관련된 정치인으로 생각하고 있지만 그는 다양한 분야를 아우르는 훌륭한 과학자였다. 그는 전기뿐 아니라 열, 소리, 자기, 지질학, 화학 등을 비롯하여 여러 분야에 관심을 가지고 있었다. 그는 포지티브(양극), 네거티브(음극), 배터리(전지), 컨덕터(전도체) 등 지금까지 전기와 관련하여 사용하고 있는 용어들도 많이 만들어냈으며, 실험 설명도 명확하게 해냈다. 또한 이중초점렌즈도 발명했다. 프랭클린을 천재라고 불러도 과장된 표현은 아닐 것이다. 그는 또한 숙녀들에게도 인기가 많았다.

Q 번개가 같은 곳을 두 번씩 치는 일은 절대로 일어나지 않을까?

A 흔히 그렇게들 믿고 있지만 사실은 그렇지 않다. 실제로 번개 맞기에 좋은 곳이 있고, 그곳이 번개에 한 번 맞았다면 또다시 번개를 맞을 가능성이 높다. 뉴욕에 있는 엠파이어스테이트 빌딩 같은 고층 건물은 여러 번 번개를 맞았다. 대기중에 전기가 축적되면 양전하와 음전하 중심만 있으면 번개의 형태로 전기가 방출된다. 번개는 거대한 전기 스파크이다. 전기 폭풍우가 놀랍지도 위험하지도 않다는 이야기가 아니다. 고대 사람들은 천둥과 번개를 신의 분노 혹은 신의 작품이라고 여겼다. 어떤 아프리카 부족은 번개로 일어난 불은 그대로 놓아두고, 번개를 맞은 사람도 도와주지도 않았는데, 그 이유는 신의 일을 간섭하게 될까 봐 두려워서였다. 심지어 오늘날에도 미신은 존재한다. 아이들에게 천둥은 하느님이 하늘에서 가구를 움직이는 소리라고 말하는 엄마들을 흔히 볼 수 있다. 번개는 불의 발견을 통해 이룩한 인류의 진보에 주요한 역할을 했을 것이다. 번개로 인해 숲에서 일어난 불은 사람들의 관심을 끌었을 것이고, 결국 사람들은 불을 다뤄 따뜻하게 하고, 보호하고, 먹을 것을 조리할 수 있게 되었을 것이다.

A 비행기가 음속 이하의 속도로 날고 있을 때 비행기 앞쪽에
서 공기의 교란이 일어난다. 비행기가 마하 1(음속)의 속도
에 달하면 비행기 앞쪽, 그리고 비행기와 접하는 면에서 급격한 압
력상승이 일어나면서 충격파가 만들어지는데, 이 충격파는 마치 천
둥이 찰싹 때리는 것 같다. 공기 분자들이 서로 모여서 집단으로 충
돌하는 것이다. 재미있는 사실은 비행기 조종사는 이러한 충격음파
를 듣지 못한다는 것이다. 땅에서는 그 소리가 들릴 뿐만 아니라 창
문까지 깨뜨릴 수도 있다. 초음속 효과에 대해서는 1881년 오스트
리아의 물리학자 에른스트 마하가 처음으로 설명했다. 소리는 해수
면에서 초속 약 335미터의 속도로 움직이며, 누군가가 장작을 패는
것을 멀리서 보았을 때 도끼를 내려치는 게 먼저 보이고 조금 뒤에
소리가 들리는 것도 이 때문이다.

Q   얼음은 왜 그렇게 미끄러울까?

A 얼음에는 특별한 성질이 몇 가지 있는데 그중 하나가 압력
을 받으면 녹는다는 것이다. 얼음을 밟고 있는 여러분의
발이 그러한 압력을 가한다. 압력을 가하면 얼음은 녹기 시작하고,
녹은 얼음물 층이 생겨서 마찰이 줄어든다. 그래서 미끄러워질 수
있는 것이다. 얼음 위에 놓은 물체가 얼음 속에 박혀서 앞에서는 얼

음을 녹이고 뒤에서는 다시 얼리면서 앞으로 전진할 수 있는 이유도 여기에 있다. 그러나 얼음 바로 위를 흐르는 작은 개울이나 시내는 얼음을 가르면서 흐르는데, 이는 흐르는 물과 얼음 사이의 마찰로 인해 압력에 상관없이 얼음을 녹일 정도의 열이 발생하기 때문이다. 지구상에 있는 모든 얼음의 약 99%는 남극대륙과 그린란드에서 발견된다.

Q 엘리베이터에서 오티스라는 이름을 본 적이 많다. 오티스라는 사람이 엘리베이터를 발명했나?

A 엘리샤 그레이브스 오티스는 엘리베이터가 떨어지지 않도록 하는 안전장치를 만드는 데 대단히 중요한 기여를 한 사람이다. 이미 2,000년 전에 로마 인들은 건물을 지을 때 원시적인 형태의 엘리베이터를 사용하여 화물이나 자재를 높은 곳으로 들어올렸다. 그러나 삼으로 꼰 줄은 믿을 만하지 못했고 종종 끊어져서 엘리베이터가 바닥으로 떨어지곤 했다. 이런 기계장치를 타고 싶어 하는 사람들은 없었을 것이다.

오티스는 미국에서 남북전쟁이 일어나기 전에 뉴욕 올버니에 있는 침대공장의 기계공으로 일했다. 그는 도구를 잘 다뤘고 노동력을 절약할 수 있는 장치를 몇 가지 발명하기도 했다. 승진이 되어 뉴욕 시로 파견된 그는 그곳에서 엘리베이터 몸체의 가이드 레일을 따라 클램프가 장착된 엘리베이터를 만들었는데, 들어올리는 로프에 부과되는 장력이 풀어지는 경우 이러한 클램프가 엘리베이터를 붙들어줄 수 있었다. 1854년 5월, 화려한 시연회에서 그는 자기가 직접 높은 곳까지 올라간 뒤 로프를 절단하라고 명령했고, 안전장치는 멋지게 작동되었다. 승객용 엘리베이터는 급속도로 퍼져갔고, 고층건물 건축을 가능하게 만들었다. 1880년대에 이르러 엘리베이터 작동에 전기가 사용되었고, 20세기가 되기 전에 이미 버튼 식 장치가 사용되었다. 오티스는 전 세계 도시의 모습을 바꾸는 데 일조를 했다.

Q 축구 경기장 하늘에 떠 있는 굿이어 소형비행선을 보면서 소형비행선이 처음 발명된 것은 언제일까 하고 궁금했다.

A 200년도 넘는 기간, 아마도 더 오랫동안 사람들은 기구를 타고 날아보려 했지만 기구를 추진할 적당한 기관(엔진)이 없어서 대개는 성공하지 못했다. 1851~1852년에 프랑스 인 앙리 지파르는 증기기관이 장착된 비행선을 만들었고, 그 비행선은 잘 움직였다. 그는 약 43미터 길이의 이 비행선을 타고 시속 약 9킬로미터라는 놀라운 속도로 파리 상공을 날았다. 그때 이래 많은 나라에서 수많은 비행선이 만들어졌다. 미국 남북전쟁(1861~1865) 기간 중에는 관측용으로 뜨거운 열기구가 사용되었고, 제1차세계대전(1914~1918)에도 다시 사용되었다.

대부분의 초기 비행선들은 들어올리는 힘(양력)은 크지만 가연성이 큰 수소로 채워졌다. 1937년 미국 뉴저지의 레이크허스트에서 일어난 힌덴버그 호 화재사건은 36명의 사망자를 냈다. 발화의 원인이 수소였는지 혹은 쉽게 타는 기낭 표피였는지에 대해서는 아직도 약간의 논란이 있다. 지금은 좀더 안전한 헬륨 가스를 사용하고 있다. 그건 그렇고 힌덴버그는 시속 약 125킬로미터의 속도로 날았는데, 이는 지파르의 기구가 시속 약 9킬로미터로 날았던 것에 비하면 엄청난 발전이었다. 굿이어는 1911년부터 비행선을 만든 미국의 주요 비행선 생산회사이다.

Q 나이테를 이용하여 얼마나 먼 옛날까지 연대를 추적할 수 있나?

A 여러분이 생각하는 것보다 훨씬 더 옛날까지 알아낼 수 있다. 북아메리카 서부의 수목 한계선 근처에서 자라는 강털소나무는 4,000년 넘게 살고 있다는 것이 알려졌다. 이에 비하면 캘리포니아 세쿼이어는 아직 어린아이인 셈이다. 연륜연대학자라고 부르는 나이테 과학자들은 살아 있는 나무의 나이테를 기록하고, 죽은 나무에 있는 나이테와 겹치는 것을 세어 들어가면서 시간을 거슬러 올라가 그 연대를 알아낼 수 있었다. 크로스데이팅 방식으로 해서 알아낸 강털소나무의 연대는 현재 약 8,000년 정도 된 것으로 알려져 있다.

Q 과학이 발달하여 언젠가는 과거나 미래로 여행할 수 있는 타임머신을 만들어내는 것이 가능할까? 아니면 타임머신은 그저 환상에 불과한 것일까?

A 흥미를 유발하는 생각이기는 하지만 그것은 환상이라고 말해야 할 것 같다. 과거는 시작과 끝이 있는 사건으로 이루어진다. 그것은 일방통행로와 같다. 그렇지 않다면 우리는, 예를

들어, 율리우스 카이사르가 이곳 우주에서 영원히 기저귀를 갈고, 루비콘 강을 건너고 또 건너고, 브루투스에게 영원토록 칼에 찔리고 또 찔려야 한다는 것을 인정해야만 할 것이다. 그것은 이치에 맞지도 않고 카이사르에게도 공평한 일은 아닌 것 같다. 미래로 여행한다는 것은 존재하지도 않는 것을 보는 것을 뜻한다. 그러나 이 매력적인 주제의 또 다른 측면은 현재 우리가 과거를 볼 수 있다는 것이다. 우리는 엄청난 광년씩 떨어져 있는 별들을 바라본다. 우리는 그 별들의 현재 모습을 보는 게 아니라 빛이 그 별들을 떠날 때의 별들을 보고 있다. 예를 들어 우리가 보고 있는 8광년 떨어진 곳의 별은 지금의 모습이 아니라 8년 전의 모습이다. 2,000광년 떨어진 곳에 있는 행성의 천문학자에게 마술의 초강력 망원경이 있다면 아마도 카이사르가 루비콘 강을 건너는 모습을 볼지도 모르겠다. 50억 광년 떨어진 곳의 신비로운 천문학자는 지구가 생겨나는 것을 보고 있을지도 모르겠다. 실제로 우리는 현재 망원경으로 우주의 가장자리에서 은하들이 만들어지고 있는 것을 목격하지만, 우리가 보고 있는 그 사건은 수십억 년 전에 일어난 일이다. 우리는 과거의 사건을 보고 있으므로 그러한 천체의 현 상태에 대해서는 알 수 없다.

 토머스 에디슨과 알베르트 아인슈타인 중 누가 더 위대한 천재일까?

A 먼저 어떤 사람을 천재라고 하는가에 대해서 의견일치를 봐야 하겠지만 그것은 그리 쉬운 일이 아니다. 모든 천재들은 인류의 지식이 진보하는 데 새로운 돌파구를 마련하고, 과학과

예술의 새로운 분야를 만들어내는 사람들이라고 생각한다. 어떤 면에서 에디슨은 수많은 시행착오를 거치면서 아이디어를 움직이는 기계로 전환시킨 기계광이었다. 아인슈타인에게는 기계는 없었다. 그의 강점은 이론, 즉 새로운 아이디어와 개념이었다. 두 사람 모두에게 천재성이라는 것은 새로운 토대를 만들어내는 것이었고 그 위에 다른 아이디어들이 만들어지고 확장되었다. 다재다능함이라는 측면에서 천재성을 이야기할 수도 있다. 레오나르도 다빈치는 위대한 예술가이자 기술자, 건축가, 과학자였다. 그는 낙하산, 잠수함과 같은 "기계"도 고안했다. 오늘날 레오나르도는 이들 분야 중 한 분야에 대한 업적으로만 기려지곤 한다. 벤저민 프랭클린도 이런 종류의 천재로 꼽을 수 있을 것이다. 그는 정치와 사회 조직(출판, 우체국)은 물론 과학과 발명에도 정통했다. 흔히 천재라는 단어는 굉장히 똑똑한 사람을 묘사하는 것으로 막연하게 사용되고 있다. 그러나 우리는 진정한 천재는 드물며 위에서 언급된 것과 같은 사람들은 너무나도 드물게 나타난다고 생각한다.

Q 옛날에 연금술사들은 납을 금으로 바꾸려고 노력했다. 과연 주요한 성과가 있었는지?

A 있었다. 그들은 화학의 토대를 닦았다. 중세에 많은 사람들이 스스로를 연금술사라고 자처했지만 사실은 신비주의자나 허풍쟁이라고 부르는 게 더 맞을지 모른다. 실제 연금술사들은 오랫동안 납과 같은 비금속을 금으로 바꾸는 일에 사로잡혀 있었다. 그들은 이런 일을 해낼 수 있다는 현자의 돌(philosophers' stone)에 대

해서 이야기했다. 실제로 현자의 돌은 돌이 아니라 어떤 물질 혹은 실험 과정이었을지도 모른다. 이는 연금술사들이 그들의 실험과 책을 은밀하고 상징적인 언어로 기록했다는 것을 잘 설명해주는데, 아마도 "직업상의 비밀"을 지키기 위해서, 혹은 교단으로부터 당시로서는 중죄였던 이단이나 불경 혐의를 받지 않기 위해서였는지도 모른다. 연금술사들은 비커, 플라스크, 레토르트, 가열로, 증류기구 등 오늘날 사용하는 것과 같은 실험도구를 상당수 사용했다. 그들은 가성알칼리 같은 몇 가지 새로운 화학물질 종류를 알아내고 그것에 대해 기술했다.

점차 연금술은 화학으로 합쳐졌고 체계화되었다. 초기 연금술사들이 꿈꿨던 어떤 원소를 다른 원소로 바꾸는 일이, 아원자 입자를 가지고 있는 불안정한 동이원소를 충돌시켜 몇 가지 방사성 파생 원소들을 만들어내면서 현대의 핵물리학에 의해서 이루어졌다는 것은 흥미로운 일이다.

Q 탄산음료가 유행한 것은 언제였을까?

A 1807년경 미국 필라델피아의 조지프 호킨스와 뉴헤이븐의 벤저민 실리맨이 탄산음료를 병에 넣어 팔았다. 그 이전에 허약한 사람들은 온천을 찾아 광천수에 목욕을 하거나 광천수를 마셨다. 대부분의 광천수는 천연 거품을 가지고 있다. 사람들은 이와 같은 탄산수에 치유력이 있다고 널리 믿었다. 이는 과학자들을 고무시켜 인공적인 광천수를 만들어내는 방법을 찾아내게 만들었고, 19세기 말에 조지프 프리스틀리와 여러 사람들이 그 방법을 찾아내게

되었다. 기본적으로, 상당한 압력을 받고 있는 이산화탄소 기체가 들어 있는 밀폐 공간을 보통의 물이 통과하게 한다. 기체는 물에 용해된다. 압력이 높을수록 탄산화는 더 잘 일어난다. 소다수 병의 뚜껑을 열어 압력이 제거되면 이산화탄소가 방출된다. 이 때문에 거품이 생긴다. 콜라와 과일 타입의 소프트 드링크처럼 우리에게 친숙한 것도 있지만, 다른 종류도 있다. 다양한 치즈에서 소다수가 만들어지기도 하는데, 유럽에는 발효빵으로 만들어진 탄산음료도 있다.

Q 물은 왜 끓을까?

A 물이 들어 있는 그릇에 열을 가하면 열은 물을 구성하고 있는 수소와 산소 분자들에게 에너지를 주고 들뜨게 만든다. 이들 분자는 서로 충돌하게 된다. 이러한 충돌이 수백만 번 일어나면서 열이라는 형태로 에너지가 방출되는데, 그래서 물이 뜨거워지게 된다. 이것은 망치로 금속 조각을 두드리면 금속이 뜨거워지는 것과 같다. 동요된 분자들이 이리저리 날뛰게 되면 서로 분리되어 더 큰 부피를 차지하려는 경향이 있다. 밀도가 충분히 줄어들면 밀도가 좀더 높은 주변의 물을 통해 거품이 일어날 것이다. 그 결과 일어나는 것이 바로 수증기이다. 수증기가 계속해서 하늘 높이 올라가면 차가워져 응축되면서 다시 액체 상태를 회복한다. 이런 일이 벌어질 때 혹시 밖에 나간다면 우산을 꼭 챙기기 바란다.

A　몸이 탄수화물 같은 것을 "태워서" 에너지를 만들어낸다는 점에서 볼 때 물은 몸의 에너지원을 공급할 만한 것을 아무것도 가지고 있지 않다. 그러나 잘 알고 있듯이 물이 없으면 우리는 오래 가지 못한다. 우리 몸의 물은 생명에 기본적인 화학반응이 일어나게끔 하고, 또 그 반응에 참여한다. 오랜 시간에 걸쳐 사람들은 물의 마술 같은 성질, 혹은 그런 의미에서 모든 액체의 그러한 특성을 알았다. 물은 전 세계의 보편적인 세제였다. 세례와 같은 의식은 물이 더러운 몸을 씻어내는 것과 마찬가지로 영혼을 씻어내는 것을 뜻했다. 물은 생명과 생명의 소생과 연관된다. 스페인의 탐험가 폰세 데 레온은 플로리다의 젊음의 샘을 찾아 지금의 세인트오거스틴에 상륙하기도 했다. 인생의 황혼길에 있는 사람들이 데 레온이 영원한 젊음을 구하려 했던 바로 그곳인 세인트오거스틴(미국 플로리다 주에 있는 해변 휴양도시—옮긴이)으로 가서 말년을 보내며 죽음을 기다린다는 것은 참으로 아이러니하다.

A　전지가 원자의 전자들을 빼앗아 전자들을 흐르게끔(이것이 바로 전류이다) 함으로써 화학에너지를 전기에너지로 전환시킨다. 전자들이 전구의 섬유를 통과하면서 열을 가해 빛을 내게 만든다. 전등의 옴폭한 반사체가 빛을 잘 조절하여 더 잘 보이게 해준

다. 우리는 60와트짜리 보통 전구에 1초당 3×10개의 전자가 흐른다는 것을 알고 있다. 텅스텐은 녹는 점이 금속 중 가장 높아서 전자가 통과하는 전구 섬유(필라멘트)로 아주 훌륭하다. 예를 들어 어떤 온도에서 철은 녹아내리지만 텅스텐은 여전히 고체 상태를 유지하므로 전구에서 발생하는 높은 온도에 잘 견딜 수 있다.

Q　거울을 만들 때 수은을 어떻게 유리에 붙일까?

A　수은은 어디에도 잘 붙는 것 같지 않다. 옛날에는 평평한 주석 도금판 위에 수은을 발랐다. 주석과 수은은 아말감, 즉 합금을 형성하여 유리에 붙을 수 있게 된다. 그런 다음 아주 조심스럽게 유리판을 들어서 수은과 닿을 때까지 내려놓는다. 유리 위에 무거운 것을 올려놓아 여분의 수은이 압착되어 나오게끔 한다. 이런 방법이 사용되기 전 유일한 거울은 금속을 닦아서 만든 것들이었다. 중세에는 얇은 반사 금속을 유리에 붙였다. 19세기에 독일의 화학자 유스투스 폰 리비히는 은도금을 해서 거울을 만드는 방법을 발견해냈다. 이것은 수은을 쓰는 것보다 나은 방법이었다. 암모니아성 은 용액이 로셀 염이나 다른 화합물과 함께 사용되었다.

Q　언제 잉크를 처음 사용했으며, 잉크의 성분은 무엇일까?

A　잉크가 만들어져 글을 쓰고 그림을 그리는 데 사용된 것은 이미 4,500년 전부터이다. 당시 이집트와 중국 문명 모두에서 사용되었다. 이들 문명에서는 거의 순수 탄소에 가까운 흑색

안료 유연을 모아서 고무나 아교와 섞어 막대기 형태로 말렸다. 사용할 때에는 막대기를 물에서 휘저어 잉크를 만들었다. 오늘날에도 마찬가지로 잉크는 색소와 물이라는 두 가지의 기본요소로 되어 있다. 다양한 식물, 동물, 광물에서 여러 가지 서로 다른 염료와 유색 액을 추출해내려는 시도가 있었으며, 블루 블랙 종류의 잉크 경우에는 보통 황산철이 사용된다.

Q 오늘날 화장품은 널리 사용되고 있는데, 화장품 산업이 생기기 전 여자들은 어떻게 화장을 했나?

A 여자들(그리고 흔히 남자들도)은 문명이 시작된 이래 화장품을 사용했다. 아마도 화장품 산업의 뿌리는 고대 이집트였을 것이다. 빗과 잘 닦인 금속 거울을 들고 있는 미용사들과 함께 있는 여자를 그린 4,500년 된 벽화가 있다. 당시의 무덤에는 향유와 연고가 들어 있는 단지와 항아리가 있었다. 4,000년이 지난 뒤 이러한 것들을 열어보았을 때 여전히 향내를 맡을 수 있었다. 이집트 인들은 아라비아에서 많은 재료를 수입했다.

수세기 전에 여자들이 향수, 아이라이너, 피부 연화제를 사용했다는 것이 알려져 있다. 검은 화장먹인 콜을 직접 눈 위에 올려놓고 깜박거리면서 그 자리에서 아이라이너를 만들기도 했다! 그들이 가지고 있지 않았던 한 가지는 근대의 파마 머리였다. 파마 머리는 1906년에 처음 도입되어 인기를 얻었다. 하지만 여자들은 10~12시간씩 앉아서 상당한 불편과 고통을 참아야 했다. 가정에는 필요한 장비가 없었기 때문에 미장원 산업도 거의 비슷한 시기에 성장했다.

A 뜨는 비누는 그 안에 작은 공기방울이 있어 비누를 물보다도 가볍게 만든다. 공기방울은 비누제조 과정에서 비누물질을 빠르게 식혀주는 통기 처리를 할 때 비누 속에 만들어진다. 비누 화학은 매우 복잡하지만 기본적으로 지방과 부식액(수산화나트륨과 같은) 사이의 반응과 관련이 있다. 이 반응으로 비누와 글리세롤이 만들어진다. 글리세롤을 분리시키는 것이 비누제작과정의 한 부분이다. 고대 로마 인들은 염소기름과 나뭇재를 끓여서 최초의 비누를 만드는 과정을 기록하기도 했다. 따라서 비누는 오래 전부터 있었지만 대량으로 만들어진 것은 아니었다. 심지어 미국 식민지 시절에도 비누는 각 가정에서 만들었다.

20세기가 될 때까지도 일반적으로 비누가 흔하지 않았기 때문에 사람들은 목욕을 자주 하지 않았다. 어떤 젊은 여자가 처음으로 목욕을 했는데, 일단 몸을 담갔더니 떨리는 것이 멈춰서 그리 나쁘지 않았다고 했다는 이야기도 전해진다. 그 시절의 아이들은 행복했음에 틀림없다. 토요일 밤에 목욕하는 일은 없었을 테니. 마지막으로 한 가지, 면도 크림은 보통 대부분 차가운 크림으로써, 진짜 비누가 아니다. 수염을 부드럽게 하는 주요 요소는 물이다.

A 실제로 그들은 파피루스라는 식물에서 종이를 만들었다. 파피루스는 나일 강 삼각주에서 자라는 길고 가는 대를 가진 갈대 같은 식물이다. 이집트 사람들은 파피루스의 대, 즉 줄기를 얇게 잘라서 길고 가는 조각을 만들어 나란히 놓은 뒤 천을 짜는 것처럼 그 위에 직각으로 또 조각들을 나란히 놓았다. 그런 다음 물에 적신 뒤 나무망치로 두드리고 말려서 부드럽게 만들면 종이가 만들어졌다. 서너 장이 합쳐져서 두루마리 하나를 만들었다. 누가 이런 과정을 발명했는지는 알려지지 않았다. 이집트 사람들은 파피루스 갈대를 사용하여 배, 돛, 심지어 샌들도 만들었다. 파피루스는 먹을 수도 있었다. 신발도 먹을 수 있었던 것이다.

Q 케로신은 어떻게 만들어지나?

A 케로신은 석유 원유에서 얻을 수 있는 성분 중 하나이다. 땅에서 나오는 석유는 정유공장으로 보내져서 가열된다. 가열되면 가장 먼저 대부분의 휘발성 탄화수소(예:가솔린)가 나오고 잔여 액체가 남게 된다. 그런 다음 케로신이 나오고, 이어서 대단히 짙고 휘발성이 별로 없는 기름이 나온다. 한 세기가 훨씬 넘는 과거에 이루어졌던 석유 시추는 등을 밝히는 케로신을 얻기 위해서였다. 케로신은 고래 기름을 대체했고, 사회는 "케로신 시대"로 들어갔다. 가장 먼저 추출되어야 했던 가솔린은 골칫거리였고 위험했다. 초기

의 시추자들은 가솔린을 시냇물에 그냥 버려서 불이 자주 일어나기도 했다. 20세기에 들어서자 내연기관의 발전으로 드디어 가솔린의 용도가 발견되었고, 우리는 "가솔린 시대"로 들어서게 되었다. 심지어 그때에도 많은 사람들은 가솔린을 자동차에 사용한다면 자동차가 터져버릴 것이라고 말했다.

Q 중국 사람들이 화약을 발견했다는 게 사실인가?

A 아닐지도 모른다. 잉글랜드 인, 아랍 인, 힌두 인, 그리스 인들 모두가 자신들이 화약을 발견했다고 주장한다. 우리는 고대 그리스 인들이 그리스 화약(Greek fire, 황, 피치, 기름을 혼합한 끈적이는 물질로 그리스의 적들을 공포에 떨게 만들었는데, 이것을 던지면 달라붙었을 뿐 아니라 그 불길은 잘 꺼지지도 않았다)을 만들었다는 것을 알고 있다. 아마도 이것이 "흑색가루"라고도 알려진 화약의 시초였을 것이다. 화약의 주성분은 초석, 즉 질산칼륨인데, 이 물질은 대략 같은 양의 목탄, 황과 함께 섞으면 맹렬하게 불타오른다. 통 같은 데에 넣으면 폭발이 일어난다. 아마도 이런 식으로 600~700년 전에 화약은 뭔가를 폭파시킬 때 사용되었을 것이다. 어떤 역사학자들은 화약의 등장은 중세의 거대한 성들의 종말을 알리는 신호였다고 생각한다. 왜냐하면 성벽이 화약으로 폭파될 수 있었기 때문이다. 화약이 전투뿐 아니라 인류역사에도 변화를 가져왔다는 것은 의심할 여지가 없다.

A 화약은 낮은 수준의 폭약이고 다루기가 훨씬 안전하다. 화약은 총포 발사와 광산 폭파 작업에 사용되었다. 한정된 공간에서 발화되어 생겨난 많은 양의 가스가 발사제 역할을 했다. 오늘날에도 불꽃놀이, 군대의 훈련용 폭탄, 혹은 많은 연기를 필요로 하는 분야에서 강력한 폭파 위험 없이 사용되고 있다.

다이너마이트의 주성분은 니트로글리세린으로, 이 물질은 그 자체로 불안정한 상태이어서 취급할 때 격렬한 폭발이 발생한다. 알프레드 노벨은 1867년에 니트로글리세린으로 실험을 하다가 규토를 섞어서 그 폭발성을 조절하는 방법을 발견했다. 그 뒤에 목재 펄프도 그런 효과가 있으며 효과가 더 좋다는 것이 발견되었다. 이로 인해 다이너마이트는 좀더 안전하고 널리 쓰이게 되었고, 노벨은 엄청난 돈을 벌게 되었으며 그중 일부를 노벨 상을 만드는 데 썼다.

노벨은 특이한 사람이었다. 그는 대가족 출신으로 그의 아버지는 폭약 사업에 종사했다. 노벨은 화학자가 되었고, 몇 가지 발명을 하여 기폭장치와 폭약 종류에 특허를 내기도 했다. 이런 일이 아무런 위험 없이 이루어지지는 않았을 것이라고 생각하는 사람이 있을지도 모르겠다. 한번은 노벨의 작업장이 폭발하여 사망자를 내기도 했는데 그중에는 그의 동생 에밀도 포함되었다. 그가 폭약 연구를 하면서 그런 사고는 또 일어났다. 그러나 그의 연구 덕분에 수많은 다리, 터널, 고속도로, 기반 및 다른 여러 공사가 훨씬 용이해졌다.

A 성경이 과학적 진실을 나타낸다고 주장하는 경우가 아니라면 과학은 성경과 논쟁을 벌이지 않는다. 성경은 종교적 믿음의 원천이고, 그것을 믿는 사람들이 성경의 가르침을 따르는 데 이성을 요구하지 않는다. 그런 맥락에서 과학은 전혀 관여하지 않는다. 성경에 열광하는 사람들이 성경의 주장을 뒷받침하는 과학적 증거가 있다고 주장할 때에만 과학이 그림에 등장한다. 각각의 주장은 그것만의 가치에 의해서 판단되어야 한다. 성경에 묘사되어 있는 창조의 우주론은 수세기에 걸쳐 많은 곳에서 수백 명의 과학자들이 축적한 모든 증거에 반한다. 구약에 나와 있는 전 세계에 걸친 노아의 홍수가 지질학적 증거를 가지고 있다는 주장은 사실이 아니다. 오히려 그 반대이다. 그러나 성경의 다른 측면은 역사적 뿌리를 가지고 있을 수 있으며, 그런 것들은 과학의 자료와 시험을 조건으로 한다. 많은 과학자들이 성경을 과학적 교과서가 아니라 그들의 종교 생활의 일부분(영감의 원천)으로 받아들이고 있다는 사실을 주목할 필요가 있다.

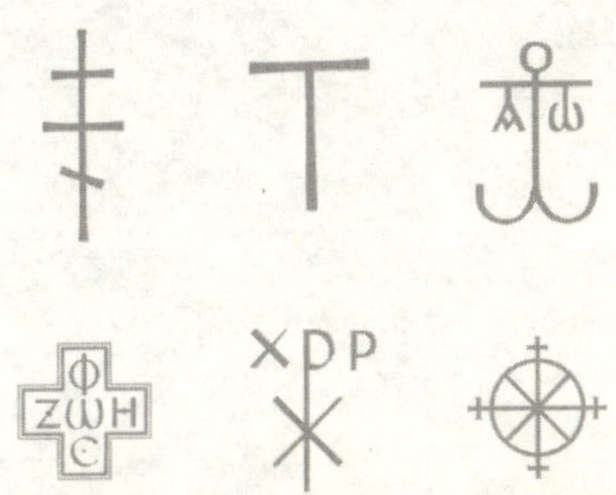

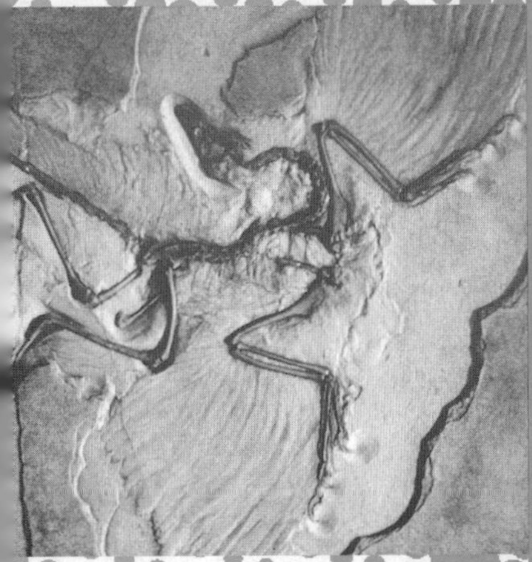

3부
지구의 생명체

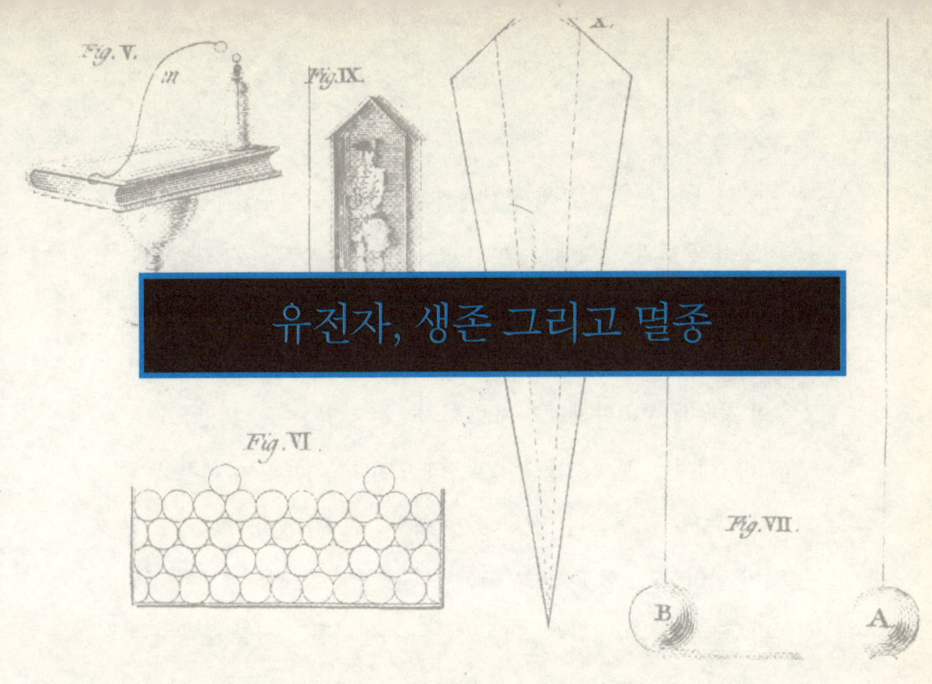

유전자, 생존 그리고 멸종

Q 과학자들은 진화에 대해서 어떻게 정의를 내리고 설명하고
있나?

A 진화는 지구상의 모든 생명이 존재 이전의 형태에서 어떻게 기원, 발달했으며 다양화되었는지를 설명하며, 이 모든 것을 가져온 내부 및 외부의 자연 기작을 알려준다.

19세기 중엽에 다윈은 새로운 종은 자연선택이라는 과정에서 등장한다고 주장했다. 어떤 종의 자손들에게서 나타나는 변이는 각 개체의 생존과 밀접한 관계가 있는 이로운, 혹은 불리한 형질을 갖게 한다. 이로운 형질을 가진 개체는 살아서 생식하고 그 형질을 자손들에게 전해줄 것이다. 그렇지 않은 개체는 죽어 없어질 것이다. 그것은 선택적인 가지치기 과정이었다. 머지않아 이런 과정은 별개의 새로운 종을 낳는 결과를 가져올 것이다. 후에 멘델은 이러한 형질들이 정확한 비율로 후손에게 전해진다는 것을 보여주었다. 1920년에 이르러 멘델의 법칙에서 벗어나는 당혹스러운 경우가 발생하는 이유는 유전자와 염색체의 돌연변이 때문이라는 것이 알려졌다. 돌연변이는 진화과정에서 불리한 것도 있고, 중립적인 것도 있으며, 소수의 경우에는 비약적인 발전을 가져오는 것일 수도 있다.

1950년대에는 분자생물학이 발전했으며, 유기체의 물리적 발달의 세부사항을 조절하는 암호, 혹은 청사진인 DNA에 대해서도 많은 것이 알려졌다. 이 DNA는 핵산이라는 형태로 모든 세포에서 발견된다. 분자생물학에서 계속된 발견은 지질학적 역사를 통해 진화가 어떻게 작용했는지 정확하게 알려주었다. 어떤 의미에서 분자생물학은 진화라는 언어의 문법이다. 진화의 마지막 증거는 인류가 현재 진화를 통제하고 조작하려는 단계에 막 들어서고 있다는 사실이다. 점점 더 늘어나고 있는 복제 실험은 이런 방향으로 나아가는 한 단계이다.

Q 유전자와 염색체에 대해서 많이 듣게 된다. 그 차이가 무엇인가?

A 유전자는 유전형질의 작은 운반자로써, 다른 유전자와의 상호작용을 통해 물리적 특성 및 기타 여러 특성을 만들어내며, 이런 특성이 유기체 자손의 본질을 결정한다. 염색체는 유전자의 집합체이며 실처럼 생겼다. 인간은 23쌍의 염색체와 수많은 다양한 유전자를 가지고 있다. 염색체는 가방, 유전자는 그 가방에 들어 있는 내용물이라고 대략 비유할 수도 있겠다. 유성생식에서 부모

는 각각 유전자와 염색체를 한 꾸러미씩 똑같이 제공하며, 혼합과정에서, 이를테면, 성적 변이 덕택에 거의 무한한 결합이 가능하다. 모든 사람들, 심지어 같은 부모의 자손들도 다 다른 이유가 바로 여기에 있으며, 유기적 진화 과정의 주요 요인이 된다. 미래에는 바람직하지 않은 유전자를 제거하고 유익한 유전자로 대체하여 자손의 발달을 조절하는 것이 가능할지도 모른다. 이런 것은 윤리적 문제를 불러일으킬 것이다. 어떤 것이 바람직하지 않고 어떤 것이 유익한 것인지에 대해서 모든 사람이 다 동의하는 것은 아니기 때문이다.

Q 어떻게 하나의 동물이나 식물의 종에서 두 개의 종으로 발달할 수 있을까?

A 원래의 종 구성원 중 일부가 다른 것들과 격리되었을 수 있다. 두 개의 하부 환경으로 물리적으로 격리되었을 가능성도 있다. 예를 들어, 바다에 폭풍우가 칠 때 같은 종의 몇몇 개체들이 거대한 파도에 밀려 석호로 쓸려 들어간다. 그들은 번식을 하고, 석호의 잠잠하고 따뜻한 얕은 물에 적응한다. 그러나 시간이 흐르면서 원래의 종과는 너무나 달라져서 서로 교배할 수 없게 된다. 어느 한 그룹이 나머지 그룹과 성적 선호를 통한 교배를 중단한다면 똑같은 일이 벌어질 수 있다. 그러므로 같은 환경에 남아 있는 동일한 종의 구성원들이라 할지라도 유전자가 섞이지 않을 수도 있다. 이러한 유전적 부동(genetic drift)은 궁극적으로 새로운 종을 탄생시키게 된다. 두 개의 그룹이 서로 교배할 수 없으면 그들은 별개의 종으로 분류된다.

 생명체와 환경 사이의 미묘한 균형이 매우 놀랍다. 예를 들어 행성의 온도가 약간 더 더웠거나 혹은 약간 더 추웠다면 많은 생명체들이 멸종되었을 것이다. 과학에서는 이를 어떻게 설명하고 있나?

A 우리도 그렇게 생각한다. 특정한 종의 자손을 생각해보자. 그들이 다 똑같지는 않다. 수정될 때 각 개체가 받은 유전자들의 조합이 서로 다르기 때문에 형질에 변화가 있다. 예를 들어 만일 먹이 공급이나 기후가 불리하면 어떤 개체들은 환경에 적응하지 못할 것이다. 이러한 개체들은 죽게 된다. 더 강한 개체들은 살아남아 그들의 형질을 자손에게 물려줄 것이다. 따라서 종은 주변 환경을 점점 더 잘 다룰 수 있게 될 것이다. 과학자들은 이러한 유전자 풀 전이(gene pool shift) 과정이 환경의 모든 면에 잘 적응하는 새로운 종으로 발전하는 데 중요하다고 생각한다. 그래서 지구의 생명체들은 이러한 주변 환경과 "미묘한 균형"을 이뤄내지만 그 일이 하룻밤에 일어나는 것은 아니다. 종종 수백만 년이 걸린다. 그러나 위험도 존재한다. 만일 환경에 급격한 변화가 빠른 시간 내에 일어난다면 너무 특화된 종은 적응할 시간이 충분하지 않아서 멸종될 가능성도 있다.

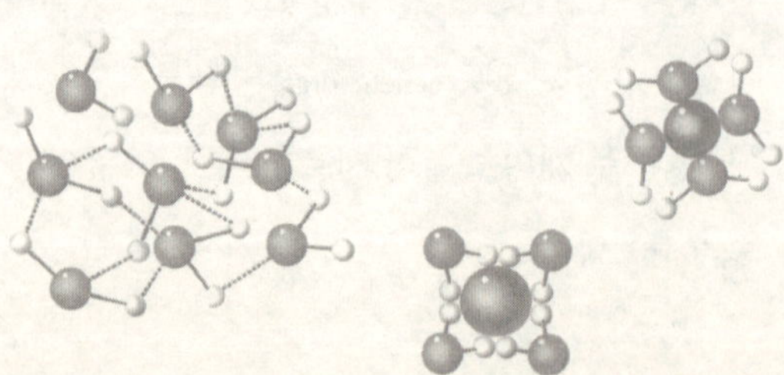

A진화는 과학이기 때문에 과학시간에 과학으로 가르쳐진다. 다윈이 처음 진화론을 주장했을 때부터 과학자들 사이에 논쟁이 있었고, 새로운 사실들이 발견되면서 의견에 변화가 생겼다. 고생물학, 생물학, 의학, 비교해부학, 유전학, 혈청학 등과 같은 다양한 학문 분야와 심지어 인간 자신의 번식 실험을 통해 얻어진 엄청난 양의 정보는 진화가 일어났으며 지금도 일어나고 있다는 사실을 공고하게 해주었다. 그것은 "그저" 이론에 불과한 것이 아니다. 과학의 원동력은 자료를 수집하고, 아이디어를 시험해보고, 발견한 것들이 말하는 방향으로 아이디어를 바꿔나가는 태도이다. 과학이 변할 수 있다는 것은 거의 자명한 사실이다. 진화가 적절한 예이다.

반면, 창조론은 생명이 어떻게 생겨났는가에 대한 믿음이며, 종교 경전에 기초하고 있다. 이러한 종교 경전은 많은 사람들이 신의 말씀이라고 인지하고 있기 때문에 변하거나, 시험받거나 논쟁할 대상이 아니다. 그것은 과학이 아니다. 그 방법과 태도에 차이가 있다. 하나는 과학이고, 다른 하나는 과학이 아니다. 그러나 두 가지 견해 모두 탐구적인 사람들이 접근할 수 있는 것이어야 한다. 그것이 교육이다. 창조론의 적절한 자리에 대한 논의는 문화적 혹은 종교적 맥락에서 존재한다. 학교에서 창조론을 과학으로 제시한다는 것은 유화를 물리 시간에 가르치는 것만큼이나 비논리적인 일이다.

A 아니다. 19세기에 장-밥티스트 라마르크와 같은 일부 과학
자들은 어떤 개체가 획득한 특성이 그 자손에게 전해질 수
있다고 생각했다. 마찬가지로 많이 사용되지 않은 형질은 자손에게
서 점차 사라질 것이다. 이를 용불용의 법칙(law of use and disuse)이라
고 불렀으며, 오늘날에는 더 이상 사실로 받아들여지지 않고 있다.
그것이 사실이라면 역기 선수는 (예를 들어) 잘 만들어진 그의 근육을
자녀에게 물려주겠지만, 그런 일은 일어나지 않는다는 것을 우리는
알고 있다. 기린의 긴 목과 같은 형질은 유전자를 통해 전해진다. 유
전적 특성이 유기체에게 환경적인 우위를 뜻하는 것이라면 그 유기
체는 생존하여 이러한 성공적인 형질을 전해줄 것이다. 유기체가 환
경 속에서 생존할 수 있도록 해주지 않는 형질은 결국 그 유기체를
멸종에 이르게 할 수도 있다.

인간은 똑바로 걷지만 다른 영장류들은 그렇지 않다. 왜 이것을
커다란 "유전적 진전"이라고 말하는 것일까? 네 발로 엎드린 자세에
서 머리 위의 위치에 못을 박는다고 생각해보자. 그런 일은 할 수가
없다. 앞다리와 앞발(팔과 손)이 몸을 지탱하는 데 쓰인다면 그 사용
이 극히 제한될 것이다. 그러나 두 다리로 서면 손과 팔은 도구를 만
드는 것과 같은 일에 쓸 수 있으며, 양손에 서로 마주보는 엄지가 있
다면 특히 그러하다. 인류의 진화과정을 현 수준까지 가속시킨 것은
바로 이와 같이 도구(그리고 궁극적으로는 다른 도구를 만들 수 있는 도구)를

만들 수 있는 능력이었다. 또 다른 중요한 요소는 서 있는 것은 시력과 청력을 더욱 높여주어 주변 환경을 관찰하는 데 이로우므로 생존에 크나큰 장점이 된다. 직립 자세, 자유로워진 손, 큰 뇌의 효과를 더하면 그 결과는 도구를 만들 수 있을 뿐 아니라 동굴벽화를 그리고 망원경, 컴퓨터, 우주선을 만들 수 있는 생물이 된다.

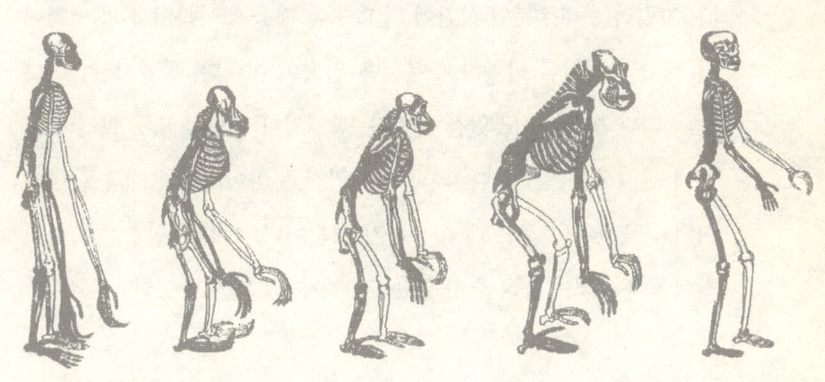

A 아마도 침팬지가 지능이 더 높다는 생각이 널리 퍼져 있지만 이것이 입증된 사실은 아니다. 두 생물 모두 유인원이며 인간과 가깝다. 사실 어떤 침팬지는 언어 기술이 관련되지 않은 기억 테스트와 공간 시각화 작업에서 인간의 어린이만큼 잘해낼 수 있다. 어른 침팬지는 잡혀 있는 상황에 잘 적응하며, 매우 사교적이고 외향적인 생물이라고 묘사될 수 있다.

이와 대조적으로 고릴라는 부끄러움을 타고 사교성이 없는 생물이며, 따라서 고릴라에 대해서는 그다지 많이 알려져 있지 않다. 1956년까지만 해도 포획된 상태의 고릴라에게서 태어난 고릴라는 없었다. 고릴라는 대부분의 시간에 먹고 자는 것을 좋아하며 책과 영화에서 묘사된 것처럼 난폭하고 무서운 짐승이 아니다. 침팬지만큼이나 "똑똑하다"고 할 수도 있을 것이다. 침팬지나 고릴라 모두 인간의 지능에 필적하지는 못한다. 왜냐하면 인간은 아이디어와 개념을 발전시켜 문제를 해결하는 데 이용하기 때문이다. 게다가 인간은 축적된 지식을 후세대에 물려줄 수 있는 말과 문자를 가지고 있다.

Q   과학자들이 동물들도 우리 인간들처럼 도구를 사용한다는
것을 발견하기 시작했다는 것이 사실인가?

A   그렇다. 어느 정도까지 동물들은 생존하기 위해 도구를 활
용할 것이다. 예를 들어 왜가리는 물 표면에서 자신의 깃
털을 미끼로 사용하기도 한다. 고기가 다가와 깃털을 살펴볼 때 왜
가리는 재빨리 먹이를 낚아 올린다. 원숭이들은 막대기를 개밋둑에
집어넣어 개미들이 막대기 위로 기어오르게 한다. 그런 다음 막대기
를 빼서 개미를 핥아먹는다. 또한 원숭이들은 두꺼운 막대기를 사용
하여 약탈자들을 물리치기도 한다. 똑똑하기는 하지만 이런 것들은
주변에서 구할 수 있는 도구를 우연히 사용한 예이다. 인간의 특성
중 하나는 도구를 구상화하고 만들 뿐 아니라 도구를 사용하여 다른
도구를 만들 수 있는 능력이다. 이런 일을 할 수 있는 생물이 또 있
다는 소리는 들어본 적이 없다.

Q   찰스 다윈은 신을 믿었나? 그의 진화론은 종교적인 생각과
는 많이 반대된다.

A   다윈은 우리 시대 이전에 사망했지만 그의 생애와 업적에
대한 글을 읽어보면 그가 수줍음이 많고 겸손하며 매우 도
덕적인 사람이었다는 것을 알 수 있다. 그는 생물학자이자 지질학자
로서 필생의 연구를 통해 진화라는 개념에 도달하게 된다. 그러나
영국국교회의 정통 종교관 속에서 자랐던 그에게 그런 연구는 실제

로 그 자신 내부에서 상당한 혼란을 불러일으켰다. 아마도 말년의 그는 불가지론자로 묘사될 수 있을 것이다. 물론 어떤 종교에서는 진화를 신에 대해 적대적인 것으로 간주하지만 모든 종교에서 다 그런 것은 아니다. 가톨릭 교회는 진화를 신이 창조를 하는 수단으로 받아들이고 있다. 인간의 몸은 과학에서 주장하는 것처럼 진화되었지만 어떤 단계에서 진화와는 별도로 인간에게 영혼이 주입되었다는 것이다.

다윈은 현장 경험이 없는 이론가는 아니었다. 비글 호에 승선한 박물학자로서 그는 5년간의 항해(1831~1836)를 통해 전 세계 동식물을 연구하고 관찰할 수 있었다. 그는 그 다음 20년 동안 그의 자료를 통합하고 체계화하여 《종의 기원》이라는 역작을 저술했다. 그의 진화론이 널리 관심을 촉발시켰다는 것은 그의 책이 발간 첫날 매진되었으며 수많은 판본이 나왔다는 사실로 잘 알 수 있다. 죽은 뒤에는 아이작 뉴턴 경 옆에 묻혔다는 사실도 다윈의 동포들이 그에 대해 가졌던 존경심이 어느 정도였는지를 잘 보여준다.

Q 곤충은 어떻게 살충제에 대한 면역성을 갖게 되는 것일까?

A 어느 하나의 곤충 개체가 면역성을 띠는 것은 아니다. 대부분의 곤충들은 즉시 죽겠지만 몇몇은 신체 내부에 면역성을 갖게 될 것이고 살아남아 그들이 노출되었던 특정 살충제에 대한 면역성을 물려받은 자손을 낳을 것이다. 이런 형태의 반응은 살아 있는 모든 유기체에서 흔히 일어나며, 진화가 진행되고 있다는 좋은 예이다. 또 다른 예로는 "슈퍼 쥐"들이 뉴욕 시를 공격한 것을

들 수 있다. 몇 년 전 뉴욕 시는 단호하게 쥐약으로 모든 쥐들을 잡으려는 노력을 펼쳤다. 처음에는 쥐의 숫자가 급격하게 줄어들었다. 그러나 일부 쥐들이 쥐약을 견뎌내었고, 이제는 그 수가 다시 불어나서 문제가 전혀 나아지지 않았다.

A 동물계에서 비행이 가능해진 진화 경로는 실제로 두 가지가 있었다. 첫번째는 곤충이었다. 3억 년 전 미시시피아 기의 화석으로 날개 달린 곤충 화석이 있다. 새가 날 수 있게 된 것은 한참 뒤인 약 1억 4,000만 년 전이었다. 우리가 알아볼 수 있는 최초의 새는 시조새라고 하는데, 이 새는 메추라기 정도의 크기이고 이빨과 깃털을 가지고 있었다. 몸통과 사지 골격은 확실히 파충류의 것으로, 이는 조류와 파충류(이 경우에는 공룡) 사이를 이어주는 아주 좋은 고리이다.

조류는 점차 앞다리가 변하여 걷는 것에서부터 아래위로 퍼덕거리게 되면서 날 수 있게 되었다. 프로토에이비스(시조새보다 앞서 트리아스 기에 살았던 최초의 화석조류로 추정됨—옮긴이)는 날아다니는 먹이(곤충)를 잡으려는 네 발 달린 생물이었다고 추측할 수 있겠다. 먹이를 잡기 위해 처음에는 뛰어오르다가 나중에는 미끄러지듯 움직이고, 이어서 날게 되었다. 곤충이 날게 되기까지 어떤 진화 기작을 거쳤는지에 대해서는 알지 못한다. 이러한 발전을 보여주는 중간 곤충 화석이 아직 발견되지 않았다. 그러나 확신할 수 있는 사실은 곤충과 조류/포유류의 날개 구조가 서로 완전히 다르다는 것이다.

Q 클로닝은 무엇인가?

A 클로닝(복제)은 생식의 한 방법일 뿐이다. 한 쌍의 남녀가 낳은 아이는 클론이 아니다. 왜냐하면 부모 사이에 유전물질의 교환이 이루어졌기 때문이다. 단순히 세포 하나가 두 개의 세포로 분열(무성생식)한 경우, 유전물질이 동일하고 외부에서 들어온 유전자는 없기 때문에 이를 클로닝이라 한다. 1950년대 이래로 하등 동물의 복제, 즉 클론을 만들려는 실험이 시도되었고, 영국 스코틀랜드와 몇몇 지역에서 양을 가지고 한 실험이 성공을 거두기도 했다. 인간의 클론이 만들어질 수 있는가는 논쟁의 대상이다. 현재 성체세포는 복제될 수 없기 때문에 여러분과 가장 가까운 복제인간은 아마도 거울 속에서나 볼 수 있을 것이다. 기술이 발전하여 언젠가 인간을 복제할 수 있게 된다면 매우 흥미로운 도덕적, 법적 문제들을 많이 야기할 것이다.

Q 동식물을 클로닝하는 것은 어떤 가치를 가지고 있나?

A 그것은 복제의 과정이다. 잘 알고 있겠지만 자연에는 무성생식을 하는 유기체들이 있다. 다시 말해 하나의 개체가 유전물질을 합치거나 교환하지 않고도 다른 개체를 만들어낸다. 따라서 그 자손은 완전한 복사본이다. 인간과 같이 고등한 유기체에서는 유성생식에 의해 항상 유전물질이 독특하게 조합되며, 따라서 우

리 모두는 서로 어느 정도 다르게 된다. 클로닝은 다른 유전물질의 첨가 없이 새로운 개체가 탄생할 수 있게 해준다. 클로닝에 대한 연구는 인슐린, 성장호르몬이나 여러 유용한 물질을 제공함으로써 인간에게 유익한 것이 될 수 있다. 질병치료와 식량증산으로 나아가는 발전을 가져올 수도 있다. 길을 걷다가 여러분의 복사본처럼 똑같이 생긴 사람과 마주친다는 공상과학 작품 속의 묘사는 다소 비현실적이다.

Q "인구폭발"은 단지 신화에 불과한 것 아닌가?

A 그렇기도 하고 그렇지 않기도 하다. 인구폭발이라는 개념은 1766년에서 1834년까지 살았던 경제학자 토머스 맬서스에게로 거슬러 올라간다. 그는 인구는 기하급수적으로 증가하지만 식량공급은 산술급수적으로 증가할 것이라고 말했다. 이는 인구가 식량공급보다 빨리 증가되어 사람들이 굶어죽게 될 것이라는 뜻이다. 이것의 의미는 다음과 같다. 사람 한 명으로 시작하여 매년 두 배씩 30년간 수를 더하면 10억 명이 넘는 수가 나오게 될 것이다. 미국과 같은 산업사회에서는 이런 주장이 맞지는 않는다. 경제생산이 인구증가를 앞서는 경향이 있기 때문이며, 따라서 굶어죽는 사람은 없다. 또한 산아제한이 널리 퍼져 있기 때문이기도 하다.

그러나 비산업화 국가(제3세계)에서는 일반적으로 맬서스의 이론이 들어맞으며, 인구증가가 억제되지 않고 있기 때문에 실제로 사람들은 기아에 허덕이고 있다. 인류가 식량공급과 인구증가 사이의 균형을 찾지 못한다면 네 가지 큰 재해(죽음, 질병, 전쟁, 기근)가 다시 창궐할 것이며, 실제로 몇몇 아프리카와 아시아 국가에서는 이미 그 징후가 나타나고 있다.

A 새, 개, 고양이와 같은 동물들이 싸우지 않고는 침입할 수 없는 영역의 "경계 표시"를 한다는 것은 확실한 생물학적 사실이다. 영역이 넓은 한 싸움은 일어나지 않을 것이다. 그러나 개체가 많아져서 영역이 줄어든다면 싸움이 일어난다. 흰쥐들에게 적당한 공간과 먹이를 제공하고 아무런 제약 없이 번식할 수 있게 한 생물 실험의 예를 들면 이해에 도움이 될 것이다. 처음에는 아무런 문제가 없었다. 모든 쥐들에게는 먹이와 공간이 있었다. 그러나 일단 쥐들이 많아져서 붐비게 되자 싸움이 일어났고, 쥐가 쥐를 죽였다. 이러한 상황에서는 질병이 더 잘 전염될 수 있다. 인구가 많은 도시지역에서 더 많은 범죄가 발생하는 것도 이런 이유 때문일 수도 있다. 우리는 정말 널리 분산되어 있을 필요가 있다. 미국 인구의 약 98%가 국토의 2%에 몰려 있다. 대부분의 땅이 비어 있는 셈이다. 좀더 널리 퍼지는 것이 우리 모두를 위해서 좋은 일일 것이다. 그러나 인간은 서로 무리를 짓고 사는 사회적 동물이다. 인구가 밀집된 도시를 가지고 있는 이유도 여기에 있다. 그러나 우리의 생존가능성에는 진짜로 위험스러운 일이다.

아마 그렇지 않을 것이다. 환경조건이 모든 측면에서 동일하다 할지라도 약간의 우연한 일(돌연변이?)이 발생하기만 해도 진화경로는 다른 생물 집단에 더 유리한 쪽으로 바뀔 수 있다. 거의 2억 년 전에 시작하여 마침내 오늘날의 인간이 된 초기의 포유류는 작고 약했다. 그들은 파충류, 특히 거대한 공룡들이 지구를 장악했던 중생대를 겨우 살아 넘겼다. 그런 일이 두 번씩이나 일어나리라는 보장은 없다. 마찬가지로 두 개의 농구팀이 같은 시즌에 두 번 경기를 한다고 할 때 선수와 경기조건이 동일하다 할지라도 최종 점수가 같을 것이라고 기대하는 사람은 아무도 없다. 지구상에 또 한 번의 생명의 진화가 일어난다면 지능을 갖춘 주요 생명체로 곤충이 등장하는 게 당연할지도 모르겠다.

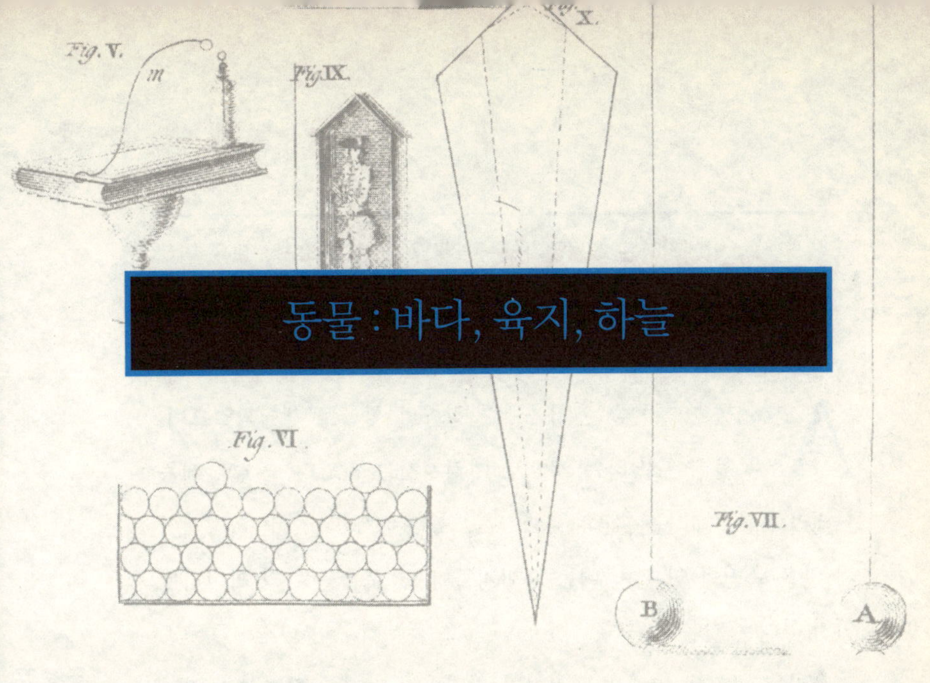

동물 : 바다, 육지, 하늘

Q 닭이 먼저일까, 알이 먼저일까? 이 오래된 질문에 대한 대답을 들은 적이 없다.

A 이렇게 물을 수도 있을 것이다. 거북이가 먼저냐, 알이 먼저냐, 혹은 악어가 먼저냐, 알이 먼저냐? 알을 낳는 동물이라면 어떤 것이라도 이런 질문을 만들 수 있을 것이다. 진화라는 것을 고려한다면 답은 그렇게 어렵지 않다고 생각한다. 과거든 현재든 지구상의 모든 생물은 전에 존재하지는 않았지만, 전에 존재했던 종류에서 진화된 것을 나타낸다. 닭의 경우, 닭의 조상들은 수백만 년 동안 연속적으로 수많은 세대에 걸쳐 점점 닭과 같이 생긴 것으로 진화했다. 드디어 가장 닭처럼 생긴 것이 알을 낳아 부화시켰다. 그것은 진짜 닭이었다. 따라서 확실한 답은 알이 먼저라는 것이다. 그러나 그 탄생을 돌봐줄 아주 가까운 친척이 있어야만 했다.

 박테리아는 식물인가, 동물인가? 과연 과학으로 모든 박테리아를 박멸하여 질병을 예방할 수 있을까?

A 이들 미생물들은 처음에는 일종의 식물로 생각되었으며, 동물계에 속하는 것으로 여겨지지는 않았다. 오늘날에는 모네라Monera 계라는 제3의 계에 넣고 있다. 그러나 아직 확정적이지 않은 측면이 있으며, 이는 과학자들이 그 분류를 아직 확신하고 있지 않다는 것을 뜻한다.

우리는 과학에 의해 박테리아가 전멸되지 않기를 강력하게 바라고 있다. 박테리아가 모두 박멸된다면 우리 모두도 죽게 될 것이다. 많은 박테리아가 우리에게 이로운 것들이며 심지어 우리의 생존에 필수적인 것들도 있다. 질소고정 박테리아가 식물을 살 수 있게 한다는 점을 생각해보라. 소와 같이 풀을 먹는 동물들은 위에 박테리아가 없으면 식물을 소화시킬 수 없을 것이다. 또한 우리에게 박테리아는 최고의 찌꺼기 해결사이기도 하다. 박테리아는 죽은 유기체들을 분해하여 우리의 생존에 필수적인 질소, 인, 탄소 등을 재순환시킨다. 일부 박테리아가 질병을 일으킬 수 있는 게 사실이지만 좀 더 우호적인 다른 박테리아는 그들의 생활사 과정을 통해 피클, 버터밀크, 요구르트, 치즈, 자우어크라우트 등 우리가 좋아하기도 하는 음식을 만들어준다.

A 플랑크톤이라는 말 자체는 바다에서 떠다니는 작은 유기
체를 말하며, 어느 정도 조류의 영향을 받는다. 이와는 반
대로 헤엄치는 능력이 있는 것이 유영동물류이다. 플랑크톤은 부유
동물과 식물(동물성 플랑크톤, 식물성 플랑크톤)로 이루어져 있으며 먹이사
슬의 맨 아랫부분을 차지한다. 좀더 큰 물고기와 여러 유기체들이
이 작은 생물을 먹으며, 그들은 더 큰 생물에게 잡혀먹는다. 그렇게
해서 먹이사슬의 제일 꼭대기에 있는 인간에게까지 온다. 어떤 플랑
크톤은 작은 모래알 정도의 크기이며, 어떤 것들은 더 작아서 가장
촘촘한 어망도 빠져나간다.

플랑크톤은 대단히 중요하다. 식물성 플랑크톤은 우리가 숨쉬는
산소를 만들어낸다. 과학자들은 언젠가는 이 플랑크톤이 사람들의
주요 식량원이 될 것이라고 믿고 있다. 지구상에서 대단히 커다란
생물 중 하나인 고래가 행성의 가장 작은 서식자에게서 양분을 취해
생존한다는 점에서 이 질문은 재미가 있다. 비록 고래가 육지의 조
상에서 생겨났고 공기로 숨쉬는 포유류이기는 하지만 육지에서는
더 이상 살 수 없다. 그 무게만으로도 호흡 곤란을 일으킬 것이다.

Q 물고기도 잠을 잘까? 항상 돌아다니는 것처럼 보인다.

물고기들이 우리가 자는 것과 같은 의미의 잠을 자는지는 알려져 있지 않지만, 정기적으로 쉬는 시간은 가지는 듯하다. 물고기는 눈꺼풀이 없어서 항상 눈을 뜨고 있기 때문에 잠자는 것처럼 보이지 않는 것일 수도 있다. 어떤 물고기는 물속에서 아무런 동작 없이 어느 정도 가만히 있기만 하는 반면, 어떤 것들은 곧바로 바닥에서 쉬기도 하며, 심지어 몸을 뒤집은 상태로 있기도 한다. 어떤 종들은 바닥의 퇴적물을 파서 잠자리 같은 것을 만드는 장면이 관찰되기도 한다. 어떤 물고기 무리는 밤에는 흩어져서 쉬고 아침에 다시 모이는 것으로 보아 휴식을 취할 때에는 사생활을 갖고자 하는 것처럼 보이기도 한다.

Q 정말 피라니아는 몇 초 안에 소를 뜯어먹어 뼈만 남길 수 있나?

약간 과장되기는 했지만 소에게도 뭐라 항변할 말은 있을 것 같다. 남아메리카에서 발견되는 이 사나운 민물고기떼는 약 45킬로그램짜리 캐피바라(남아메리카에 사는 커다란 설치류)를 공격하여 1분 내에 뼈만 남기는 것으로 알려져 있다. 피라니아는 그 길이가 약 30센티미터밖에 되지 않지만, 삼각형 모양을 한 이빨은 면도날처럼 날카롭고 효율적이다. 피라니아가 사람을 공격한 적도 있으며, 구체적인 사례는 들 수 없지만 아마도 치명적인 결과를 낳았을 것으로 생각된다. 애호가들이 피라니아를 애완동물로 기르기도 하지만 하천에 방류되어 심각한 생태문제를 불러일으킬 가능성이 있다. 또 다른 위험한 물고기로 태평양에서 발견되는 라이언피시가 있다. 지느러미에 맹독 가시를 가지고 있어서 사람을 찌를 수도 있는데, 찔리면 아프지만 치명적인 부상을 입히지는 않는다. 라이언피시는 길이가 약 30센티미터 정도이며 매력적인 줄무늬를 가지고 있다.

A 일반적으로 상어와 같은 그룹(연골어강)에 속하는 가오리의 종류는 매우 다양하다. 이는 가오리가 골격의 주요 부분이 뼈보다는 연골로 이루어져 있다는 것을 뜻한다. 그럼에도 불구하고 가오리는 물고기이다. 노랑가오리가 좋아하는 서식지는 따뜻한 열대 바다이다. 어떤 종들은 전기충격을 가할 수도 있고, 어떤 것들은 독성을 지닌 날카롭고 가시가 난 꼬리를 가지고 있다. 해저에서 이런 생물을 뒤쫓는 것은 위험스러운 일이 될 것이다. 왜냐하면 자연히 스스로를 보호하려 할 것이기 때문이다. 꼬리로 잘못 찔리면 치명상을 당할 수도 있다. 그러나 가오리는 상업적으로도 포획된다. 특히 아시아와 유럽에서 잡히며, 그 맛이 아주 좋다. 좀더 큰 종(예: 쥐가오리류)은 폭이 약 6미터나 되고 무게가 약 200킬로그램까지 나가기도 한다. 대개는 위장색을 띠고 해저에 붙어서 다른 물고기와 갑각류 같은 먹이거리를 기다린다. 헤엄을 칠 때는 마치 커다란 박쥐

가 날개를 퍼덕거리는 것 같다. 가오리는 상업적인 조개 양식장을 망가뜨리기도 한다.

A 사실 전기뱀장어는 뱀장어가 아니라 수족관의 나이프피시와 가까운 민물고기이다. 전기뱀장어는 길이가 약 90센티미터가 넘는 것도 있으며, 약 2.7미터 길이에 두께는 20~25센티미터가 되는 것도 있다. 전기뱀장어의 몸은 전기를 저장하는 전지를 이루고 있는데, 머리와 꼬리가 음극과 양극을 띠고 있어서 접촉하면 충격을 주게 된다. 희생물과 접촉했을 때 머리와 꼬리의 간격이 넓을수록 전기충격은 더 크다. 잠깐 동안의 접촉에서 650볼트의 전하가 기록되기도 했다. 그 정도라면 말처럼 커다란 동물도 죽일 만하다. 사람도 공격을 받은 적이 있으나, 심하게 기절시킨 경우는 있어도 죽음에 이르게 한 경우는 들어보지 못했다. 가오리와 같은 다른 물고기들도 전기뱀장어와 비슷한 전기 능력을 가지고 있다.

넓게 보자면 전기, 즉 생체전기는 생물의 정상적인 기능과 관련이 있다. 그것은 주변의 유체와는 다른 용액을 담고 있는 세포막을 통과하는 이온(전하를 띠는 원자)의 흐름이라는 형태로 나타난다. 이것은 전류를 만들어낸다. 신경이 다니는 길을 따라 보내는 메시지도 원래 전기의 성질을 띤다.

Q 해마의 경우, 암컷이 아니라 수컷이 새끼를 낳는다고 들었
는데, 이게 생물학적으로 사실인가?

A 사실은 잘못 알려진 이야기에 불과하다. 여기서 생식과 양
육의 차이를 확실하게 구분할 필요가 있다. 알을 낳는 것
은 해마의 암컷이다. 알은 수컷의 꼬리 근처에 있는 육아주머니에
놓여져서 알이 부화될 때까지 있게 된다. 실제로 수컷은 매우 초기
단계 동안이긴 하지만 어린 해마의 양육 과정에 참가한다. 수많은
생물종의 경우, 예를 들어 어떤 새 종류에서는 알이 부화되기 전까
지 수컷이 둥지에서 알을 품는다. 이렇게 하면 어미는 나가서 먹이
를 구해올 수 있게 된다. 해마는 물고기처럼 생기지는 않았지만 실
제로 물고기이며 실고기과의 하나이다.

Q 전 세계적으로 가장 잘 잡혀 먹히는 물고기는 무엇인가?

A 아마도 청어일 것이다. 청어는 대서양과 태평양에 풍부하
며, 바다의 먹이사슬에서 중요한 부분을 차지한다. 청어는
수천 마리씩 떼로 몰려다니며 그물로 잡힌다. 청어 암컷은 한번에 4
만 개의 알을 낳는다. 성어가 되기까지는 4년이 걸리며, 잡히지만
않는다면 100년까지 살 수도 있다. 크기가 좋은 청어는 길이가 약
30센티미터이다. 소금에 절이거나, 크림을 얹고, 훈제하여 먹는 것
외에도 식용이 불가능한 부분은 갈아서 가축 사료로도 사용된다. 주
요 부산물은 기름이며, 유럽에서는 이 기름으로 마가린을 만들기도

한다. 통조림으로 만든 정어리도 청어류에 속한다.

청어와 관련된 민간전승 이야기는 상당수 있다. 예를 들어 청어를 날 것으로 먹으면 미래에 아내가 될 사람을 볼 수 있다는 이야기가 있다. 잡아 올린 청어의 크기를 자랑하면 불운이 닥쳐온다는 이야기도 있다. 사람들은 로열 헤링이라는 거대한 청어가 청어 떼를 끌고 다니며 이것을 잡거나 다치게 해서는 안 된다고 믿었다.

A 어떤 것들은 헤엄치는 사람들을 공격한다. 상어의 공격으로 생각했던 것들이 실은 꼬치고기의 공격이었던 것도 있었다. 그러나 보통 꼬치고기가 먹는 먹이는 사람이 아니라 멸치와 같이 작은 어류라는 사실을 기억할 필요가 있다. 꼬치고기는 길고 날씬하며 커다란 입을 가지고 있고, 대개는 1.2~1.8미터까지 자란다. 엄청나게 빠르며, 면도날같이 날카로운 이빨을 가지고 있으며, 움직이는 것은 무엇이든지 공격한다. 꼬치고기는 호기심이 많고 대담하며, 아마도 그렇기 때문에 예측할 수 없는 행동을 보이는 것 같다. 어떤 꼬치고기는 실제로 얕은 물에서 다른 물고기 떼를 통제하면서, 배가 고파서 잡아먹고 싶을 때까지 기다리기도 한다. 꼬치고기는 아주 쉽게 낚이고, 사납게 싸우며, 맛이 좋기 때문에 어부들은 꼬치고기를 잡는 것을 좋아한다.

A 이 질문에서처럼 상어가 피 냄새를 맡을 수 있는 여건이 되기 위해서는 피의 흔적이 1.6킬로미터까지 퍼질 수 있다고 가정해야 할 것이다. 막대기로 꿴 돼지처럼 피를 흘리지 않는 이상 이런 일은 일어날 가능성이 매우 희박하다. 사람들이 얕은 물에서 상어의 공격을 받아 중상을 당해 피를 많이 흘렸지만 상어가 재공격하지는 않았다고 알려져 있다. 어떤 실험에서는 상어가 사람의 피가 있는 곳을 전혀 흥분하지 않은 채 헤엄쳐다니기도 했다. 쥐의 피에도 같은 반응을 보였다. 그러나 죽은 쥐에 물고기의 피를 묻힌 경우, 상어들은 즉각 공격했다. 상어의 정상적인 식단에 인간은 포함되지 않으며, 따라서 특별히 더 상어의 관심을 불러일으키지는 않는다. 실제로 상어는 상처를 입거나 죽어가는 물고기가 있기도 하는 수면 근처에서 발생하는 진동과 움직임에 더 끌린다. 아마도 이것이 많은 상어들이 사람을 공격하는 이유를 설명해줄 것 같다. 잘못 본 경우일 수도 있다는 것이다.

상어에 대한 TV 프로그램, 영화, 소설, 기사 등이 엄청나게 많다는 것은 대중들이 상어에 매혹되어 있다는 것을 보여준다. 타이거 샤크, 샌드 샤크, 그리고 여러 가지 상어 종류들도 수영하는 사람들에게 위험스런 존재이기는 하지만, 백상어의 공격적인 행위와 크기(약 3,000킬로그램보다 더 무거운 것이 기록으로 남겨져 있으며 길이는 약 11미터에 이른다)로 보아 가장 무서운 상어는 백상어이다. 〈죠스〉라는 영화를 본 사람들은 상어가 배를 공격하는 것은 영화의 센세이셔널리즘을 보여주는 한 예에 불과하다고 할지 모르겠지만, 실제로 상어는 배를 공격하며 심지어 나무에 이빨자국을 남기기도 한다. 미국생물과학연구소는 상어연구위원단을 만들어 전 세계에서 일어난 상어의 공격에 관한 자료를 수집하고 있다. 이 위원단은 1928년에서 1962년까지의 35년 동안 상어가 사람을 공격한 것은 670건, 배를 공격한 것은 102건에 달한다는 것을 알아냈다.

Q 가장 큰 문어나 오징어의 크기가 얼마나 될까?

A 꽤 큰 문어는 길이(한쪽 다리 끝에서 다른 쪽 다리 끝까지의 길이)가 약 10미터까지 될 수 있으며, 오징어(꼴뚜기류)는 훨씬 더 큰 약 18~19미터까지 자랄 수 있다. 이런 것들은 예외적인 경우이다. 두족류로 알려진 이런 종들은 많은 수가 몇 센티미터 정도의 크기이며, 많은 해상생물들의 먹이가 되고 있다. 가까운 사촌인 갑오징어와 함께 이들은 무척추동물 중에서 가장 지능이 높다고 알려져 있다. 포식자인 이들은 게, 바다가재 및 여러 갑각류를 먹이로 하며, 그 이동성에도 불구하고 해저 서식자로 간주될 수 있다. 그러나 가끔 표면에서도 보이는데, 이 때문에 바다와 관련된 옛날 문학 작품에서 바다의 뱀에 관한 전설이 등장하기도 했다.

오징어는 먹이를 찾아내는 커다랗고 뛰어난 눈, 재빨리 접근하는 분사 흡관 시스템, 먹이를 움켜쥐는 빨판이 달린 열 개의 촉수, 날카로운 주둥이와 잽싼 도구(치설)를 가진 입을 지닌 이상적인 생존기계이다. 방어를 할 때에는 카멜레온처럼 색을 바꿀 수도 있으며, 흡관으로 재빨리 후퇴하며, 먹물을 발사하여 추적자를 혼란에 빠뜨린다. 독이 든 먹물을 가지고 있는 종도 있다. 이렇게 놀라운 생물이 5억 년 동안(캄브리아 기 이래) 바다에서 살아남았다는 건 그다지 놀랄 일이 아니다.

Q 할리우드 영화에서 커다란 뱀, 호랑이, 거미 등 밀림에서 사는 여러 생물들을 과장되게 묘사해온 것은 아닌지?

A 경험에 비춰보건대, 이 질문에 동의할 만하다. 드라마와 재미를 위해 이런 생물들이 가하는 위험을 확대하는 경향이 있다. 자연의 생물 대부분이 그저 바라는 것은 생존이며, 그들은 다른 생물들과의 싸움 없이 자신의 일을 할 수 있기를 바란다. 우리는 인기척도 내지 않고 커다란 보아 뱀의 1.5~1.8미터 영역 안으로 들어갔다. 사자는 배만 고프지 않다면 얼룩말떼들과 가까운 거리에 있어도 어슬렁거리기만 하고 공격을 하지는 않을 것이다. 거미집을 건드리면 대개 거미는 도망 가버린다. 이런 생물들도 어떤 상황에서는 위협을 가한다. 그러나 "비열"하지는 않다. 아마도 밀림에서 인간의 가장 큰 적은 모기와 같은 곤충들이며, 집에서는 부엌에 있는 개미일지도 모른다. 오랫동안 모기에 시달리게 되면 어떤 사람들은 거의 미치기 일보직전까지 이르기도 한다. 열대밀림에서는 사람의 모자에 모기가 들러붙어서 마치 갈색모피같이 보이기도 한다. 어쨌거나 러시아워에 뉴욕의 타임스 광장에 있는 것보다 아주 깊은 밀림 속에 있는 것이 더 안전하게 느껴질 수도 있을 것 같다.

 앨리게이터와 크로커다일과 같은 악어가 생존할 수 있었던
이유는 무엇일까?

 악어 어미가 무관심한 부모라는 점을 고려해보면 사실 이
점은 약간 미스터리이다. 악어 어미는 20~70개의 알을 낳
은 뒤 가끔씩만 둥지를 지킨다. 아메리카너구리와 같은 작은 포유류
가 아메리카앨리게이터의 알을 먹는 것으로 알려져 있다. 알이 부화
할 시점에 암컷은 애기 악어가 물로 들어가는 것을 도와준다. 악어
류가 살아남은 이유는 아마도 일단 부화되면 어린 악어들은 보살핌
을 받지 않아도 스스로 완벽하게 자신을 돌보며 살아갈 수 있기 때
문일 것이다. 이들 짐승의 가장 큰 적은 악어가죽으로 가방을 만들
려고 어른 악어를 잡아들이는 인간들이다. 이 이유만으로 어떤 종들
은 거의 멸종 위기에 처했다. 크게 벌리는 입과 많은 이빨을 가지고
있지만 악어는 먹이를 씹지 못하고 덩이 채 삼켜야 한다. 악어류는
공룡과 매우 가까운데, 두 그룹 모두 조룡아강에 속한다. 어쨌든 악
어는 공룡과 같은 운명은 피했다. 그러나 과연 얼마나 버틸 수 있을
까?

 인간의 활동이 해양을 오염시킬 수 있나?

 오염의 정의를 넓혀서 해양생물에 위험을 주는 인간의 모
든 행위를 포함시킨다면 이미 그런 일은 벌어지고 있다.
세계의 인구는 해안선을 따라 밀집되어 있다. 우리는 그곳에 도시를

건설한다. 우리의 강은 거대한 쓰레기장이 되어버린 얕은 해안지역으로 도시의 쓰레기와 산업 쓰레기를 운반하는 거대한 하수구가 되어버렸다. 바로 이 해안지역은 많은 해양 생물들이 산란하고 살아가는 곳이다. 세계 산호초의 10%는 이미 망가졌고, 21세기가 지나면서 더 많은 산호초가 사라질 것이다. 이외에도 우리는 한때 생명체(대구와 넙치 같은)로 가득했던 식용물고기 어장을 너무나 과도하게 개발했다. 또한 기름 유출에 의한 오염은 계속해서 해양 생물상에 해를 끼치고 있다. 선박 운송시 물 밸러스트(선체의 안정을 유지하기 위해 배의 바닥에 싣는 물을 말함. 엄청난 양의 물 밸러스트가 전 세계적으로 운반되며 환경이 다른 곳에서 배출되어 환경문제를 야기하기도 한다─옮긴이)는 수백 종의 해양생물들을 한 곳에서 다른 해양 환경으로 이동시키며 종종 토착 개체군들을 예기치 않게 파괴시키기도 한다. 정부 규제에도 불구하고 포획꾼들은 계속해서 고래와 상어의 개체수를 감소시키고 있다.

우리가 숨쉬는 산소의 70%를 공급하는 해양 플랑크톤에 대한 위협은 큰 재난이다. 유독성 홍조류에 의해 일어나는 홍조현상 및 다른 해조류의 급작스런 증가 등 인간 활동과 관련된 현상들은 플랑크톤에 불리한 영향을 끼친다. 오존 감소로 인한 자외선 증가와 함께 이로 인해 플랑크톤의 생식력이 저해되는 것은 당연한 일이다. 현재 우리 자신의 생존이 바다에 달려 있지만 바다의 오염을 막을 적절한 해결책은 없다.

Q 길이가 약 3미터나 되는 지렁이가 있다는 소리를 들었는데
　　과장된 이야기는 아닐까?

A 이 벌레를 물고기 미끼로 사용한다는 소리를 들었다면 그
　　것은 과장된 이야기이다. 그러나 실제로 약 3미터 길이의
지렁이 종이 오스트레일리아에서 발견되고 있는데, 이는 전 세계의
1,800종의 지렁이 중에서 가장 극단적인 크기이다. 대부분은 적갈
색이지만 영국에는 녹색의 지렁이도 발견된다. 지렁이는 보지도 못
하고 듣지도 못하지만 진동에 반응한다. 대부분의 지렁이는 표면 가
까이에 굴을 파지만 어떤 것들은 약 2미터 아래까지 파내려가기도
한다. 지렁이는 자웅동체(암컷과 수컷 생식기관을 모두 가지고 있는)이지만
서로 수정을 하기 위해서는 다른 지렁이가 있어야 한다. 인류에게
지렁이의 주요 기능은 농작물이 자라나는 땅을 갈아엎는 것이다. 낚
시광들은 동의하지 않을지도 모르겠다.

Q 군대개미들이 실제로 말, 혹은 심지어 사람을 죽여 먹어치
　　울 수 있나?

A 그렇지 않다. 군대개미들이 커다란 짐승의 시체를 소화해
　　내기도 하지만 영화에서 어떻게 묘사하건 간에 살아 있는
사람을 공격하여 먹어치우지는 않는다. 대신 군대개미들은 바퀴벌
레, 딱정벌레, 메뚜기, 거미 및 기타 여러 곤충들을 먹이로 삼는다.
군대개미들은 아주 사납다. 개미떼들은 운 나쁜 곤충 희생물들을 순

식간에 덮어버리고 몸체를 산산 조각나게 만들 수 있다. 몇 초 안에 곤충의 사지와 몸 부위는 날카로운 집게로 잘려나가고 무리 뒤로 옮겨진다. 대개 병정개미들은 숲, 특히 열대지역의 숲에서 줄을 지어 돌아다닌다. 목표물을 발견하면 줄이 두 방향으로 나뉘면서 탈출로를 차단한다. 개미들은 실제 군대와 비슷하게 행동하며 심지어 줄 앞에 선발대를 내세워 먹이를 찾아다니면서 공격하고 먹이를 다 먹어치운 뒤 그곳을 떠난다. 군대개미들은 다른 개미 종을 공격하지는 않지만 겁이 많아 도망을 다니고 애벌레와 번데기만 공격하는 히포클리네아는 공격한다.

어떤 개미들은 다른 개미들의 보금자리를 습격하여 노예로 삼기도 한다. 이런 행동을 보이는 개미로는 다섯 종이 있다. 습격하는 개미떼의 호전적인 여왕개미와 그 배우자 개미들은 다른 개미 그룹의 보금자리를 공격해 들어간다. 일개미들이 침입자에 저항하면 여왕개미는 재빨리 일개미들을 죽여버린다. 정복당한 개미들이 노예가 되는 길은 두 가지가 있다. ① 혼란에 빠진 개미들은 의기양양한 여왕개미와 싸우는 것을 멈추고 애벌레들을 지키려고 한다. 애벌레가 개미로 성장하면 침입했던 여왕을 자기들의 여왕으로 인식한다. 원래의 여왕개미는 보살핌을 받지 못해 죽었거나 침입당했을 때 죽었을 것이다. ② 침입자 개미들이 번데기와 애벌레들을 모아서 그들의 집으로 데리고 가고, 그곳에서 자라난 개미들이 침입자 개미 집단을 위해 일하게 된다.

A 거미 대부분의 수명은 약 1년 정도인 것으로 보이지만 더운 기후에서는 더 오래 살 수 있다. 주먹 크기만한 커다란 버드스파이더는 다른 것들보다 더 오래 살며, 잡혀 있는 상태의 어떤 것은 20년이나 살았다. 사람의 경우와 마찬가지로 일반적으로 암컷이 수컷보다 더 수명이 길다. 거의 모든 거미들은 일종의 독을 가지고 있다. 그 독은 사람에 비하면 매우 작은 먹이(예를 들어 곤충)를 마비시키거나 죽일 정도이다.

실제로 대부분의 인간에게 위험한 거미는 블랙위도와 브라운리클루스뿐인데, 이런 거미들이 문다고 해도 사람이 죽는 일은 거의 없다. 타란툴라가 독성이 있기는 하지만 크게 자극하지 않는 이상 좀처럼 물지는 않는다. 많은 거미들과 마찬가지로 타란툴라는 보통은 거미집을 짓지는 않는다.

악명 높은 블랙위도를 포함하여 대부분의 거미들은 이빨이 연약해서 아주 힘을 들여야 피부를 물어뜯을 수 있다. 거미에게 물렸다고 하는 상처가 사실은 파리, 진드기, 혹은 다른 곤충들이 문 상처인 경우가 많다. 거미에게 물렸다는 기록은 거의 없다. 거미에게 물릴 가능성은 100번 중 한 번도 채 되지 않는다. 거미가 해롭다고 알려진 것은 거미에게는 부당한 일이다. 오히려 거미들은 농작물을 망가뜨리는 많은 곤충들을 잡아먹는 유익한 생물이다.

A 혀는 뱀이 가지고 있는 중요한 감각기관의 하나로서, 일종의 미각과 후각을 결합한 것과 같다. 혀는 공기중에 있는 입자를 잡아 입천장에 있는 두 개의 함몰 부위로 보내며, 그곳에서 그것이 무엇을 뜻하는지를 알아낸다. 대개 뱀은 시력도 뛰어나지만 우리가 말하는 의미의 청력은 없다. 뱀은 바닥으로 전해지는 진동을 감지할 수 있다. 숲에서 뱀들을 많이 보지 못하는 이유 중 하나는 사람들의 발걸음에서 나오는 진동을 감지하고 사람들이 시야에 들어오기 훨씬 이전에 가버리기 때문이다. 종종 뱀은 성경에 나오는 아담과 이브의 이야기에서처럼 악, 혹은 악마의 상징으로 간주되기는 하지만 좋은 점을 가지고 있기도 하다. 그 대표적인 것이 바로 쥐와 여러 설치류들을 잡아먹는다는 것이다. 이렇게 함으로써 매년 수백만 달러어치의 농작물을 구해내며, 설치류들이 옮기는 질병의 확산을 막아준다. 진화 단계에서 뱀은 한때 걸어다니기도 했다. 뱀의 골격에는 작은 요대(척추동물의 뒷다리가 척추와 결합하는 골격의 일부를 말함—옮긴이)의 흔적이 남아 있다.

 카멜레온은 눈이 안 보여도 자기 색깔을 바꿀 수 있다고
들었다. 사실인가?

A 이 질문은 카멜레온이 자기의지대로 주변 환경에 맞춰, 대
부분은 적에 대한 보호수단으로, 색을 바꿀 수 있다는 것
을 뜻한다. 많은 이들도 이렇게 믿고 있다. 실제로 카멜레온은 갈색
과 녹색, 혹은 노란색조로 변하고 때로는 점도 생긴다. 이것은 세포
에 있는 색소를 퍼지게 하거나 집중되게 함으로써 일어난다. 색의
변화는 카멜레온의 의지에 의해서 일어나는 것이 아니라 환경 속에
서 온도나 빛의 변화에 자동적으로 반응해서 일어나는 것이다. 때로
는 공포나 승리감과 같은 감정 때문에 색이 변하기도 한다. 사람이
당황하면 얼굴이 빨개지는 것과 비교할 수 있다. 눈이 안 보이거나
혹은 보이는 것에 상관없이 카멜레온이 우연히 주변의 풀이나 바위
에 맞는 색으로 변해서 잡아먹히는 것을 피했을 것이라는 게 우리의
생각이다. 카멜레온은 대개 나무에서 살며, 곤충을 먹고, 알을 낳는
다. 두 눈은 서로 따로따로 움직인다.

Q 콴타스 항공 광고에 나오는 작은 곰은 무슨 종류의 동물인가?

A 코알라라고 잘 알려진 이 동물은 파스콜락토스라는 근사
한 전문명칭을 가지고 있으며, 곰보다는 캥거루에 더 가까
운 유대류의 포유동물이다. 따라서 이 종의 어미들은 새끼를 넣고
다니는 육아주머니(육아낭)를 가지고 있다. 그러나 이상하게도 이 주

머니는 앞쪽에 있는 것이 아니라 뒤쪽에 있다. 코알라는 비행기보다는 나무에서 살기를 좋아하고, 하루에 약 1.3킬로그램에 달하는 유칼립투스 잎을 먹기도 한다. 이 잎은 코알라가 먹는 유일한 먹이이다. 유칼립투스 나무가 없다면 코알라는 빠르고도 확실하게 멸종될 것이다. 한때는 모피를 얻기 위해 코알라를 사냥하는 바람에 멸종위기에 처했지만 지금은 오스트레일리아에서 법으로 엄격하게 보호받고 있다. 코알라의 수명은 20년에 달하기도 한다.

콴타스 항공은 세계에서 매우 오래된 항공사 중 하나로 오스트레일리아에서 1920년경부터 운항을 시작했다. 콴타스QANTAS는 퀸즐랜드 및 노던테리토리 항공서비스(Queensland and Northern Territory Aerial Services)의 약자이며, 물론 오늘날에는 전 세계 대륙으로 출항하고 있다.

Q 판다는 멸종위기에 처한 종인 것 같은데, 중국에서만 발견되나?

A 판다보다 더 위험에 처한 종도 찾아보기 힘들 것 같다. 현재 겨우 1,000마리 정도만 남아 있는 것으로 추정되며(세계자연기금 WWF의 2004년 발표에 의하면 전 세계 자이언트판다의 수는 약 1,600마리 정도라고 한다-옮긴이) 번식도 느리게 한다. 그리고 중국 남중부만이 판다의 유일한 서식지인 것 같다. 우리 모두 잘 알고 있듯이 판다는 전 세계 어린이와 어른들의 마음을 사로잡았다. 판다는 판다의 주요 먹이인 대나무가 우거진 산악지대의 숲속에 서식한다. 중국의 인구가 증가하면서 이들 지역은 점점 잠식되고 있다. 또한 매력적이고 화려

한 흑백 모피 때문에 사냥을 당하기도 한다. 중국 정부는 판다를 사냥하다가 잡힌 사람은 종신형에 처하고 있다.

중국은 100마리 이상의 판다를 전 세계 동물원에 주었고, 이들 동물원은 판다의 번식을 위해 많은 노력을 하고 있다. 판다는 키가 약 1.5미터까지 자라며, 수명은 잡힌 상태에서는 20년, 야생에서는 아마도 15년 정도 될 것이다. 몸무게는 대개 약 100킬로그램이다. 이상한 사실은 야생에서는 주로 대나무만을 먹고, 그 양도 하루에 약 29킬로그램이나 되지만, 잡혀 있는 것들은 채소, 곡물, 우유를 아주 잘 먹는다는 것이다. 들소가 그랬듯이 판다도 멸종위기를 벗어날 가능성이 많다. 생물학자들은 지금도 판다가 곰과인지 아메리카너구리과인지를 놓고 논쟁하고 있다. 판다를 별도의 분류 항목으로 나누는 것을 지지하는 이들도 있다.

Q 과학자들은 하얀 쥐가 미로를 다니도록 훈련시킬 수 있다. 곤충과 같이 좀더 하등한 생물의 경우에도 그런 것이 성공한 적이 있었나?

A 곤충이 본능적이고 우둔하다는 일반적인 믿음과는 반대로 자신의 실수에서 배울 수 있다는 증거가 많이 등장하고 있다. 미국 일리노이 대학교의 실험에서 사마귀에게 두 종류의 노린재류를 먹이로 먹였다. 하나는 독이 들어간 것으로 사마귀에게는 맛이 없는 것 같았고 따라서 사마귀는 그 먹이를 거부했다. 결국에 가서는 독이 없는 해바라기 씨를 먹고 자란 노린재도 거부했다. 또한 노린재같이 보이도록 위장한 곤충도 먹지 않았다. 곤충이 우리가 생각

하는 것보다 더 똑똑할 수도 있다는 것을 보여주는 다른 예는 많다. 그러나 우리가 알고 있는 한 쥐와 똑같은 효율로 미로를 다닐 수 있는 곤충은 없다. 인류가 멸종하면 이 세계를 곤충들이 장악하게 될 것이라는 주장은 너무 그렇게 엉뚱한 것만은 아닐지도 모른다.

Q 웃을 수 있는 동물도 있나? 하이에나도 웃는다고 알고 있는데, 아마도 자신의 비겁함에 대한 비웃음일 것이다.

A 하이에나가 웃는 것은, 혹은 웃는 것처럼 보이는 것은 재미난 이야기를 들어서가 아니다. 그것은 동물이 가지고 있는 자연스러운 충동이다. 이런 것은 실험실에서 연구하는 과학자들에게는 매우 어려운 일이다. 약간의 전기충격으로 쉽게 유도되는 동물의 공포와 분노 같은 반응이 오히려 더 알아내기 쉽다. 그러나 쥐가 유머러스한 상황에서 어떻게 행동하며, 쥐가 기분이 좋다는 것을 어떻게 알아낼 수 있을까? 감정의 표현인 웃음과 미소를 짓는 일은 우리가 행복이라고 하는 것의 일부분이다. 우리 모두는 개와 고양이들이 노는 것을 본 적이 있다. 개와 고양이들이 즐거워한다는 것은 확실하지만 과연 웃고 있나? 아마도 인간들은 더 뛰어난 인지, 지능, 반사력 덕택에 하등동물보다 더 예민한 수준까지 유머를 발전시켰는지도 모른다. 간단히 말해 유머의 본질인 앞뒤가 맞지 않는 상황에 대해 웃음을 터뜨리는 유일한 존재는 아마도 인간일 것이다.

하이에나는 소심하고 내향적일지도 모르지만 겁쟁이는 아니다. 배가 고프거나 새끼가 위협에 처하면 하이에나는 무섭고 위험한 존재로 변한다. 하이에나가 형편없는 평판을 듣는 주된 이유는 야행성

습관과 사자 같은 동물들이 죽인 다른 동물의 잔해를 먹기 때문이다. 하이에나는 흔히 사자의 뒤를 쫓아다니며 사자가 남긴 것을 먹어치운다. 어둠 속에서 사체를 먹는 이러한 습성 때문에 하이에나는 악과 악마를 연상시키게 되었다. 또한 하이에나가 웃으면서 짖어대는 소리는 마치 사람 소리처럼 들리기도 하여 사람이 사악한 목적을 위해 하이에나로 변한다는 이야기가 생겨났다. 그러나 하이에나는 야생에서 길을 잃은 사람들을 안전하게 인도하기도 한다고 알려져 있기도 하다.

Q 곰들은 진짜로 겨울 내내 잠을 잘까? 어떻게 굶어죽지 않는 것일까?

A 포유류는 물론 수많은 곤충, 양서류, 파충류 등이 겨울잠을 잔다. 그러나 곰은 겨울 내내 잠을 자는 진정한 동면 동물은 아니다. 곰은 큰곰(그리즐리베어)에서 불곰, 북극곰에 이르기까지 그 종류가 많다. 곰은 매우 추운 기후에서 살며, 1년 중 대부분의 시간에 지방을 축적하고 겨울이 오면 잠을 자는데, 불규칙한 간격으로 잠을 깨서 돌아다니지만 거의 먹지는 않는다. 봄이 되면 곰의 내장관은 부분적으로 허탈 상태에 빠진다.

곰은 다양하지만, 꿀과 같이 단 것을 좋아하며 충치가 있는 얼마 안 되는 야생동물 중 하나이다. 많은 북극곰들은 한번도 땅에 발을 디디지 않고 평생을 수영하고 커다란 빙판 조각 위에서 살며 지낸다는 점에서 흥미롭다. 곰은 자신을 보호하고 새끼를 낳기 위해 얼음 속이나 나무 아래 굴을 만들거나 편리한 동굴을 집으로 삼기도 한다. 곰은 사람과 마찬가지로 구할 수 있는 것이라면 고기이건 혹은 다른 먹이이건 모두 먹어치우는 잡식성 동물이다.

A 둘 모두 생물학자들이 토끼과(Leporidae)라고 하는 같은 과에 속하기는 하지만 차이가 있다. 태어났을 때 집토끼는 털이 없고 눈은 감고 있으며 아무런 힘도 없다. 반면 산토끼는 눈을 뜨고 털을 두른 채 태어나며, 태어나서 몇 분 이내에 깡충거리며 돌아다닐 수 있다. 또 산토끼의 귀가 더 길다. 귀가 머리보다 더 긴 토끼는 산토끼이다. 잭래빗도 산토끼의 또 다른 이름이다. 그런 이름을 갖게 된 것은 그 귀가 당나귀의 긴 귀를 닮았기 때문이다(잭애스(수컷당나귀)/잭래빗). 잘 알고 있듯이 집토끼(그리고 산토끼)는 번식력이 뛰어나다. 한 번에 여덟 마리의 새끼를 낳을 수 있는 이 설치류가 임신에서 새끼를 낳는 데 걸리는 시간은 30일밖에 되지 않기 때문이다. 따라서 암토끼는 1년에 여러 번 새끼를 낳을 수 있다. 집토끼는 식량 공급원이자 펠트 모자, 모피 코트의 공급원으로서 인간에게 유익한 동물이었다. 그러나 폭식하는 습성 때문에 농작물을 망쳐놓을 수도 있다. 우리가 분석해본 결과, 부활절에 어린이들에게 계란을 더 많이 가져다주는 것은 산토끼가 아니라 집토끼이다.

Q 낙타는 물 없이 얼마나 오래 갈 수 있나? 낙타가 멍청하다
는 게 사실인가?

A 최근에 낙타의 지능지수 검사를 한 적은 없지만 낙타는 진
짜 대단한 동물이다. 낙타는 물 한 방울 없이도 17일이나
버틸 수 있다. 약 226킬로그램의 짐을 운반하면서 3일 동안 약 120
킬로미터를 갈 수 있다. 그럴 수 있는 데에는 비밀이 있다. 낙타는
혹에 많은 양의 지방을 가지고 있으며, 산화작용을 통해 이 지방에
서 물을 만들어내는 능력을 가지고 있다. 그렇다고 해서 낙타가 갈
증을 느끼지 않는 것은 아니다. 오랫동안 물을 마시지 못한 뒤에 물
을 마실 기회가 생기면 약 94리터의 물을 빨아들일 수 있다. 낙타는
40년까지 살 수 있다. 이상하게도 낙타는 북아메리카에서 생겨났지
만 지금은 더 이상 그곳에 존재하지 않는다. 낙타는 속눈썹이 아주
예쁘다. 하지만 너무 가까이서 보려고 하지 않는 게 좋다. 낙타에게
침 세례를 받을 수 있기 때문이다.

Q 늑대 무리가 사람을 죽이고 먹어치운 일이 진짜 있었나?

A 그런 일은 들어보지 못했다. 늑대가 게걸스러운 식욕을 가
지고 있기는 하지만 인간의 살코기는 늑대가 정상적으로
먹는 식단에 들어 있지 않다. 20마리 이상의 늑대들이 썰매를 추격
한다거나 눈 덮인 숲에 있는 사냥꾼의 오두막집을 둘러싼다는 것은
순전한 허구이다. 흔한 종인 팀버울프는 다섯 혹은 여섯 마리씩 무

리를 지어 다닌다. 양이나 다른 가축들을 좋아하는 것은 사실이지만 주로 먹는 것은 토끼와 여러 설치류들이다. 가끔 사슴, 엘크, 말과 같이 좀더 커다란 먹이를 쫓아다니기도 한다. 늑대가 인간을 먹는다는 것은 늑대가 많던 옛날 전쟁터에서 늑대들이 죽은 사람의 시체 주변을 코를 킁킁거리며 돌아다니던 모습에서 유래된 것 같다. 오히려 늑대가 사람들에 대해서 불만을 품고 있을지도 모르겠다. 인간은 영국과 서유럽에서 늑대를 전멸시켰으며, 북아메리카에서도 거의 그러하다. 늑대가 양이나 여러 가축 무리를 공격한 곳에서 사람들은 비행기를 타고 늑대를 추적하여 죽여 없앴다. 늑대가 종종 잔인함의 상징으로 표현되기도 하지만 친절한 늑대 이야기도 많이 있다.

Q 친구 중에 사슴 사냥꾼이 있는데 사슴은 쓸개가 없다고 한다. 쓸개가 없이 어떻게 살 수 있을까?

A 사슴뿐 아니라 쥐, 말, 심지어 비둘기도 쓸개(담낭)가 없다. 쓸개가 유용한 것이기는 하지만 유기체의 생존에 필수적인 것은 아니라고 말할 수 있겠다. 기본적으로 쓸개는 담즙을 저장하는 곳이다. 담즙은 간에서 분비되는 녹색 혹은 노란색이 감도는 알칼리성 분비액으로 소화, 특히 지방의 소화를 돕는다.

인간의 경우, 소장에 음식이 없으면 몸은 다른 음식을 먹기 전까지 담즙을 쓸개에 보관한다. 쓸개는 농축된 담즙을 거의 59ml까지 보관할 수 있다. 이것이 어떤 사람에게는 문제가 되기도 한다. 담즙이 담석이라는 결정체를 만들게 되면 문제를 일으키게 되는 것이다. 다행히도 쓸개는 외과적으로 제거될 수 있으며, 이런 수술을 받은 사람은 정상적으로 기능하게 된다. 사슴과 일부 동물에서는 담즙이 간에서 소화관으로 직접 이동한다. 사슴은 담석 문제는 피할 수 있을지 모르지만 우리처럼 관절염에 걸리기도 한다.

A 그렇지 않다. 기린은 낮은 신음소리를 내지만 좀처럼 들리지 않는다. 그래서 기린이 완전히 침묵하는 동물이라고 흔히들 생각하게 되었다. 그럼에도 불구하고 기린은 놀랍고 우아한 동물이며, 살아 있는 포유류 중 가장 키가 크다. 기린은 거의 전적으로 아카시아 잎에 의지해서 생명을 보존하는데, 약 45센티미터나 되는 혀의 도움을 받아 아카시아 잎을 삼킨다. 보기에는 볼품없을지 모르지만 기린은 시속 약 48킬로미터의 속도로 움직일 수 있으며, 튼튼한 다리로 발차기를 하여 스스로를 보호한다. 그럼에도 불구하고 사자는 인간 다음가는 기린의 주적이다. 기린의 목이 긴 것은 나무꼭대기에 있는 것을 먹기 위해 목을 죽 뻗은 결과라는 말은 아무런 과학적 근거가 없다. 19세기에 일부 과학자들은 길어진 목과 같은 획득 형질이 자손에게 전해질 수 있다고 주장했다. 다시 말해 그들은 사용하지 않은 형질은 사라진다고 생각했다. 이것을 용불용설이라고 한다. 그러나 증거가 부족했기 때문에 과학자들은 이 가설을 폐기해버렸다.

A　여우가 속해 있는 개과의 동물들은 영리하다. 게다가 여우는 평균 이상의 청각, 시각, 후각 능력을 가지고 있다. 이러한 장점을 지니고 있다면 어떤 동물이라도 사냥개에게 쫓길 때 영리해 보일 것이다. 다양한 종류의 여우가 있지만 가장 흔한 것은 붉은 여우와 회색 여우이다. 붉은 여우가 더 영리해 보이지만 회색 여우는 나무를 탈 줄 안다. 전반적으로 소심하고 수줍어하는 동물인 여우는 주로 설치류와 토끼를 먹고 살지만 기회가 있다면 농부들의 닭도 해치운다. 실제로 인간은 여우의 주적인데, 이는 은빛 여우와 같이 다양한 여우들의 털을 갖고 싶어하는 사람들이 있기 때문이다. 그러나 여우는 몹시 해로운 쥐들을 잡아먹음으로써 인간을 도와주고 있다. 여우는 사육될 수도 있다.

Q　고양이들은 왜 가르랑거리는 소리를 낼까?

A　경험에 의하면, 고양이는 만족스러울 때 가르랑거리는 소리를 내는 것 같다. 하지만 굉장히 고통을 느낄 때에도 그런 소리를 내는 것으로 알려져 있다. 많은 전문가들은 떨어서 내는 신호인 가르랑거리는 소리가 고양이 새끼로 하여금 어미에게 와서 젖을 먹도록 불러들이는 수단이라는 것에 동의한다. 고양이과의 모든 동물들이 가르랑거리는 소리를 내는 것은 아니다. 사자와 커다란 고양이들은 대신 으르렁거린다. 흔히 고양이는 물을 싫어하고 헤엄

을 칠 수 없다고 이야기한다. 그러나 실제로 많은 고양이들은 물을 좋아하며 헤엄도 꽤 잘 친다. 고양이들이 좋아하지 않는 것은 갑자기 찬 물을 끼얹거나 찬 물에 잠기게 되는 것으로 이런 태도는 우리도 이해할 수 있는 것이다. 고양이과에 속하는 치타는 가장 빠른 포유동물로서, 순간 속력이 시속 약 112킬로미터까지 이른다.

Q 하얀 코끼리가 있을까? 하얀 코끼리는 왜 불운한 것으로 여겨지나?

A 하얀 코끼리는 존재하기는 하지만 드물다. 이런 코끼리들은 알비노(머리카락이나 피부에 색소가 결핍된 것을 말함—옮긴이) 코끼리들로, 대부분 태국과 버마에서 발견된다. 깜짝 놀랄 정도의 흰색을 띠기보다는 회색빛이 도는 흰색을 띠며 분홍빛 눈을 가지고 있다. 19세기의 위대한 흥행사였던 P. T. 바넘은 자신의 유명한 서커스에서 관객들에게 가장 희한한 생물들을 보여주기 위해 많은 돈을 들여 하얀 코끼리를 사왔다. 알비노이건 아니건 간에 그러한 코끼리는 관리하는 데에도 돈이 많이 든다. 왜냐하면 매일 약 230킬로그램에 달하는 먹이를 먹어치우고 약 190리터나 되는 물을 마시기 때문이다. 바넘에게는 안 된 일이었지만 그가 사들인 하얀 코끼리는 대중을 끌어들이기에는 실망스러웠다. 바넘은 손해를 봤을 뿐 아니라 그 코끼리를 사겠다는 사람도 찾을 수가 없었다. 그래서 뭔가 유지하는 데 돈이 많이 들고 처치곤란한 것을 가지고 있다는 뜻의 "하얀 코끼리를 가지고 있다(have a white elephant)"라는 표현이 생겨났다. 바넘이 결국 어떻게 그 동물을 처치했는지는 잘 모르겠다.

A 그것은 잘못된 이야기이다. 박쥐는 음향측정 체제를 가지고 있어 사람의 머리카락뿐 아니라 다른 신체 부위도 쉽게 피할 수 있다. 아마도 이런 이야기가 나오게 된 것은 박쥐가 동면을 할 때 동작이 느려지고 날아다니는 능력을 완전히 통제하지 못하기 때문일 것이다. 이러한 상황에서는 불안정한 박쥐가 때로 사람의 머리에 부닥칠 수도 있다. 서양 문화에서는 박쥐를 묘지, 어둠, 악한 것들과 연관짓는다. 악마는 박쥐의 날개를 가지고 있지만 천사들은 그렇지 않다. 그러나 이상하게도 중국인들은 박쥐를 행복과 장수의 상징으로 여긴다. 이게 더 논리적인 생각이다. 왜냐하면 작은 포유류인 박쥐의 수명이 길기 때문이다. 어떤 것은 수명이 21년이나 되기도 한다. 잘 알려져 있지 않은 박쥐에 관한 또 한 가지 사실은 박쥐의 귀소본능이 비둘기의 귀소본능과 막상막하라는 것이다. 조그마한 갈색 박쥐가 하룻밤 만에 약 96킬로미터나 날아서 집으로 돌아왔다. 그것도 눈을 가리고 말이다! 박쥐에 관해서 우리가 또 좋아하는 점은 하룻밤 동안 박쥐가 무려 천 마리나 되는 모기를 먹어치울 수 있다는 사실이다.

A 때로는 벌에 쏘이기도 하지만 숙련된 사람들 중에는 보호
장갑을 끼지 않고 일하는 것을 더 좋아하는 이들도 있다.
그들은 머리에서 어깨까지 내려오는 베일을 쓰며, 벌들을 가만히
있게 하기 위해 일반적으로 연기를 뿜어대는 도구를 가지고 일한
다. 양봉하는 사람들은 또한 천천히 침착하게 움직이면 벌들을 흥
분시키지 않는다는 것을 알아냈다. 또한 사람이 만든 벌집에 살게
할 벌들은 가장 많은 꿀을 만들어내고 가장 순한 벌들 중에서 고른
다. 벌집 하나는 한 계절에 약 13~18킬로그램의 꿀을 만들어낸다.
양봉하는 사람들은 벌에 쏘이는 것보다 다른 것들에 대해 더 많은
걱정을 한다. 스컹크, 두꺼비, 쥐와 같은 침입자들이 접근하지 못하
게 해야 하는데, 이들은 벌집만 침입하는 것이 아니라 벌들까지 먹
어치운다.

벌들이 꽃에서 모은 넥타는 벌의 꿀주머니에서 꿀로 바뀐다. 그
과정에서 자당(수크로오스)이 과당(프룩토오스)과 포도당(덱스트로오스)으
로 전환된다. 따라서 꿀은 기본적으로 당이다. 반면 로열젤리는 일
벌의 침샘에서 직접 분비되며, 일부 암컷벌이 그것을 먹고 여왕벌(처
음부터 여왕으로 태어나는 게 아니다)이 된다. 로열젤리는 영양분이 많은데,
탄수화물, 단백질, 그리고 심지어 비타민까지 들어 있다. 부산물인
밀랍은 벌집을 만드는 것 외에도 그 용도가 다양하여, 마루왁스, 왁
스 종이, 초 등을 만드는 데 쓰인다. 밀랍을 사용해야 하는 종교의식
도 있다.

Q 과실파리가 많은 이유는 무엇일까? 어딘지도 모르는 곳에
   서 나타나는 것 같다.

A 우리가 과실파리라고 부르는 경향이 있는 것들은 진짜 과
   실파리가 아니며 드로소필라Drosophila라는 라틴 명을 가진
초파리이다. 이들은 상하거나 익은 과일에 엄청나게 많은 수의 알을
낳는데, 보통 짧은 시간 안에 수천 마리의 새끼를 낳는다. 짧은 시간
이라고 한 이유는 이 작은 파리들은 생활사가 겨우 2주밖에 되지 않
기 때문이다. 드로소필라와 진짜 과실파리들, 특히 지중해 과실파리
는 귤 작물에 상당한 피해를 입힌다. 그럼에도 불구하고 드로소필라
는 그 생활사가 짧고 커다란 염색체 때문에 관찰과 연구가 쉬워서
과학자들에게 매우 유용하다. 이 초파리들에 대한 연구에서 우리는
유전학과 진화에 관한 상당한 지식을 얻어냈다.

Q 이빨을 가진 새들도 있을까?

A 오늘날 살아 있는 새들 중에서 이빨을 가지고 있는 것은
   없다. 어떤 것들은 부리에 이빨과 같이 튀어나오거나 톱니
모양의 자국 같은 것을 가지고 있기도 하지만 이게 진정한 이빨은
아니다. 실제로 최초의 새들은 이빨을 가지고 있었으며 공룡과 가까
운 친척뻘이었다. 최초의 새는 까마귀만한 크기에 완전한 이빨을 가
지고 있었다. 그러한 화석표본이 남부 독일에서 발견되었는데 깃털
이 보일 정도로 훌륭하게 보존된 상태였다. 그렇지 않았더라면 파충

류로 분류되었을지도 모른다. 이 생물에게 붙여진 이름은 시조새였다. 약 1억 5,000만 년 전부터 시작된 새들은 번성하여 크기도 더 커졌으며 대부분은 이빨을 가지고 있었고, 몇몇은 타조보다도 더 컸다. 어떤 종은 그 길이가 약 33센티미터나 되는 알을 낳았다. 이 행성에 사람 한 명당 25마리에 해당하는 새들, 즉 1,000억 마리의 새들이 있다는 사실은 새들의 대단한 성공을 말해준다. 이런 점에도 불구하고 미국흰두루미, 캘리포니아 콘돌과 같은 새들은 멸종위기에 처해 있다. 하늘을 가려 어둡게 했던 나그네비둘기도 지금은 멸종했다.

A 이 문제는 자세히 파고들수록 결론이 나지 않는다. 어떤 이들은 시속 약 289킬로미터로 급강하하는 것으로 기록된 매가 가장 빠르다고 말한다. 또 어떤 이들은 칼새가 가장 빠르다고 주장한다. 바늘꼬리칼새류 두 마리가 각각 시속 약 276킬로미터, 350킬로미터로 날아가는 것이 기록되었지만 어떤 상황에서였는지는 알려져 있지 않다. 또 다른 후보로 시속 약 257킬로미터까지 나는 군함조류가 있다. 그러나 비행속도에 관한 많은 보고는 강풍을 타고 날아가는 새의 속도가 아니었다면 과장된 것처럼 보인다. 새들은 위험에 처하거나 놀랐을 때, 혹은 배가 고플 때 더 빨리 날기도 한다.

군함조류(frigatebird)는 스스로 먹이를 잡을 능력이 완벽하게 있지만 다른 새들이 잡은 물고기를 공중에서 약탈하는 습성 때문에 그런 이름이 붙여졌다. 프리깃frigate이라는 단어는 17, 18세기의 쾌속 전함을 일컫는 말이다. 폴리네시아 인들은 군함조류를 이용하여 소식을 주고받았다. 날개길이가 8피트(약 2미터)나 되는 군함조류도 빠르기는 하지만 어떤 새가 가장 빠른지는 후보새들을 모아놓고 올림픽을 열지 않는 이상 알 수 없을 것이다.

A 비둘기의 먼 친척뻘인 도도는 멸종한 새이다. 한때는 아프리카 동쪽의 인도양에 있는 모리셔스와 레위니옹에 서식했다. 도도는 사람과의 접촉으로 인해 멸종에 이른 생물 중 하나이다. 이들 섬에 온 정착민들은 돼지도 함께 데리고 왔는데, 이 돼지들이 도도의 알을 즐겨 먹었던 것으로 보인다. 이로 인해 17세기에 도도는 완전히 사라지게 되었다. 도도는 칠면조만한 크기였으며 날지 못했고, 다소 투박했다. 살아 있는 표본이 유럽에 보내지긴 했지만 우리가 알기로는 유럽의 어떤 박물관에도 완벽한 모습의 도도가 전시되어 있지는 않다. 그러나 뉴욕에 있는 미국 자연사박물관에는 도도의 표본이 전시되어 있다.

A 굉장히 겁이 많은 타조가 아닌 이상 그런 일은 일어나지 않으며, 설사 겁이 많다 해도 그런 행동을 하리라는 것은 의심스럽다. 아마도 타조의 행동을 잘못 관찰했거나 부주의한 결론을 내려서 그런 말이 나왔을 가능성이 더 높다. 타조가 땅이나 수풀에 있는 먹이를 찾기 위해서는 길고 가느다란 목을 구부려야만 하는데, 이 때문에 모래에 목을 파묻고 숨으려 한다는 이야기가 나오게 된 것 같다. 또한 타조는 종종 다리를 접고 앉는데, 이때 머리와 목을 바닥에 늘어뜨리고 예리한 시력으로 주위를 관찰한다. 멀리서 이 광경을 보는 사람에게는 몸만 보이고 머리와 목은 묻힌 것처럼 보였다. 사실 타조는 주목할 만한 가치가 있는 새이다. 타조는 발가락 두 개를 가진 유일한 동물이며, 약 1킬로그램이나 되는 엄청난 알을 낳는 것으로 알려져 있다. 살아 있는 새들 중에 가장 크며, 놀랐을 경우 시속 약 64킬로미터의 속도로 달아날 수 있다.

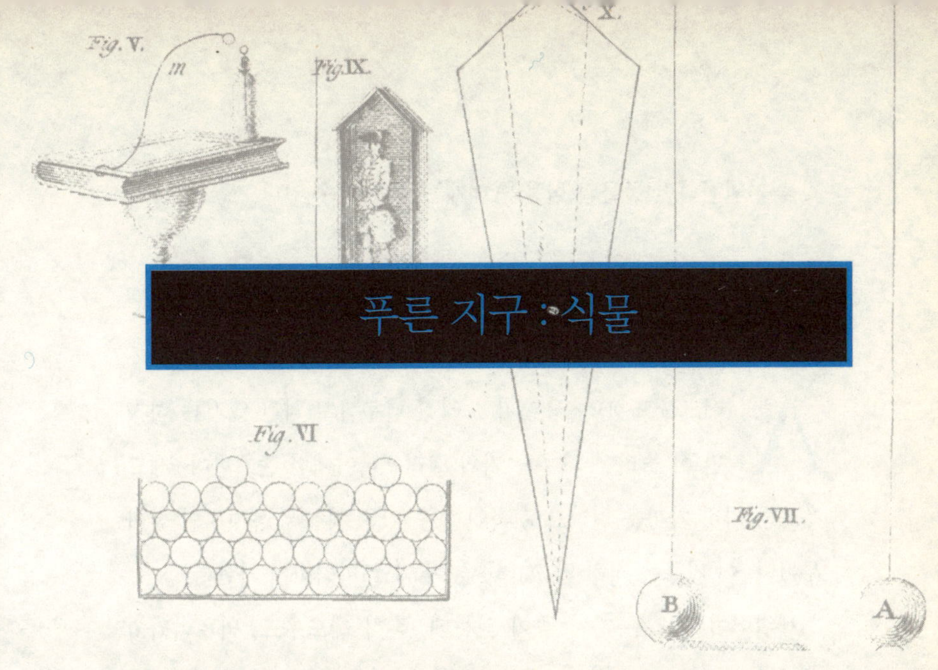

푸른 지구 : 식물

Q 식물과 동물의 가장 큰 차이는 무엇인가?

A 식물은 광합성과 엽록소에서 에너지를 만들어낸다. 또한 식물은 뿌리를 가지고 있으며, 섬유소가 식물의 구조를 지지해준다. 반면 동물은 유기물질, 즉 식물과 동물을 소화 흡수함으로써 에너지를 얻어낸다. 동물은 대개 고정되어 있지 않고 움직이며, 흔히 뼈로 된 외부 혹은 내부 골격으로 지탱된다.

그러나 공통점도 있다. 파리지옥과 같이 많은 식물 종들이 육식성이다. 바다의 식물성 플랑크톤처럼 어떤 것들은 이동하기도 한다. 무성이 아니라 암수 구별되는 식물도 종종 있다. 많은 동물들이 뿌리를 내린 것처럼 고착되어 있기도 하다. 대합조개, 굴, 산호 등이 그런 예이다. 또한 박테리아, 바이러스 및 기타 여러 생물체는 식물인지 동물인지 분류가 어렵다. 그러나 대부분의 식물이 녹색이라는 것을 기억한다면 동물과 식물을 대개는 구분할 수 있다.

A 레드우드(미국 삼나무)가 오리건 남부까지 약간 있기는 하지만 이 놀라운 나무는 거의 캘리포니아에만 존재한다. 레드우드와 가장 가까운 친척으로 확인할 수 있는 것은 극동지방의 삼나무이다. 이 나무는 직경 약 7미터, 높이 약 45미터까지 자란다.

세쿼이아에는 두 가지 종이 있는데, 흔히 레드우드, 빅트리라고 알려져 있다. 둘 모두 미국의 레드우드 국립공원이나 세쿼이아 국립공원에서 볼 수 있다. 세쿼이아 국립공원에서 가장 인상적인 나무는 제너럴 셔먼 트리이다. 이 나무는 높이가 약 82미터, 직경이 약 9미터, 둘레가 약 30미터나 되며, 6,000톤이 넘는 목재를 가지고 있다. 다른 나무들은 높이가 약 91미터가 넘지만 좀더 홀쭉하다. 제너럴 셔먼 트리는 약 4,000년 된 나무로 강털소나무에 이어 두번째로 가장 오래된 것이다. 이러한 거목들은 한때 북반구에 널리 퍼져 있었지만 그것은 1억 5,000만 년 전의 일이다. 이상한 일이지만, 이들은 목재로써는 소용이 없다. 부서지기 쉽고 쳤을 때 파편으로 산산조각이 난다. 아마도 그래서 지금까지 살아남았는지도 모르겠다.

세쿼이아는 체로키 문자를 만들어낸 체로키 인디언 세쿼이아를 기려서 붙인 이름이다.

Q   수백 년 된 씨앗에서 식물이 자라날 수 있나?

A 식물마다 그 씨앗의 수명이 매우 다르긴 하지만, 수백 년
된 씨앗에서 식물이 자라날 수 있다. 어떤 씨앗은 겨우 며
칠밖에 살지 못하고 싹이 틀 수 있는 힘을 잃어버리지만 어떤 것은
그 수명이 몇 년씩 유지되기도 한다. 만주의 토탄 습지에서 약 1,000
년 정도 된 것으로 추정되는 연의 씨앗이 발견되었는데, 실제로 이
씨앗은 꽃을 피웠다. 뿌리를 내려 널리 퍼지고 과밀한 것을 피하기
위해서는 씨앗이 멀리 날아가는 것이 중요하다. 바람은 씨앗을 널리
퍼뜨리는 유익한 매개체이다. 약 914미터 고지에서도 풀의 씨가 발
견되었으며, 조그만 민들레 씨앗이 바람에 날아다닌다는 것은 모든
사람들이 잘 알고 있다. 코코넛의 경우처럼 씨앗은 물을 통해서도
퍼지며, 또 어떤 씨앗은 새와 같은 동물들에 의해서 새로운 곳으로
운반된다.

Q   우림지역이 파괴되는 주요한 원인은 무엇이었나?

A 우림지역이 눈에 띄게 줄어든 것은 주로 인간의 활동 때문
이었다. 남아메리카의 아마존 분지는 목재, 특히 마호가니
와 삼나무 등의 벌채 때문에 큰 영향을 받았다. 여기에다 사람들의
거주지를 만들기 위해 개간하고 가축을 방목하는 일이 일어난다. 국
토의 40%가 우림지대인 브라질에서는 급증하는 인구로 인해 주거
공간에 대한 필요성이 매우 높다. 그 결과 지구의 적도대를 두르고

있는 거대한 생태계인 우림은 그 감소 크기와 그 안에 들어 있는 풍부하고 다양한 동식물의 멸종 차원에서 가장 위협받는 생태계가 되었다.

우림은 주요한 요소인 강우량이 연간 70인치(1,778밀리미터)를 초과하는 덥고 습한 기후에서 가장 잘 생존한다. 어떤 면에서 우림은 기후가 덥고 습했던 공룡시대의 잔해이다. 왜냐하면 이들 지역에는 지구상에서 가장 원시적인 식물들이 있기 때문이다. 그러나 후에 기후가 차가워지면서 우림은 적도지역으로 줄어들었다. 속씨식물(꽃을 피우는 식물, 열매, 견과류 포함)이 우림에서 기원했다는 것은 주목할 만한 일이다. 포유류의 중요성이 높아진 것은 약 6,000만 년 전에 속씨식물이 퍼져나간 것과 때를 같이했다.

Q 병마개로 사용되는 것과 같은 코르크는 무엇에서 만들어지나?

A 코르크는 지중해 지역, 특히 스페인, 포르투갈, 북아프리카 등에서 발견되는 참나무 종류의 껍질이다. 코르크는 공기방울로 가득 차 있는데, 이러한 공기방울은 참나무를 변화무쌍한 날씨로부터 격리시켜준다. 나무 수명이 50년이 지나기 전까지는 코르크가 그렇게 많이 만들어지지 않는다. 코르크를 잘라서, 예를 들어, 병마개를 만들 때 공기방울도 함께 잘리면서 석션 컵(편평한 표면에 누르면 흡입에 의해 부착되는 것을 말함-옮긴이)이 만들어져 병에 밀착할 수 있게 만든다. 코르크는 밀도가 물의 1/5밖에 되지 않아서 병마개는 물론 구멍구로도 유용하다. 또한 단열성과 방음성도 훌륭하다.

Q 세 명의 동방박사들이 금, 유향, 몰약을 가져왔다. 몰약이
무엇인가? 귀한 것인가?

A 몰약(myrrh)은 몰약나무에서 추출한 고무 수지이다. 몰약나
무는 키가 약 1.2~6미터 정도 되는 땅딸막한 나무로 소말
리아와 일부 중동 국가에서 발견된다. 흘러나온 몰약은 작고 불규칙
한 덩어리로 굳어진다. 수세기 전 유럽 사람들은 향료로 쓰기 위해
몰약을 찾았다. 그러나 맛은 쓰다. 사실 아랍 어로 무르murr는 "맛이
쓰다"라는 뜻을 가지고 있다. 몰약은 방부제로 사용되기도 했다. 오
늘날 그 가치는 별로 없다. 몰약의 새로운 용도는 크리스마스 트리
장식물로 사용되는 것인데, 몇 개의 작은 몰약 덩어리를 투명한 플
라스틱 공에 넣어 사용한다.

Q 나는 캐슈를 좋아하는데, 땅콩처럼 자라는지 궁금하다.

A 땅콩과는 달리 캐슈는 키가 약 12미터에 달하기도 하는 나
무에서 자란다. 중남미에서 기원한 이 나무는 열대나 아열
대 지역에서 가장 잘 자란다. 15세기에 선교사들이 이 나무를 신세
계에서 동아프리카와 인도로 가져왔다. 질문자가 먹는 캐슈는 아마
도 인도 산일 것으로 생각되며, 수입하는 데 소요되는 비용으로 인
해 가격이 비교적 높다.

캐슈가 나무에서 떨어져나올 때 모습은 한쪽 끝이 불쑥 삐져나온
살구만한 크기의 열매를 상상하면 된다. 애플이라고 하는 이 열매는

잼과 젤리를 만드는 데 사용된다. 캐슈는 이중으로 된 껍질을 가지고 있고 그 안에 피부 발진을 일으킬 수도 있는 자극적인 기름이 들어 있다. 이런 사실은 캐슈를 좋아하는 대부분의 사람들에게 잘 알려져 있지는 않지만, 이는 캐슈가 옻나무과의 한 종류이기 때문이다. 특수한 오븐에서 처리하여 이런 문제는 해결되었다. 그러나 이런 독성 기름은 살충제, 윤활제와 같은 상업적 용도를 가지고 있다. 또 이것을 사용하여 플라스틱을 만들기도 한다. 연간 약 50만 톤의 캐슈가 생산된다. 땅콩(피넛)은 진정한 의미의 견과(너트)는 아니다. 코코넛과 브라질넛도 마찬가지이다.

Q 레몬 나무는 어디에서 발견되나?

A 이탈리아와 북아프리카와 같은 지중해 지역 전역에 걸쳐 발견되며, 미국 남서부에서도 발견된다. 대부분 재배되는 레몬 나무는 키가 약 4.5~7.6미터 정도 되며 믿기 어려울 정도로 많은 수의 레몬이 열린다. 어떤 것에는 한 해에 7,000개의 레몬이 열리기도 한다. 평균 열리는 수는 1,500개이다. 레몬 나무의 기원에 대해서는 확실하게 알려져 있지 않다. 옛날에 십자군들이 팔레스타인에서 레몬 나무를 발견하고 유럽으로 가져왔다. 중국과 인도에서는 드물다. 오늘날 이탈리아는 주요 레몬 생산국이지만, 이상하게도 고대 로마 시대에는 레몬이 없었다. 어떤 문화권에서는 레몬이 주술적인 힘을 지녔다고 생각한다. 레몬에 철 못을 몇 개 박으면 악한 눈(남을 해치거나 불운을 가져오는 초자연적인 힘을 가졌다고 믿어지는 눈초리—옮긴이)을 막아낼 수 있다고 한다.

레몬의 맛과 향은 껍질의 지방분비선에서 발견되는 알데히드와 에스테르의 유기화합물 때문에 생긴다. 추출한 즙은 증발시켜 3:1 에서 6:1의 비율로 농축된다. 레몬에는 비타민 C가 풍부한데, 이를 보존하기 위해 신선하게 짠 즙을 탱크로 옮겨 진공상태로 보관한다. 그렇지 않으면 비타민 C는 산화작용에 의해 파괴된다. 레몬의 주용 도 중 하나는 레모네이드를 만드는 것이며, 예상하겠지만 여름 날씨 가 더울수록 레몬은 더 잘 팔린다. 추측하겠지만 레몬은 "청량제"로 서 명성이 높아서 비누, 향수, 가구 광택제와 같은 제품에서도 그 인 기가 높다.

Q   초콜릿은 무엇으로 만들어지나?

A 초콜릿은 미국에서 가장 인기 있는 제과 제품으로 다른 어 떤 나라보다 더 많은 양의 초콜릿이 미국에서 소비되고 있 다. 초콜릿의 원료는 카카오(코코아) 나무로, 카카오는 열대지역에서 자라며 키가 약 12미터까지 자랄 수 있다. 이 나무에 오이를 닮은 오 렌지 빛 노란색과 붉은 색이 감도는 꼬투리가 생기는데, 이것이 익 으면 따서 열 수 있다. 그 안에는 25개에서 50개에 이르는 아몬드 모양의 씨앗 혹은 콩이 들어 있으며, 이것을 볶아서 간 것이 초콜릿 원료가 된다. 이러한 농축가루에 바닐라, 우유, 설탕 및 기타 첨가물 을 넣으면 우리가 잘 아는 다양한 종류의 초콜릿이 만들어진다.

아스텍 인과 마야 인들은 초콜릿을 수세기 동안 사용했으며, 카카 오 콩을 돈으로 사용하기도 했다. 아메리카에 온 콜럼버스와 코르테 스가 카카오 열매를 스페인으로 가져갔는데, 스페인에서 카카오는

100년 넘게 탐나는 비밀이자 귀중한 음료였다. 그러나 카카오를 손에 넣은 프랑스 인들과 영국인들은 향을 개선시키기 위해 설탕과 우유를 넣었다. 그 가격은 너무 비싸서 부자들만이 살 수 있을 정도였다. 19세기 중엽이 되어서야 비로소 초콜릿은 전 세계적으로 널리 퍼지게 되었다. 평균적인 초콜릿 바 한 개에는 초콜릿만큼의 설탕이 들어 있으며, 초콜릿 약 450그램을 먹으면 약 2,300칼로리를 소비한 것이 된다. 그러나 초콜릿에는 약 18%의 단백질도 들어 있다.

Q 오렌지 나무는 얼마나 오래 오렌지 열매를 맺을 수 있을까?

A 평균적인 오렌지 나무 한 그루는 50년 동안 열매를 맺을 수 있다. 그러나 80년씩 열매를 맺는 경우도 드물지 않으며, 몇몇은 1세기가 넘도록 여전히 열매를 맺는다고 알려져 있다. 오렌지 나무는 키가 약 6미터 정도 되지만 어떤 것들은 약 9미터까지 자라기도 한다. 오렌지 나무는 일반적으로 아열대 환경에서 다양한 종류의 토양에서 잘 자란다. 오렌지를 재배하는 사람들은 서리가 내리는 것을 걱정하지만 약간의 서리는 오렌지의 맛과 단단한 정도면에서 유익할 수도 있다. 오렌지는 수천 년 동안 알려져 있었으며, 원래는 동남아시아에서 생겨나 인도, 아프리카, 지중해 동부지역으로 퍼져갔다. 그러나 오늘날 오렌지 주요 생산국은 미국이다. 탄제린은 오렌지의 변종 중 하나이며, 탄젤로는 탄제린과 그레이프 프루트를 교배해서 만들어진다.

전 세계 오렌지 생산량은 3,600만 톤을 넘는다. 이는 약 2,380억 개의 오렌지가 매년 생산된다는 뜻으로, 전 세계 인구 1인당 48개의 오렌지를 공급하기에 충분한 양이다. 그러나 생산량의 40%는 냉동 농축액을 만드는 데 사용된다. 영국의 오래된 미신에 의하면 오렌지는 젊은 여인의 관심을 끄는 방법으로 쓰인다. 구애자가 오렌지를 여기저기 바늘로 찌르고 겨드랑이 밑에 놓고 잔 다음 아가씨가 그 오렌지를 먹으면 된다는 것이다. 약간 비위생적이긴 하지만 아마도 효력이 있을지도 모르겠다.

A 새롭고 유익한 계통의 과일, 곡류, 채소, 그리고 심지어 꽃을 교배하고 만들어내는 토대를 그가 만들어냈다고 확실하게 말할 수 있다. 버뱅크는 1849년에 미국 매사추세츠의 한 농장에서 태어났으며, 대학은 다니지 못했다. 일찍부터 그는 개량 감자를 만들어냈고, 그런 다음 캘리포니아로 가서 거의 평생을 보냈다. 버뱅크는 1926년에 죽기 전까지 800개가 넘는 새로운 변종을 개발해냈다.

토마토, 옥수수, 플럼(서양 자두) 등 우리가 먹는 많은 것들이 원래 상태에서는 오늘날 우리 기준으로 볼 때 거의 먹을 수 없었다는 것을 말해야 할 것 같다. 심지어 토마토의 색깔도 붉은색이 아니었다. 끈기 있게 고르고, 접목시키고, 교배시키는 작업을 거쳐서 비로소 새롭고, 훨씬 더 맛있고 영양가 있는 종류가 만들어졌다. 버뱅크가 개발한 프룬과 플럼 변종은 오늘날에도 상업적으로 가치가 있다. 1923년, 루돌프 보이즌은 블랙베리, 래즈베리, 로건베리를 다중교배시켜 보이즌베리를 만들어냈다. 그러한 노력은 녹색혁명과 우수한 품종의 생산으로 이어져 수백만의 사람들을 기아에서 구해냈다.

그러나 20세기로 접어들던 무렵에 버뱅크가 씨앗 목록을 출간하여 자신이 개발한 잡종 씨앗의 장점을 지적하자 교회측에서는 그가 유일한 창조자로서의 신의 권한을 침범하여 불경죄를 저질렀다면서 맹렬하게 비난했다. 캘리포니아에 있는 버뱅크는 루터 버뱅크를 기려서 그의 이름을 붙인 곳이 아니라 로스앤젤레스의 치과의사였던 데이비드 버뱅크를 기린 곳이다.

A 아마도 아보카도가 가장 영양분이 많을 것 같다. 아보카도는 비타민 A, C, E를 포함하여 11가지의 비타민이 들어 있고, 25%의 불포화 지방, 1파운드(약 450그램)당 약 740칼로리를 가지고 있다. 아메리카 대륙이 원산지인 아보카도는 콜럼버스가 오기 오래 전부터 재배되었다. 아보카드가 아무런 맛도 없다고 생각하는 사람들도 있지만, 으깬 아보카드에 간 양파와 레몬 주스, 걸쭉한 토마토, 파셀리 등을 넣어서 만든 과카몰은 원기를 북돋아주며, 셀러리에 채워넣거나 토르티야 칩에 얹어서 먹어도 좋다. 약간의 소금을 치면 더 좋을 수도 있다. 이와 대조적으로, 식초를 치면 맛있는 오이는 영양분이 가장 적으며, 1파운드(약 450그램)당 73칼로리만을 가지고 있다.

대사전에서도 토마토를 과일과 채소로 분류한다. 일반적으로 과일은 씨앗이나 꽃에서 만들어진 식용 가능한 것을 말한다. 채소는

234

초본식물에서 만들어진 것으로, 잎이나 뿌리 등을 먹을 수 있는 것을 말한다. 따라서 감자와 비트, 그리고 여러 덩이줄기 식물은 채소여야만 한다. 그러나 때로는 그 구분이 그렇게 명확하지 않다.

A 아무거나 골라도 된다. 생물학자라면 토마토가 과일이라고 하겠지만, 1893년 미국 대법원에서 내린 판결(바보같이 들리지만)에서는 토마토가 전형적으로 다른 채소와 함께 차려져서 먹기 때문에 토마토를 채소로 분류했다. 과학에 대해서는 그 정도만 하기로 하자. 토마토의 역사는 재미있다. 토마토는 볼리비아와 페루에서 볼 수 있는 노란 야생종이었던 것으로 보인다. 그러다가 콜럼버스가 아메리카 대륙에 온 이후 멕시코에서 재배되어 유럽으로 보내졌다. 이탈리아 인들은 토마토를 노란 색깔 때문에 황금사과라고 불렀지만 곧 붉은 색의 변종이 등장했다. 미국에서는 1781년에 토머스 제퍼슨에 의해 처음으로 재배되었던 것 같다. 그러나 많은 사람들이 토마토에 독이 들어 있다고 믿었기 때문에 1900년 이전에는 먹기를 거부했다. 과거 많은 유럽 사람들에게 토마토는 사랑의 사과였는데, 그 이유는 토마토가 사람을 더 로맨틱하게 만든다고 생각했기 때문이었다. 토마토는 물론 독성도 없고, 로맨틱하게 만들어주지도 않지만 아주 훌륭한 비타민 A와 C의 공급원이다.

Q 수박을 잘랐는데 그 속이 빨갛지 않고 밝은 오렌지 색깔을 띠고 있었다. 기형 수박이었나?

A 그렇지 않다. 아마도 그것을 먹었더라면 맛이 아주 좋다고 느꼈을 것이라고 장담한다. 사람들은 슈퍼마켓에서 파는 속이 빨간 수박에 너무나 익숙해져 있어서 속이 흰 것에서부터 빨갛고, 노란 것에 이르기까지 여러 가지 변종이 있다는 것을 잊어버리거나 혹은 아예 알지도 못한다. 실제로 수박은 박과의 한 종류로, 호박, 오이, 스쿼시 등과 연관이 있다. 어떤 수박은 무게가 약 23킬로그램이 나가기도 한다. 수박은 적어도 4,000년 전부터 있었으며, 고대 이집트의 벽화에도 등장한다.

Q 포도에서 포도주를 만드는 것을 처음 알아낸 사람은 누구였을까?

A 누구인지는 모르지만 지중해나 중동에서 시작되었을 가능성이 많으며, 아마도 그리스 인이나 이집트 인, 혹은 이탈리아의 초기 거주자들이 알아냈을 것이다. 포도주는 우연히 알게 되었을 것이 틀림없다. "상한" 포도주스를 마시는 것을 상상할 수 있다. 그 뒤부터는 의도적으로 그렇게 준비를 했을 것이다. 초기의 포도주는 오늘날의 우리 기준으로 볼 때 맛이 형편없었을 것이다. 포도주는 양가죽에 담아서 기름에 전 넝마로 마개를 한 뒤 오랫동안 놓아두었다. 그래도 공기가 들어갔고, 이것은 별로 바람직하지 않았

다. 병과 코르크가 널리 사용되기 시작한 18세기에 들어서 비로소 포도주를 제대로 숙성시킬 수 있었다. 좋든 나쁘든 포도주는 구약성서에 나온 것처럼 수천 년 전부터 마시기 시작했고, 고대 이집트 인들이 피라미드를 건설하던 5,000년도 훨씬 이전의 시대에도 맥주를 마셨다는 것이 알려져 있다. 아마도 맥주보다 포도주가 먼저였을 것으로 생각된다. 포도주는 사람이 간섭하지 않아도 저절로 만들어지지만 맥주는 사람이 만들어야 하기 때문이다. 옛날 수사들과 사제들은 포도주 제조를 하나의 특수 기술로서 발전시켰는데, 그 이유는 포도주가 예전에도 그렇고 지금까지도 미사의 성찬식에 사용되기 때문이었다.

Q 버섯의 일부 종류를 토드스툴이라고 부르는 이유는 무엇인가?

A 토드스툴 toadstool(두꺼비 똥이라는 뜻으로 독버섯을 말함—옮긴이)은 말은 먹을 수 없는, 즉 독이 든 버섯을 말한다. 두꺼비는 놀라거나 공격을 받으면 울퉁불퉁한 등에서 부포네닌이라고 하는 유독성 물질을 분비한다. 신기하게도 광대버섯이라고 하는 독버섯에서도 똑같은 화학물질이 만들어진다. 아마도 그것과 관련이 있을 것 같다. 버섯은 수천 년 동안 식용되었고, 그리스 인과 로마 인들은 진미로 여겼다. 고대의 사제들은 버섯에 대한 소유욕이 대단하여 보통사람들이 버섯을 먹는 것을 금했다. 맛은 있지만 버섯은 음식으로서의 가치는 거의 없으며 90%가 물로 이루어져 있기도 하다. 많은 종류의 식용 버섯이 있으며, 실제로 치명적인 독버섯도 많이 있다.

닥치는 대로 버섯을 수집하고 먹는 사람에게는 문제가 될 수도 있다. 어떤 버섯은 환각을 일으키기도 한다.

Q 사람은 언제부터 감자를 재배하여 먹기 시작했나?

A 약 1,800년 전 남아메리카 페루의 안데스 산맥 지대에서 시작되었을 것이라는 게 가장 믿을 만한 추측이지만 어쩌면 그보다 더 일찍 시작되었을 수도 있다. 16세기에 멕시코와 페루를 침략한 스페인 사람들은 유럽으로 감자를 가져왔다. 처음에 유럽 사람들은 감자를 의심스럽게 생각했고 심지어 감자가 매독과 여러 질병을 일으킨다고 믿기도 했다. 그러나 감자는 곧 독일과 아일랜드로 퍼져가서 주식으로 자리 잡았다. 아일랜드 사람들은 감자에 과도하게 의지한 나머지 1845~1846년에 마름병이 돌아 농사를 망치게 되자 심각한 기근을 겪기도 했다.

감자의 종류는 다양해서 속이 하얀 것뿐 아니라 노랗고 자줏빛이 도는 것도 있다. 어떤 색깔이건 간에 감자는 훌륭한 비타민 C 공급원이며 단백질과 티아민을 함유한다. 또한 사과처럼 칼로리도 낮다.

Q 파리지옥 외에도 벌레를 잡아먹는 식물이 있나?

A 있다. 파리지옥은 약 400여 종의 식충식물(육식식물) 중 하나일 뿐이다. 식충식물의 종류는 매우 다양하다. 오스트레일리아에서 남아메리카 및 다른 지역에 이르기까지 열대와 온대 기후에서 모두 발견된다. 평범한 현화식물을 닮은 것이 많으며, 파리

지옥과 같이 생긴 것은 거의 없다. 이 특이한 식물들 대부분은 광합성을 통해 양분을 공급받기 때문에 곤충을 잡아먹는 것은 보충식에 불과하다.

식충식물은 질소 공급이 부족한 축축한 곳이나 늪지대에서 진화된 것으로 보인다. 식물의 효소에 의해 소화된 곤충의 몸은 많은 양의 질소를 만들어낸다. 어떤 식물은 털 같은 촉각모에서 끈적끈적한 물질을 분비한다. 파리나 곤충 같은 것이 이런 식물 위에 앉으면 그 식물은 끈끈한 촉각모로 파리를 잡아 삼킨다. 파리잡이 끈끈이를 발명한 것은 바로 자연이었다는 것을 알 수 있다.

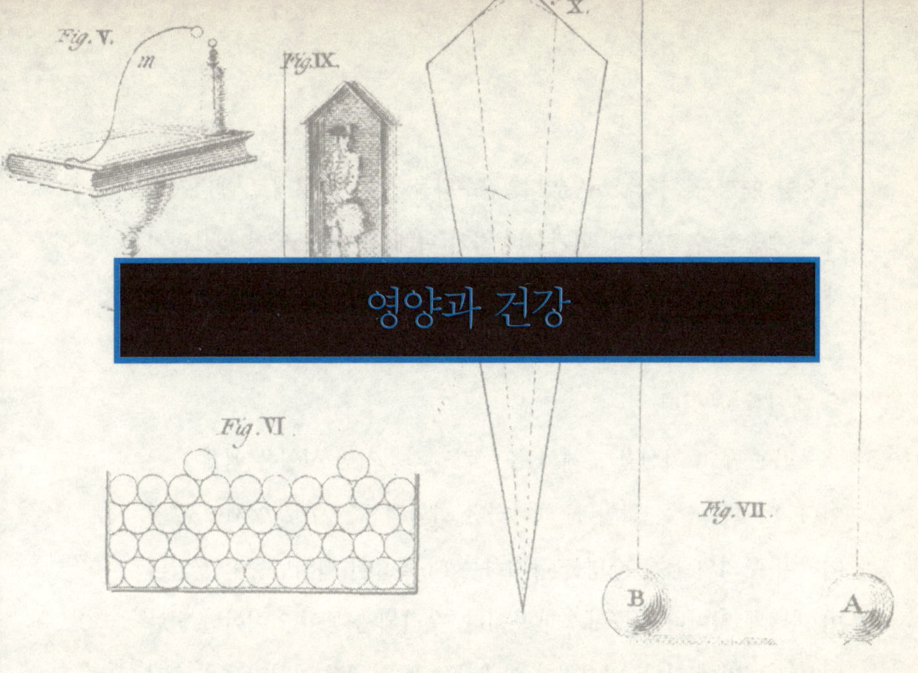

영양과 건강

Q 균형 잡힌 식단으로 식사를 하라고들 한다. 하지만 예를 들어, 스테이크는 하지 못해도 사과가 할 수 있다는 게 무엇인가?

A 우리가 먹는 것(우리를 살아 있게끔 해주는 연료)은 여러 가지 영양소 그룹으로 나눌 수 있다. 주요 그룹은 물, 비타민, 미네랄 외에 단백질, 지방, 탄수화물 등이다. 사과는 탄수화물이며, 스테이크는 약간의 지방이 있는 단백질이다. 균형 잡힌 식단은 좋은 영양에 필요한 모든 원소들이 들어 있어 몸이 그것들을 활용할 수 있게 해준다. 영양소의 처리 과정을 통해 좋은 건강이 나온다.

단백질은 몸에 대단히 중요하다. 아미노산이 사슬처럼 연결되어 단백질을 형성하는데, 아미노산은 조직을 만들고 유기체에 에너지를 공급한다. 섭취된 지방은 에너지 공급원으로 즉시 사용되거나,

필요할 때까지 저장될 수 있다. 탄수화물은 당의 형태로 에너지를 즉각 제공할 수 있으며, 뇌가 작동하기 위해서는 포도당이 필요하기 때문에 진정한 뇌의 양분(생선이라기보다는)이다. 탄수화물은 지방으로도 전환될 수 있으며, 필요한 경우 단백질은 다른 그룹의 많은 기능을 대신할 수 있다.

우리는 우리 자신을 고체의 몸으로 생각하지만 사실은 액체 그릇이다. 이것은 좋은 일이다. 왜냐하면 화학작용은 주로 액체에서 일어나며 우리의 몸은 생명을 유지하는 데 필요한 화학반응이 끊임없이 바쁘게 일어나는 곳이기 때문이다. 우리에게 물이 있어야만 하는 이유도 여기에 있다. 비타민과 미네랄은 몸 안에서 화학기능을 조절하고 원활하게 해주는 역할을 하지만 그 자체로는 에너지를 공급하지는 않는다. 또한 우리를 많은 질병과 비정상적인 성장발달로부터 보호해준다. 비타민과 미네랄이 없으면 생존할 수 없다. 우리 몸에서 일어나는 영양 작용은 믿을 수 없을 정도로 복잡하지만 제대로 된 음식을 먹으면 대개는 모든 게 자연스럽게 잘 돌아간다.

Q 우리는 무지방 혹은 저지방이라는 식품의 홍수 속에 있다. 지방이 유해한 것이라고 생각할 수 있을 것 같다.

A 지방이 적게 함유되어 있는 음식을 찾는 사람들의 주요 동기는 아마도 뚱뚱하지 않고 날씬해 보이려는 욕구, 그리고 그 과정에서 더 건강해지려는 욕구일 것이다. 유해하기는커녕 지방은 주요하고 기본적인 영양소 그룹이다. 지방이 결핍된 경우를 본다면 지방이 얼마나 중요한지 알 수 있다. 지방이 결핍되면 부족한 것

을 채우기 위해 단백질과 탄수화물이 재조직되어 지방을 만들어낼 것이다. 지방은 즉시 사용가능한 에너지를 공급하며, 어떤 것은 장기적인 용도를 위해 축적된다. 지방은 또한 추위를 막아주는 훌륭한 역할을 수행하기도 하는데, 물개, 고래, 곰 등이 가지고 있는 지방층에서 이런 사실을 잘 알 수 있다. 지방이 없다면 몸은 지용성 비타민을 흡수할 수도 없을 것이다. 지방은 과자, 사탕, 스테이크 등 많은 음식을 더 맛있게 해주기도 한다.

결점으로는, 지방이 너무 많으면 비만, 고혈압, 혈관의 막힘, 심장 문제, 뇌졸중 등을 일으킬 수 있다는 것이다. 포화지방의 경우에 특히 그러하다. 쇼트닝과 같은 이러한 지방은 상온에서는 고체 상태를 유지한다. 영양학자들은 지방이 25~30% 이상을 차지하지 않는 식단을 권한다. 이야기가 나온 김에 한 가지 짚고 넘어가자면, 콜레스테롤은 유기화합물이며 지방이 아니라는 것이다. 그러나 콜레스테롤은 지방에 들어 있으며 양이 과다하면 동맥을 딱딱하게 만든다. 콜레스테롤은 간에 의해 만들어지며 세포막 생성, 호르몬 기능, 담즙 생성 등에서 주된 역할을 한다.

Q 몸무게를 줄일 수 있다고 주장하는 다이어트 식단이 많이 있다. 진짜로 효과가 있는 게 있을까?

A 수많은 다이어트 책들은 고통 없이 몸무게를 줄여보려는 대중들의 요구에 대한 반응으로 생겨난 것들이다. 제안된 수많은 다이어트 식단은 엄격하게 지켜야만 성공할 수 있다. 대부분의 다이어트가 실패로 끝나는 것은 인간의 기질과 생활습관 때문이

다. 다이어트를 하는 사람들은 종종 처음에는 엄청난 열정을 보이다가 나중에는 천천히 예전의 식사 습관으로 되돌아간다. 수많은 다이어트 식단은 주로 고기를 먹는다든지, 혹은 아예 고기는 전혀 먹지 않는다든지, 또는 지방만 빼고 다른 것은 모두 먹는다든지 하는 것처럼 한 가지 방법에 중점을 두고 있다. 이러한 다이어트는 실행가능하지 않을 뿐만 아니라 영양 면에서도 유해하다. 어떤 다이어트는 "하얀 것은 전혀 먹지 않는다" 등과 같이 관심을 끌고 쉽게 기억되는 식이요법을 내세운다. 이러한 다이어트는 빵, 감자, 우유, 일부 샐러드 드레싱, 치즈, 그리고 대부분의 생선 등을 식단에서 배제하게 된다. 그러나 몸무게는 줄일 수 있겠지만 그 과정에서 굶어죽을 수도 있다.

속성 다이어트로 뺀 체중은 금방 다시 늘어난다고 알려져 있다. 좀더 영구적인 체중감량은 몇 달에 걸쳐 조금씩 몸무게를 뺄 때 가능하다. 더 좋은 방법은 정상적이고 균형 잡힌 식사를 하되, 그 양을 조금 줄이는 것이다. 지방이 덜 들어간 것으로 조금씩 대체하여 평소의 식습관이 급격하게 바뀌지 않게 하는 것이 중요하다. 어떠한 다이어트를 하더라도 적절한 운동은 반드시 수반되어야 한다.

Q 채식 식단이 더 건강식인 이유는 무엇인가?

A 반드시 더 건강하다는 것은 아니다. 채식만 하는 어떤 사람들은 너무 엄격한 채식 식단으로 인한 단백질 결핍을 극복하기 위해 보조식을 필요로 하기도 한다. 채식주의자 중에 우유와 치즈 같은 동물성 제품은 먹는 이들을 유제품 채식주의자라고 부른

다. 인간의 치아구조는 고기와 식물성 음식 모두를 먹거나 혹은 본래부터 그렇게 먹도록 되어 있는 잡식동물의 것이다. 따라서 채식 식단은 부자연스런운 것이다.

채식은 약 2,500년 전 인도와 중동에서 기원했다. 채식을 하게 된 주된 동기는 동물 친구들을 죽여서는 안 된다는 철학에 있었다. 그러나 어떤 사람들은 자신이 직접 동물을 죽이지만 않는다면 고기를 먹기도 했다. 어떤 이들은 고기가 너무 귀해서, 혹은 너무 비싸서 주로 채식을 하기도 했다. 예를 들어 옛날 영국에서 사냥감이 부족해지는 시기에 사람들은 빵과 함께 맛과 향이 센 치즈를 먹으면서 씁쓸하게 미소 지으며 이를 웨일스 토끼(웰시 래빗Welsh Rabbit)라고 불렀다. 그것은 어쩔 수 없이 한 채식식사였지만 오늘날에도 웰시 래어빗Welsh Rarebit이라는 이름으로 먹고 있다. 채식주의자들은 윤리적인 이유에서 동물의 잔인한 희생을 반대하는 사람들이기도 하다. 한편으로는 인간이 더 하등한 동물로 환생한다는 것과 관련이 있기도 하다. 환생한 친구나 친척을 죽여서 먹고 싶은 사람은 없을 것이다. 채식을 한다는 것이 살아 있는 다른 생명체에 대해 반드시 친절한 것을 뜻하지는 않는다. 아돌프 히틀러는 철저한 채식주의자였으며 그 결과 꽤 심하게 위장에 가스가 찼었는데, 그것은 아마도 그를 꽤 곤란스럽게 만들었을 것 같다.

Q 뭔가 이상이 생기면 몸이 신호를 보내고, 대개는 몸이 알아
   서 스스로 해결한다는 소리를 친구에게서 들었다. 얼마나
   근거 있는 말일까?

A 현명한 생각은 아니다. 몸이 여러 가지 질병에 대한 경고를
   보낸다는 것은 사실이다. 어지러움, 부종, 떨림, 시력저하,
마비 등은 모두 몸에 이상이 있다는 신호이지만, 이런 것들은 치료법
이 각각 다른 수많은 질병에 흔히 나타난다. 몸은 어떤 질병이 원인
인지를 진단할 수 없으며 대개는 환자를 도와주지도 못한다. 몸이 보
내는 더 좋은 신호로 통증이 있다. 통증이 없을 때보다 있으면 도움
을 청할 가능성이 더 높기 때문이다. 통증은 종종 보호 작용을 하여
몸이 불이나 독과 같은 위험과 손상의 원천에서 멀어지게 해준다.

동시에, 몸이 질병으로 약해져도 아무런 증상이 나타나지 않다가
너무 늦게 증상이 나타나는 경우도 있다. 그러나 종종 몸은 살짝 벤
상처와 타박상에서부터 좀더 심각한 문제에 이르기까지 스스로를
치유한다. 부검을 해보면 여러 가지 질환을 가졌지만 오래도록 몸이
치유하거나 조절을 해온 경우도 있다는 것을 알 수 있다. 그러나 몸
이 감염된 맹장을 제거하거나 부러진 뼈를 제대로 맞춘다든지, 혹은
몸에서 자연적으로 생기지 않는 약을 정확한 양만큼 투여하는 일 등
은 할 수 없다.

A 전적으로 그런 것만은 아니다. 물론 음식을 먹지 않으면 몸은 스스로를 소모하기 시작한다. 저장된 지방 축적분에서부터 시작하여, 그 다음에는 필요하다면 조직을 분해하는데, 이는 생존 기능이 중단되고 죽음이 이어질 때까지 계속된다. 그러나 먹을 것이 풍부하고, 잘 먹는 것처럼 보이는 사람이라도 실제로 영양실조에 걸릴 수 있다고 한다. 하루에 몇 파운드 분량의 수박, 오이, 버섯을 먹은 사람은 이런 음식물이 주로 물로 이루어진 것들이기 때문에 영양실조에 걸린다. 제3세계 국가, 혹은 개발도상국에서 영양실조의 주원인은 단백질이 결핍된 식단 때문인 것으로 보인다. 아프리카와 같은 곳에서는 유아와 어린이들이 만연해 있는 콰시오커(젖을 뗀 뒤 녹말 성분의 카사바를 먹어서 생기는 심한 영향실조)로 고생하고 있다. 이로 인해 허약해지고, 배가 부어서 배불뚝이가 되고, 치명적인 질병에 대한 저항력을 상실하게 된다. 해결책은 간단해 보인다. 단백질이 들어간 탈지분유를 보충해주면 되기 때문이다. 그럼에도 불구하고 정치군사적 분쟁에 휩싸여 있고, 많은 마을들이 외진 곳에 있으며, 길도 거의 없고, 보건 분야 종사자들도 부족하고, 영양분에 대한 일반 교육도 부족한 나라에서는 이를 보급하는 일이 어렵다.

영양실조의 또 다른 원인은 식단에서 어느 한 가지가 특히 부족한 경우로, 이는 선진국에서도 일어난다. 비타민 C가 없으면 괴혈병에 걸려 치아가 빠져버리며, 비타민 D가 없으면 뼈의 이상 질환인 구루

병이 생긴다. 그래서 몸이 요구하는 것을 모두 포함하는 폭넓은 식단이 필요하다.

Q 수세기 전 사람 중 많은 이들이 장수했던 것으로 알고 있다. 그 사람들은 비타민이나 미네랄 영양제 같은 것은 먹지도 않았을 것이다. 오늘날 우리가 영양을 강조하는 게 너무 과장된 것일까?

A 꼭 그런 것은 아니다. 로마 제국 시대에 평균 수명은 25세였지만 오늘날에는 약 72세라는 극적인 통계를 보면 놀랄 수도 있을 것이다. 그러나 그 옛날에는 높은 치사율의 아동기 질병이 만연하여, 많은 경우 연령 통계에서 평균 나이가 낮아졌다는 사실에 주의할 필요가 있다. 아동기의 질병에서 살아남으면 거의 오늘날의 우리처럼 오래 살 수 있는 확률이 높았다. 그러나 의학의 발전은 물론 개선된 위생, 영양 등으로 인해 수명 면에서 오늘날의 사람들이 더 우위에 있기는 하다.

옛날 사람들이 가졌고, 우리에게도 있는 한 가지 타고난 장점은 몸이 필요로 하는 것은 몸 스스로가 절실히 원하는 성향이다. 예를 들어 강수량이 많은 적도 지역에는 천연 소금광이 드물다. 이곳에 사는 사람들에게 소금을 주면 사람들은 마치 사탕처럼 먹는다. 또한 중세시대 혹은 그 이전에 살던 사람들은 아마도 필요한 영양소를 가지고 있는 음식을 본능적으로 먹었을 것이다. 또한 사람의 유전적 조합이 수명과 관련해서 중요한 역할을 한다는 사실을 알기 시작했다는 것도 또 다른 요인이다.

Q 현대의 냉장고가 있기 전에는 음식이 상하는 것을 어떻게
막았을까?

A 우리가 알고 있는 가장 오래된 음식 보관 방법으로는 음식
을 햇볕에 말려 수분을 제거하고, 오래도록 식용에 적합하
게끔 소금을 뿌리고, 동굴과 같이 시원한 곳에 보관을 하고, 절여놓
거나 페미컨을 만드는 것 등이 있다. 페미컨은 고기 조각을 세게 두
드려서(때로는 가루로 만들기도 했다) 돼지기름과 과일을 넣어 붙이고 긴
조각이나 덩어리로 말려서 만들었다. 그것은 무거운 짐 없이 여행하
고자 하는 사냥꾼과 탐험가들이 특히 귀하게 여겼던 고농축 음식이
었다. 음식을 보존하는 또 다른 방법은 발효를 시키는 것이었다. 이
방법은 기원전 3000년경 메소포타미아와 이집트에서 시작되었다.
정착민들은 구덩이를 파서 저장소를 만들고, 겨울에 모은 얼음 덩어
리를와 짚으로 싸서 열을 차단시켰다. 그리고 여름에는 이와 같은
지하 "아이스 박스"에 상하기 쉬운 음식을 보관했다. 또 다른 것으
로는 고도가 높고 눈이 덮인 지역에서 녹아 나오는 차가운 물이 흐
르는 하천의 방향을 바꿔서 집 근처로 흐르게 하여 음식을 가까운
하천에 편리하게 보관할 수 있게 하는 방법이 있었다. 하천이 작은
경우에는 집 아래로 흐르게끔 방향을 바꿔서 지하실 냉장을 할 수
있게 만들기도 했다.

모든 가전제품 중 가장 없어서는 안 되는 것이 바로 "냉장고"라고
할 만하다. 현대적인 냉장고의 개발은 19세기에 여러 나라의 연구가
들에 의해 시작되었다. 가장 기본적인 원리는 이미 알려져 있었다.

팽창하는 기체는 주변 공기에게서 열을 빼앗는다. 이 원리에서 증기 압축식 냉장고가 만들어졌다. 이 냉장고에서는 피스톤이 기체를 압축시켜 액체(요즘에는 프레온)로 만들고, 이것이 일련의 관을 통해서 다시 압축기로 돌아오는 과정에서 팽창되고, 그 과정에서 냉장고의 공기가 냉각된다.

Q 세계 어떤 곳에서는 벌레를 먹는다고 하는데, 어떻게 그럴 수 있을까?

A 미국에도 초콜릿을 바른 개미와 바삭거리는 메뚜기를 좋아하는 "미식가"들이 소수 존재한다. 두 가지를 명심할 필요가 있다. ① 사실 벌레는 단백질이 풍부하며, 따라서 "음식"의 하나이다. ② 음식 취향은 개인적이고 문화적인 것이다. 일본 북부 지방에서 자랐다면 통나무 아래에서 발견되는 하얀 벌레 같은 유충을 구워먹기에 딱 좋은 맛있는 것으로 생각했을지도 모른다. 그러나 서양 사람들은 이런 것을 혐오한다. 어떤 사회에서는 미국 사람들이 육즙이 흐르는 커다란 스테이크를 좋아한다는 생각에 메스꺼움을 느끼기도 한다. 일부 남미국가에서는 우유 한 잔 마시는 것이 피를 한 잔 마시는 것만큼이나 비위에 거슬린다고 생각하기도 한다! 개인적인 차원에서, 여러분이 싫어하는 것, 예를 들어, 스크램블드 에그에 케첩을 친 것을 친구가 먹는다고 생각해보라. 그 친구는 또 여러분이 생굴에 초콜릿 시럽을 친 것을 좋아한다는 생각만으로도 메스꺼움을 느낄 것이다. 우리 모두는 서로 다른 음식 취향을 가지고 있다.

명심할 게 하나 있다. 굶어서 죽을 지경이 되면 벌레 몇 마리로 여러분의 생명을 구할 수도 있다. 캐나다 북부 외진 곳의 야영지에서 어떤 사냥꾼들이 굶어죽은 채 발견되었다. 그들은 커다란 가스 랜턴 주위에 둥글게 둘러앉아 담요를 두르고 있었다. 랜턴 주변의 바닥에는 빛을 보고 달려든 커다란 나방의 시체들이 있었다. 만약 사냥꾼들이 그 나방을 먹었다면 살았을지도 모른다.

Q 건강 상태가 눈에 반영된다는 생각은 과학적으로 근거가 있는 것일까?

A 자동차 수리소에서 배전기나 카뷰레터에 문제가 생긴 것을 알아내는 엔진 분석기처럼 사람의 눈이 어떤 기관에 질환이 있어 문제를 일으키고 있는지를 알려주는 작용을 한다면 좋을 것이다. 이와 같이 눈에서 색이 있는 부위인 홍채가 신체 상태를 알려준다는 생각이 바로 홍채학(iridology)이다.

불행히도 그런 예측 체제는 존재하지 않는다. 그러나 다른 많은 사이비 과학의 경우처럼 이것으로 개업을 하고 또 믿는 사람들이 많다. 그것의 성공은 대중들의 희망사항에 근거한다. 눈에 나타난 신호만 보고도 질병을 알아낼 수 있다면 누가 병을 찾아내기 위해 수술을 하려고 하겠는가? 홍채학은 이른바 임상술이라는 이름으로 100년 넘게 있어 왔지만 눈이 신체 내부의 질환을 모두 밝혀낸다는 주장을 뒷받침할 만한 제대로 된 증거는 없다. 그러나 예외는 존재한다. 눈이 노랗게 되는 것은 황달을 나타내며, 시력이 흐려지는 것은 당뇨가 있다는 것을 나타낸다. 약물의 영향도 나타난다. 뇌졸중의 경우, 한쪽 동공이 다른 쪽보다 흐려진다. 그러나 이런 것들은 질병의 원인과 치료를 결정하는 다른 과정과 함께 참고해야 하는 증상들이다.

A 대개 뽀루지는 특히 십대에서 생기는 흔한 피부병인 여드름과 관련이 있다. 사춘기가 되면 더 많은 남성 호르몬이 분비된다. 이것은 다시 피부의 피지선을 자극하여 더 많은 지방을 분비하게 만든다. 이로 인해 여드름이 생길 수 있게 된다. 박테리아도 한 역할을 하고 있다. 막힌 모낭이 감염되면 여드름이 생긴다. 여드름이 생기면 뜯지 말아야 한다. 그렇게 하면 상처가 생길 수 있기 때문이다. 대개 1~2년이 지나면 여드름은 자연적으로 없어지며 영구적인 문제로 남지는 않는다. 심한 경우에는 호르몬과 항생제 등으로 치료할 수 있다. 햇빛도 도움이 된다.

Q 의사들이 처방전을 쓸 때 Rx라는 기호를 사용하는 이유는 무엇인가?

A 이 기호의 정확한 기원에 대해서는 의견이 분분하지만 아래에 언급된 것은 모두 근거가 있는 확실한 것들인 것 같다. 라틴 어에서 레치피recipi 혹은 레치페레recipere(가진다라는 뜻)는 Rx로 줄여 쓴다. 이 기호는 또한 주피터의 표시로도 추적할 수도 있는데, 그 이유는 로마의 신 주피터에게 호소하는 고대 처방전에서 그 기호가 발견되었기 때문이다. 고대 의서에서도 R자가 나온 곳마다 R

자에 작대기를 그은 것이 발견되기도 했다. 어떤 이들은 그 기원이 이집트의 신화에 있다고 주장하기도 한다.

이집트 사람들은 세트와 호루스라는 형제 신들이 상이집트와 하이집트를 지배한다고 믿었다. 이 두 신들은 서로 싸우게 되었고, 그 결과 세트가 호루스의 한쪽 눈을 잡아 뜯어냈다. 그러나 또 다른 신인 토트가 친절하게도 그 눈을 치료해주었다. 호루스의 눈은 해와 달로 이루어져 있었는데 다친 것은 달 눈이었다. 달이 기우는 것은 눈이 다쳐서이고 달이 차는 것은 다시 고쳐졌기 때문이었다. 따라서 이집트 사람들에게 호루스의 눈은 강력한 치유의 상징이 되었다. 그들은 또한 호루스를 "약학"의 아버지로 여겼으며, 이러한 건강의 상징을 부적으로 만들어 몸에 간직하면서 병에게서 보호를 받고자 했다. 이집트의 예술을 통해 그려진 호루스의 눈은 현대의 의사들이 쓰는 Rx와 매우 흡사하다. 그것은 아주 옛날부터 마술 같은 치유법에 포함되었고 지금까지 계속되고 있다.

Q 의사들은 가슴에 청진기를 올려놓고 무슨 소리를 듣는 것일까?

A 몸 안에서 나오는 소리는 장기가 제대로 움직이고 있는지에 대한 단서를 제공한다. 처음에 의사들은 자신의 귀를 환자의 가슴에 대고 소리를 들었을 것이다. 1819년, 프랑스인 R. T. H. 라에네는 구멍이 뚫린 나무 원통을 만들어서 가슴에 대었다. 이것이 최초의 청진기인데, 청진기라는 영어 단어 스테토스코프 stethoscope는 그리스 어로 "가슴"을 뜻하는 스테토스 stethos에서 나온

말이다. 후에 양쪽 귀로 듣는 우리에게 익숙한 모양의 도구가 널리 사용되게 되었다. 의사들은 주로 심장과 폐의 소리를 듣는다. 예를 들어 심장판막이 제대로 닫히지 않으면 판막 주위로 피가 새면서 심 잡음을 내게 될 것이다. 청진기는 또한 임신한 여성, 내장 이상 등의 소리를 감지하는 데 유용하다. 의사들은 이처럼 청진기를 사용하여 진단하는 것을 청진이라고 부른다.

A 시대와 대부분의 문화권을 불문하고 피는 안녕, 힘, 성격 및 여러 형질 차원에서 사람의 후생과 밀접하게 연관되었 다. 따라서 어떤 이들은 강해지기 위해 곰이나 사자의 피를 마시기 도 했고, 또 어떤 이들은 약자라고 여겨졌던 여성에게서 나오는 생 리혈에 닿는 것을 피하기도 했다. 그렇다면 나쁜 피 때문에 사람이 아프다고 생각한 것은 그리 놀랄 일이 아니다. 사람들은 나쁜 피가 제거되고, 새롭게 피가 만들어지면 질병은 없을 것이라고 추측했다.

피를 뽑는 데 거머리가 사용된 것은 거머리가 매우 흔했기 때문이 다. 또한 길이가 약 10센티미터 이상 되는 것은 상당한 양의 피를 제 거할 수 있었으며, 여러 마리를 올려놓을 때 특히 효과적이었다. 거 머리로 피를 빨아내면 통풍, 피부질환, 호흡기 이상 등이 치료된다 고 믿었으며, 심지어 이마에 붙이면 두통을 없앤다고 믿었다. 많은 사람들이 이런 방법을 쓰다가 과다 출혈로 사망했다. 가장 유명한 희생자로는 조지 워싱턴이 있었는데, 그는 후두염에 걸리고 나서 네 번이나 거머리로 피를 심하게 뽑아냈다. 1799년의 일이었다.

거머리는 300여 종이나 있는 벌레로 육지와 물 속 모두에서 산다. 어린 거머리는 입, 코 등을 통해 몸속으로 들어가서 내장에 붙어 빈혈과 사망을 초래할 수 있다. 영어로 거머리를 뜻하는 "리치leech"는 고어로 의사를 뜻하기도 하며, 치료하다, 치유하다라는 뜻도 있다.

Q 나의 혈액형이 다른 사람의 것과 다른 것은 무엇 때문인가?

A 모든 사람들의 혈액형이 비슷해 보이지만 적혈구 차원에서 볼 때 네 가지 혈액 종류가 있다는 것이 20세기로 바뀌던 무렵에 알려지게 되었다. 혈구에는 항원이라고 하는 분자가 붙어 있는데, 그 변형에 따라 혈액형이 정해진다. 항원 A를 가진 A형, 항원 B를 가진 B형, 항원 A와 B를 모두 가지고 있는 AB형, 항원 A도 B도 가지고 있지 않은 O형이 있다.

다른 혈액형을 수혈받으면 몸의 항체가 이질적인 항원을 침입자로 생각하고 공격하여 혈액을 응고시키기 때문에 혈액형은 중요하다. 피는 오랫동안 선과 악의 주술, 생명과 죽음 등과 관련되어 있었다. 실제로 마녀들을 화형대에서 불태웠던 원인 중 하나는 그들이 혈액에게서 힘을 얻는다고 믿었기 때문이었다. 불이 피를 파괴시켰던 것이다.

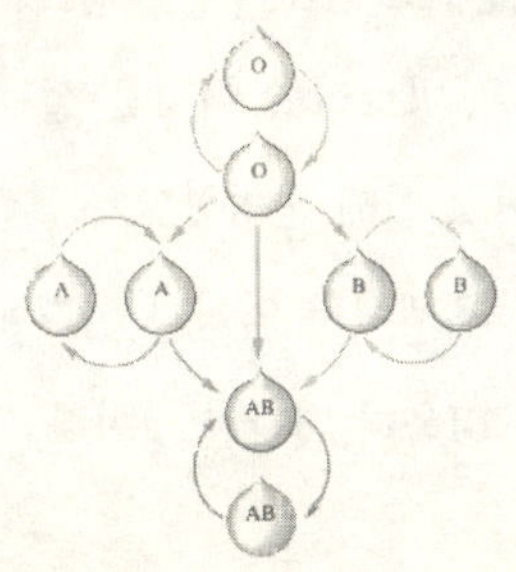

 플로렌스 나이팅게일이 부상병들을 돌봐서 유명해진 것은
어느 전쟁에서였나? 그리고 그때 나이팅게일의 나이는 몇
살이었나?

A 나이팅게일이 영국 군인들을 간호했던 것은 크림 전쟁 (1854~1856)에서 터키의 스쿠타리에 있던 군인병원에서였다. 나이팅게일이 그 병원에 도착했을 때에는 36세였으며, 당시 병원은 오물 천지였고 위생이란 것은 존재하지도 않았다. 그녀는 모든 간호활동을 완전히 재정비했고, 그 병원에 있던 부상병들의 이름을 모두 외었다. 나이팅게일은 밤에 병동에 있는 군인들을 점검하는 습관이 있었고, 이 때문에 "등불을 든 숙녀(Lady of the Lamp)"라는 별명을 얻었다. 나이팅게일은 십대 때부터 간호사가 되길 원했지만 부유한 그녀의 집안에서 그것을 반대했다. 마침내 30세의 나이에 그녀는 독일에 있는 간호학교에 다닐 기회를 얻게 되었다. 졸업 후 나이팅게일은 잉글랜드로 돌아와 여성병원의 원장이 되었다.

크림 전쟁이 일어나서 간호사에 대한 수요가 절박해지자 나이팅게일은 자원했다. 그녀는 2년간 전쟁터에 있던 중 열병에 걸리게 되었고, 이로 인해 평생 병약하게 보냈다. 그럼에도 불구하고 그녀는 나이팅게일 간호학교를 세우고 간호하는 것을 직업의 수준으로까지 끌어올렸다. 나이팅게일은 빅토리아 여왕을 설득하여 왕립 군건강위원회를 만들게 했고, 이로 인해 군의학교가 설립되었다. 나이팅게일이 19세기에 남자들의 세계에서 엄청난 편견에 맞서며 투쟁했다는 점에서 그녀의 업적은 더욱더 대단한 것이다.

A 기록된 역사 안에서는 결핵이 그 답일 것 같다. 결핵은 박테리아로 감염되는 질병으로 공기를 통해 쉽게 전염된다. 재채기, 기침, 심지어 결핵에 걸린 사람이 헛기침을 할 때 옆에 있어도 옮길 수 있다. 또한 저온살균처리가 안된 우유를 마실 때 들어갈 수도 있다. 다른 기관도 공격하지만 결핵의 주요 감염기관은 폐이다. 시간이 지나면 감염된 폐에 상처자국이 생기면서 외상이 나타나고 폐기능이 떨어진다. 감염된 사람은 숨을 쉬려고 안간힘을 쓰다 지쳐 죽게 된다. 18세기와 19세기에 결핵은 주요 사망원인이었으며, 오늘날에도 세계보건문제, 특히 아프리카와 아시아의 개발도상 국가의 문제로 남아 있다. 전 세계적으로 300만 명의 사람들이 매년 결핵으로 사망하는 것으로 추정된다. 이미 감염된 사람의 수는 수백만 명이 넘는다. 미국에서는 매년 약 2만 명의 결핵환자가 생긴다.

결핵 예방과 치료방법으로는 격리, 휴식, 위생적인 환경(우유의 저온살균을 포함)과 함께 약물투여 등이 있다. 스트렙토마이신과 같은 약은 매우 효과적이지만, 결핵균은 내구력이 강해서 한 개 이상의 약물에 저항력을 가질 수 있다. 매우 고무적인 진전은 결핵균의 게놈을 완전하게 밝혀내는 게 될 것이다. 이렇게 한다면 이러한 균들을 악성으로 만드는 유전자를 골라내고, 그 균을 인간에게 무해한 것으로 만드는 과정에 대한 연구를 더욱 가속화시킬 수 있다. 다른 계통의 결핵균은 소, 돼지, 닭과 같은 가축을 감염시킨다.

A 괜찮을 뿐 아니라 정확한 말이다. 14세기 유럽을 생각해보라. 예르시니아 페스티스Yersinia pestis라는 박테리아에 의해 발병하는 페스트는 대단히 빠른 속도로 사람들을 공격했다. 페스트는 무서운 증상을 동반했고, 걸린 사람은 금방 죽음에 이르렀다. 잉글랜드의 인구는 절반으로 줄어들었고 수백 개의 마을이 사라져버렸다. 하층의 농부들뿐 아니라 왕과 왕비들도 페스트로 죽었다. 유럽에서 2,500만 명의 사람들이 죽었던 것으로 추정되며, 이로 인해 모든 사회질서가 무너졌다. 다시 회복하기 위해서는 한 세기가 넘는 시간이 걸려야 했다.

페스트의 주범이 쥐와 벼룩이라는 사실은 한참 뒤에야 알려졌다. 쥐와 벼룩에게 물렸을 때 이 치명적인 병이 혈류로 들어가 모든 신체기관으로 운반되고 그곳에서 잠복하다가 엄청난 고열과 오한, 종기, 허약, 두통, 방향감각 상실 등을 일으켰다. 환자는 겨우 이틀 만에 사망했다. 한 사람이 페스트에 걸리면 다른 사람들은 공기를 통해 감염될 수 있었으며, 이런 사실은 금방 알 수 있었다. 사람들은 시골로 도망을 가거나 지하실로 들어가 몸을 숨겼다. 당시 유럽은 공포의 도가니였다. 현대의 위생과 쥐의 박멸로 인해 페스트는 통제되고 있지만 가끔씩 작은 규모로 발병하는 경우도 있다.

그렇지 않다. 실제로 세계 어느 곳에서보다 미국에서 돼지고기 제품을 먹고 선모충증에 걸릴 위험이 더 크다. 아직까지 감염된 돼지고기를 찾아내는 유용한 방법은 알려져 있지 않다. 선모충증은 선모충에 의해 발병한다. 선모충은 포낭에 싸인 형태로 인체에 들어가 소화되면서 방출되어 생식을 하고 혈류를 통해 신체 다른 부분으로 퍼진다. 이것은 열, 쓰라림, 메스꺼움, 설사를 일으킨다. 그러나 치명적이지 않은 게 보통이다. 아마도 많은 사람들이 근육조직에 포낭에 싸인 섬모충을 가지고 있으면서도 그것을 알지 못한 채 지닐 것이다. 해결책은 완전히 조리된 돼지고기만 먹는 것이다.

돼지는 사랑과 증오의 대상이다. 크레타에 살았던 고대인들은 돼지를 숭배했다. 물론 아랍 인과 유대 인들은 돼지고기를 먹지 않을 것이다. 그 이유 중 하나는 사람은 자신이 먹는 것으로 된다는 믿음 때문이다. 스페인의 종교재판 시절에는 돼지고기를 안 먹는다는 것이 비기독교인의 증거가 되었으며, 돼지고기를 먹느니 차라리 죽음을 택한 사람들도 있었다. 사육되는 돼지는 고대 이래 멧돼지 종류에서 개량된 것이었다.

A 그녀의 진짜 이름은 메리 맬런이다. 1870년에 태어난 맬런은 20세기로 접어들 무렵 뉴욕에서 요리사로 일했다. 자신은 장티푸스에 대한 면역을 가지고 있었지만 정작 그녀는 활동적인 장티푸스 보균자였다. 당시에는 장티푸스에 걸린 사람이 치료를 받지 못하면 발병한 뒤 21일 안에 사망했으며, 장티푸스를 치료할 항생제도 없었다. 그러나 먹고 마실 때 입을 통해 살모넬라 티피 Salmonella typhi 균이 몸으로 들어가기 때문에 보균자가 다른 사람에게 감염시킬 수 있다는 사실은 알려져 있었다. 음식을 취급하는 요리사였던 메리는 이 사실을 알고 있었다.

1904년에 롱아일랜드에서 장티푸스가 발병하자 보건당국은 그 병이 맬런에게서 직접 전염된 것임을 알아냈고, 그녀는 도망쳤다. 3년 뒤 장티푸스가 또다시 발병했고, 오랜 추적 끝에 맬런은 잡혔다. 그녀는 1910년까지 갇혀 있다가 다시는 요리사로 일하지 않겠다는 약속 아래 풀려났다. 1914년 맨해튼에서 전염병이 발생했고, 또다시 범인은 메리였다. 그녀는 도망쳤지만 잡혔다. 이번에는 노스브라더 아일랜드의 격리소에 수감되어 1938년에 죽을 때까지 그곳에 있었다.

장티푸스 박테리아는 오염된 물과 하수와 관련이 있다. 비위생적인 곳에서는 장티푸스가 발병할 수 있다. 오염된 만에서 나온 전혀 의심받지 않은 굴이 오늘날의 장티푸스 메리가 될 수도 있다. 장티푸스는 발진티푸스가 아니다. 이 둘은 서로 다른 질병이다.

Q 감전으로 부상을 당하거나 죽게 되는 이유는 무엇인가?

A 강력한 전류가 몸을 통과, 특히 강력한 전류밀도가 심장을 관통하기 때문이다. 이렇게 되면 심장은 마비, 경련을 일으키고, 불규칙적인 상태가 되는데, 이를 심실세동이라고 한다. 전압은 전기량과 전류가 흐르는 시간만큼 중대해보이지는 않는다. 대부분의 감전 사망은 교류(교류전류 AC ; 흐름의 방향이 시간에 따라 주기적으로 변하는 전류—옮긴이) 때문이다. 대부분의 감전은 전선과 같은 전기원을 손이나 팔로 접촉했을 때 일어난다. 이런 경우 전류는 심장을 통과한다. 전기와의 접촉 부위가 머리일 경우, 전류는 뇌를 통과하며 상해를 줄 수 있다.

의사들은 병원에서조차 감전의 위험이 존재한다는 것에 주의하고 있다. 너무나 많은 복잡한 장비들이 사용되고 있고, 또 환자들에게 부착되어 있기도 하기 때문이다. 전기충격요법이 현대적인 치료법이라 생각하지만 사실은 고대 그리스 인과 로마 인들도 전류를 가지고 있는 전기가오리를 이용하여 통풍과 여러 질병을 고치려고 했다.

Q 천연 광물 결정(크리스털)이 정신병이나 육체의 병을 치유하는 능력이 있나?

A 없다. 결정이 유체 속에서 천천히 커가면서 만들어지는 원자들의 내부 배열은 대칭을 이룬다. 결정은 겨울에 창문에 생기는 서리처럼 자연스러운 것으로, 주술적 성질도 없을 뿐 아니라 전자기장이나 다른 힘의 장으로 둘러싸여 있지도 않다. 결정은 자연에서는 비교적 드물게 나타난다. 과거 모든 연령층의 사람들이 결정에 초자연적인 힘이 있다고 믿었다는 것은 이해할 만하다. 실제로 점쟁이들이 사용하는 수정구슬은 진짜 수정(결정)이 아니라 균질한 유리 덩어리로서, 규소와 산소 원자들이 불규칙하게 나열되어 있는 것에 불과하다. 결정이 여러분의 문제를 즉각 해결해준다는 주장은 의심의 눈길로 봐야 한다. 자석도 같은 부류의 것으로 간주할 수 있다. 사람들은 아무런 효과를 느끼지 않은 채 지구의 자기장 속에서 이미 살고 있으며, 자석을 손목에 차거나 신발에 넣는다고 해서 무언가가 치료된다는 믿을 만한 실험증거는 없다. 아프다면 수정구슬 점쟁이가 아니라 의사한테 가볼 것을 권한다.

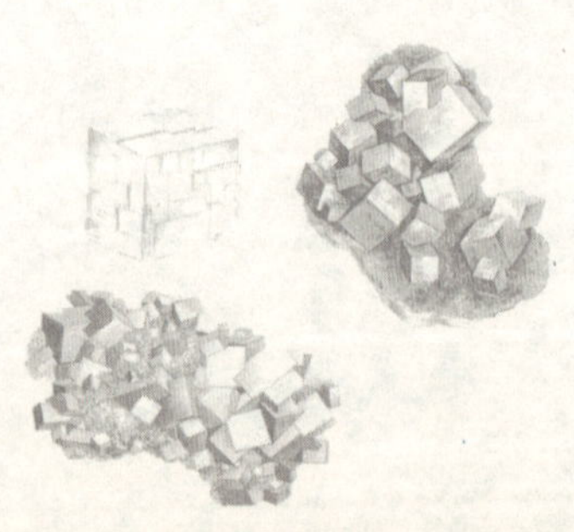

Q 67년 동안 딸꾹질을 했다는 97세 노인에 관한 기사를 읽었
다. 이런 일을 일으키는 원인은 무엇인가?

A 딸꾹질은 흔히 일어나지만 이 경우는 특이한 경우이다. 딸
꾹질은 횡격막이 경련을 일으켜서 생기는데, 이는 성대 사
이의 후두 윗부분을 통해 들어오는 공기를 차단해버린다. 원인이 되
는 것은 많은데, 그중에 위장 이상, 폐렴, 신장 이상, 그리고 심지어
임신도 포함된다. 가로등 밑에서 술 취한 사람이 딸꾹질하는 것과
같은 만화에서처럼 과다한 알코올도 원인이 된다. 일부 정서장애 어
린이의 경우에는 심리적인 이유도 관련이 있을 수 있다.

오래된 치료법으로는 숨을 참거나 물을 한 잔 마신다든지 종이봉
투에 숨을 내쉬는 것 등이 있으며, 이 모두는 대부분 효과가 좋다.
그 이유는 혈액에 이산화탄소가 적으면 딸꾹질을 유발하지만 이산
화탄소가 많으면 억제되기 때문이다. 위에 나열한 방법들은 이산화
탄소를 증가시킨다. 이러한 방법이 효과가 없을 경우에는 의사에게
서 약을 처방받을 수 있다. 그러나 의학계에서도 시인하고 있는 것
처럼 97세 노인의 경우에서 볼 수 있듯이 모든 경우가 다 치유되는
것은 아니다. 여자보다 남자가 딸꾹질을 더 많이 한다.

A 엄격하게 말하자면 그것은 정통의학 분야도 아니며, 체계
화된 의학에서는 그다지 존중해주지도 않는다. 예를 들어
권위 있는 의학서적인 머크매뉴얼(1899년 초판 이후 현재 17판까지 출판된
세계에서 가장 널리 사용되는 의학교재—옮긴이)에도 나와 있지 않다.

동종요법은 독일인 의사 사무엘 하네만이 19세기에 만들었다. 그
가 가졌던 기본적인 생각은 어떤 특정 질병과 똑같은 효과를 내는
약을 아주 소량으로 투여하는 것이었다. 예를 들어 두통이 있다면
두통을 일으키는 것을 아주 작은 양으로 섭취한다. 이렇게 소량의
약은 병이 일어나는 기작을 유발하는 역할을 하여 몸이 스스로 치유
하게끔 한다. 오랫동안 동종요법은 상상할 수 있는 모든 질병에 대
한 1,000종의 희석약물을 수집했다. 그러나 희석된 정도가 너무 커
서 투약되는 약은 화학적으로 비활성 상태라고 간주할 수 있다.

의학계에게서 받는 주요 비난은 동종요법이 신뢰를 받기에는 아
직 실험증거가 불충분하다는 것이다. 과거 수년간 사기꾼들은 광고
우편물이나 건강식 판매점을 통해 아무런 소용이 없는 제품을 동종
요법 치료제라고 주장하며 팔아왔다.

Q 시각장애자들을 위한 브라유 점자체계를 발명한 사람도 시각장애자였나?

A 그랬다. 그러나 태어날 때부터 눈이 안 보였던 것은 아니었다. 프랑스 인 루이 브라유는 3세 때 사고를 당해 영원히 눈이 안 보이게 되었다. 그는 파리에 있는 국립시각장애아학교에 다니던 어린 학생 시절에 이미 점자를 발명했다. 브라유는 샤를 바르비에 대위가 전투용으로 사용할 수 있는 가능성을 보고 생각해 낸 야간필기법에서 아이디어를 얻었다. 브라유가 바르비에의 방법을 오늘날과 같은 브라유 점자로 수정했을 때 그의 나이는 15세에 불과했다.

브라유 점자체계에는 손가락으로 가볍게 만졌을 때 느껴질 수 있는 여섯 개의 기본적인 돋을새김이 있다. 이것을 다양한 위치로 배열하여 63개의 글자를 만들 수 있다. 점자 사용자들은 또한 부르는 대로 기록할 수 있는 판을 가지고 있으며, 브라유 타자기도 있다. 브라유는 1852년에 43세의 나이로 결핵에 걸려 사망했다.

Q 다이아몬드 짐 브래디와 같이 엄청난 식욕을 가진 사람들에 대한 기사는 너무 과장된 것 아닌가?

A 아마 그렇지는 않을 것이다. 브래디는 19세기에 뉴욕의 레스토랑에서 식사를 자주 하던 백만장자였다. 많은 사람들이 그의 전형적인 아침식사 장면을 목격했다. 달걀, 베이컨, 빵, 과

일주스 1갤런(약 3.7리터), 팬케이크, 감자튀김, 그리고 스테이크. 다섯 명이 먹어도 충분한 양이었다. 그의 별명은 그가 평소에 다이아몬드를 걸치고 다녔기 때문에 얻은 것이었다.

대식가 챔피언으로서 브래디의 적수가 될 만한 사람은 아마도 한 번에 엄청난 양의 음식을 먹던 프랑스의 루이 14세일 것이다. 거기에는 이유가 있다. 그가 죽은 뒤 그의 위가 보통 크기의 두 배나 된다는 사실이 밝혀졌다. 어떤 사람들은 음식이 가진 영양가를 충분히 흡수할 수가 없어서 계속해서 먹는다. 외과적으로 짧은 내장관을 가진 사람은 더 많이 먹기도 한다. 영양은 내장관을 따라 흡수된다. 또 어떤 사람들은 너무나 빨리 먹어서 배고픔을 느끼는 기작이 꺼지기도 전에 너무 과식을 하게 되기도 한다.

Q 어떤 충격을 받고 사람의 머리카락이 하룻밤 사이에 하얗게 센 경우가 실제로 있나?

A 이런 믿음에는 아무런 과학적 근거가 없다. 일단 머리카락이 두피의 모낭에서 나오게 되면 그것은 더 이상 살아 있는 조직이 아니다. 머리카락은 케라틴이라는 물질이 있는 머리카락 뿌리 부분에서만 살아 있으며, 멜라닌이라는 색소가 머리카락의 색깔을 결정한다. 따라서 인간의 감정 반응이나 외상이 이미 죽은 물질에 대해 영향을 미칠 수는 없다. 장기간 스트레스를 받으면 멜라닌이 감소할 수 있으며, 이로 인해 머리카락이 점차 희게 될 수 있다. 하룻밤 사이에 머리가 하얗게 된다는 말은 과장된 소리이다. 극적인 것을 좋아하는 사람들은 늘 있게 마련이다.

멜라닌은 유해한 광선에게서 눈을 보호해주는 눈의 색소이기도 하다. 햇볕에 그을렸을 때 피부를 갈색으로 변하게 하는 것도 바로 이 색소이다. 알비노들은 멜라닌 색소를 가지고 있지 않다. 머리카락과 손톱은 주로 케라틴으로 이루어진 피부의 연장이라고 생각할 수 있다. 덧붙여 말하자면, 대머리가 아닌 이상 평균적인 두피에는 12만 5,000개의 머리카락이 있다.

<hr>

Q 비장의 효용은 무엇이며, 비장 없이도 사람이 살 수 있나?

A 비장은 감염에 저항하고 혈액의 질을 유지시키는 데 유익한 많은 작용을 수행한다. 그러나 비장 없이도 살 수 있다. 하지만 2세 미만의 유아에게는 감염을 막고 적혈구를 생성하는 데 비장이 매우 중요하다. 나이가 들수록 비장의 중요도는 감소된다. 비장은 혈액 거름장치로 작용한다. 예를 들어 적혈구는 그 수명이 120일이다. 이 기간이 지나면 비장은 다 써버린 적혈구들을 제거하며, 적혈구에 들어 있는 철은 다른 목적을 위해 재사용한다. 일부 하등동물에서는 비장이 여분의 혈액을 보관하는 저장소 역할을 하며, 동물이 위협을 당해 싸울 것인지 혹은 달아날 것인지를 결정해야 하는 상황에 처하게 되면 비장이 수축하여 혈액을 혈류로 방출한다. 비장이 커지는 것을 비종대라고 하며, 이는 몸의 다른 부위에 이상이 생겼음을 나타내는 것일 수 있다. 상해를 입은 경우, 비장을 외과적으로 제거하는 비절제술을 받을 수 있다. 그러나 이러한 수술을 받은 사람도 정상적인 수명까지, 정상적으로 살 수 있다.

4부
인류의 등장

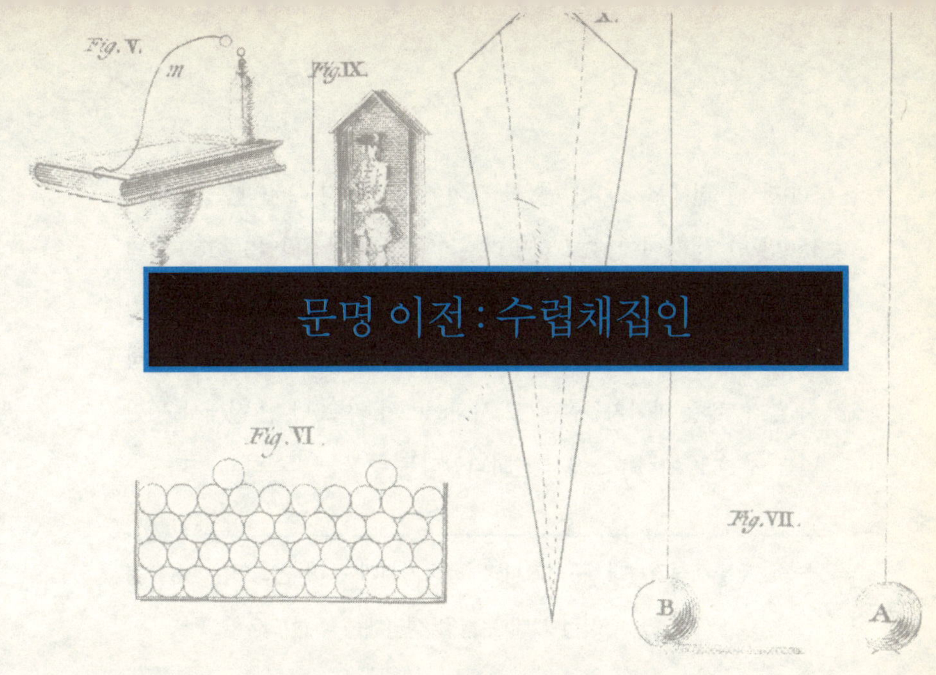

문명 이전 : 수렵채집인

Q 과학자들은 인간이 지구에 등장한 지 얼마나 되었다고 말하는가?

A 정확히 알지는 못하지만 인류학자들이 이것을 알아내기 위해 연구하고 있다. 진화는 몸통 줄기와 많은 가지로 이루어진 나무로 비유될 수 있다. 인간이 처음 등장한 곳으로 가장 유력시되는 곳은 아프리카이지만, 유인원과 인간을 포함하는 상과(superfamily)인 사람과(호미니드)의 화석은 아시아, 유럽, 중동에서도 발견되었다. 수백 개의 화석 호미니드의 뼈와 치아가 올두바이 협곡 등과 같은 아프리카에서 발견되었다. 이 중요한 지역의 하천이 침식되면서 연속적인 퇴적암층이 노출되었고, 이로 인해 이 지역 거주자들의 연대기가 만들어졌다. 발견된 화석 중에는 오스트랄로피테쿠스 계의 화석이 있는데, 이는 호모 속과의 중요한 연결고리이며 약

500만 년 전에서 200만 년 전 사이에 번성했다. 250만 년 전에서 150만 년 전 사이에 호모 하빌리스의 증거가 발견되었고, 160만 년 전에는 호모 에렉투스의 증거가 발견되었다. 이 둘은 우리 자신인 호모 사피엔스에 이르는 진화 단계를 나타내지만 그 관계는 분명하지 않다. 많은 과학자들은 호모 사피엔스가 약 20만 년 전에서 30만 년 전에 호모 에렉투스에서 진화되었다는 주장을 지지하고 있다.

Q 석기시대, 구석기시대, 청동기시대 등이 언급되는 것을 볼 수 있다. 이런 시대 구분을 설명해줄 수 있나?

A 지구에 등장한 인류는 자르고, 갈고, 문지를 수 있는 도구를 만들기 시작했다. 또한 찌르개와 같은 사냥도구도 개발했다. 고고학자들은 도구제조와 사용된 재료에 기초하여 연대를 구분했다. 석기시대는 돌로 된 도구를 만들고 사용했던 시기로, 구석기시대와 신석기시대로 구분할 수 있다. 약 3만 년 전까지 이어진 구석기시대에는 투박한 돌 도구가 만들어졌다. 기원전 3만 년 전에서 1만 년까지가 신석기시대였는데, 동굴벽화와 정교한 장례도 이루어지던 때였다. 이어서 약 1만 2,000년 전부터는 돌보다는 금속을 사용하는 청동기시대가 시작되었고, 그 이후에는 철기시대가 이어졌다. 지질학적 시간 규모에서 이 전체 시기는 홍적세(플라이스토세 Pleistocene, 가장 최근이라는 뜻)라고 알려져 있으며, 그 기간은 160만 년이나 계속되었다. 이 시기는 두꺼운 대륙빙하가 네 번이나 전진했다가 녹아서 후퇴했던 것을 특징으로 하고 있다. 지질학자들에게 인기 있는 시기인 충적세(홀로세 Holocene, 완전히 최근이라는 뜻)는 1만 년 전에

서 1만 2,000년 전에 빙하가 마지막으로 후퇴했던 때부터 현재까지의 휴지기를 가리킨다. 그러나 어떤 지질학자들은 우리가 아직 홍적세에 있으며 빙상이 다시 몰려올 수도 있다고 주장하고 있다.

A 네안데르탈 인이 유력한 후보였지만 최근에는 네안데르탈 인을 인간으로 분류하고 있다. 호모 하빌리스와 호모 에렉투스를 가능성 있는 후보로 볼 수 있겠지만 많은 이들이 이들 종을 기본적으로 인간으로 여기고 있다. 여기서 문제는 선행인류가 등장했을 때에는 여러 가지 진화가능성이 너무나 많아서 혼란스러울 정도로 변종들이 만들어졌다는 것이다. 이외에도 화석의 보존상태가 좋지 않고 단편적이라는 것도 문제이다.

인류학자들은 이런 화석 조각들을 힘들여 맞춰야 하며, 이것으로 뭔가 결론을 내려야만 할 때도 많다. 과학계를 대단히 흥분시켰던 화석 "루시"조차 겨우 40%밖에 완전하지 못하다. 따라서 답은 지금의 인류와 가장 가까운 선행인류가 무엇이었는지는 확신할 수 없다는 것이다. 오스트랄로피테쿠스 그룹의 최고로 고등한 종류 중 하나이었을 가능성이 있다. 루시도 후보 중 하나이며, 만약 그렇다면 가장 가까운 선행인류는 300만 년 전까지 거슬러 올라갈 수 있을 것이다.

A 약 152센티미터의 키에 약 34∼58킬로그램 정도의 몸무게를 지닌 작고 원숭이같이 생긴 생물이었다. 두개골(두뇌) 용적은 아마도 430입방센티미터였을 것이며, 몸무게에 대한 비율을 감안하면 유인원과 인간의 중간 정도이다. 오스트랄로피테쿠스는 1924년에 레이몬드 다트에 의해 남아프리카에서 동굴 잔해로 처음 발견되었으며, 세 가지 종이 있다. A. 아프리카누스(A. africanus), A. 아파렌시스(A. afarensis), A. 로부스투스(A. robustus). 사지는 기어다니게끔 적응되었지만 뼈의 구조는 똑바로 서서 걸을 수 있는 능력이 있었다는 것을 암시하고 있다. 치아는 유인원과 인간의 특징이 혼합되어 있다. 오스트랄로피테쿠스는 동물의 발톱이라기보다는 손을 가지고 있었으며, 원시적인 도구를 만들고 사용할 수 있었던 것으로 보인다. 관련 화석과 유물을 살펴보면 확실하지는 않지는 아마도 떼를 지어서 사냥을 했거나 영양과 비비의 썩은 고기를 먹었던 것으로 보인다.

Q   루시는 인류의 발달 단계에서 어디에 속하나?

A 흔히 루시라는 별명으로 불리는 이 작은 여성은 오스트랄로피테쿠스의 한 종인 아파렌시스였다. 아르곤 기체를 사용한 방법으로 조사한 결과, 그녀는 300만 년 된 것으로 밝혀졌다. 키는 약 106센티미터로 자연사한 것으로 보였으며, 죽은 뒤 화산의

진흙, 재, 그리고 기타 미세한 퇴적물 밑에 계속해서 더 깊이 파묻혔다. 루시가 중요한 의미를 갖는 것은 무릎구조로 보아 그녀가 두 발로 다녔고, 똑바로 서서 걸을 수 있었다는 것을 알 수 있기 때문이다. 그녀의 무릎 뼈는 제자리에 "끼어들어가서" 움직임을 지탱할 수 있었다. 이 사실은 메리 리키 박사가 루시와 비슷한 시기에 굳어진 화산재에서 발자국을 찾아냄으로써 확인되었다. 그 발자국은 인간의 것과는 다른 커다란 발가락을 보여주었으며, 확실히 유인원의 것이 아닌 발바닥 장심도 보여주었다. 리키는 하나 이상의 개체들이 그러한 발자국을 남겼다는 것을 관찰했다. 이와 같은 선행인류들은 걸어서 훨씬 더 넓은 지역으로 먹이를 찾아다녔으며, 손은 자유로워서 먹이와 도구, 무기 등을 들고 다닐 수 있었다. 그러한 장점은 진화에서 호모Homo 속으로 나아가는 커다란 진보를 나타낸다.

Q 최초의 도구는 언제 만들어졌으며, 누가 그런 것을 만들어 사용했나?

A 정교하게 만들어진 최초의 도구는 돌과 뼈로 된 것들이었다. 나무로 만들어진 도구들이 있었을 것이고, 또 그런 가능성이 높기도 하지만 지금까지 남아 있는 것이 없다. 아프리카 에티오피아의 하다르 지역에서 가장 오래된 도구가 나왔고 그 연대가 250만 년 전의 것으로 추정된다는 주장을 할 수 있다. 그곳에서 발견된 이러한 유물의 수는 수백 개나 된다. 그 연대는 도구 만드는 것이 오스트랄로피테쿠스가 널리 퍼져 있을 때 이루어졌다는 것을 가리키며, 오스트랄로피테쿠스가 자르고 때리는 도구, 심지어 작은 도

끼 등을 만들 지능과 능력을 가지고 있었다는 것을 보여준다. 동시에 호모 하빌리스Homo habilis도 무대에 등장했는데, 이러한 오래된 도구 중 일부는 호모 하빌리스가 만든 것으로 추정할 수도 있다. 이들 그룹은 채식을 하며 살았을 가능성이 높다. 그렇게 하는 것이 더 쉽고 안전했다. 그러나 식용 가능한 식물이 드물어지는 건기에 오스트랄로피테쿠스와 호모 하빌리스가 자르고 문지르는 도구를 만들었을 가능성이 있다. 이런 도구는 포식자들이 죽인 고기의 마지막 잔해를 획득하거나 뼈를 으깨 영양가 많은 골수를 먹는 데 도움이 되었다. 조류와 작은 포유류를 포함하여 많은 동물들이 막대기나 돌과 같이 주변에 있는 임시 도구를 사용할 수 있었을지 모르지만 특정한 목적을 염두에 두고 도구를 고안해내려면 지능과 기술이 있어야만 했다.

Q 인류의 진보에 기후가 미친 영향은 무엇인가? 빙하시대에 살아남는 것은 매우 어려운 일이었을 것 같다.

A 대규모의 기후변화는 인간과 동물뿐 아니라 다른 생물의 행동과 생존 기술에 지대한 영향을 미쳤을 것이다. 기후변화는 연쇄적인 파급효과를 불러일으킨다. 즉, 기후가 바뀌면 식물군이 바뀌고 어떤 것들은 죽게 되며, 이것은 다시 먹이사슬 안에 있는 동물 분포에 변화를 가져온다. 이러한 변화는 생물의 멸종을 가져올 수 있으며, 매머드와 마스토돈도 이런 식으로 멸종된 것으로 생각된다. 어떤 생물에게는 이것이 기회가 될 수도 있다. 홍적세의 빙하시대 기간 중 추운 날씨는 호모 에렉투스와 같은 원시인류로 하여금

불을 발견하고, 불을 이용하여 따뜻하게 하고, 주변을 밝히고, 먹을 것을 조리하는 것을 더욱 촉진시켰다. 불은 또한 포식자들을 쫓아내는 무기로도 여겨졌다. 최초의 옷은 동물의 가죽이었을 것이다. 순록과 사향소와 같이 추운 기후에 사는 동물들을 잡는 사냥법이 발달했을 것이고, 동시에 협동하는 행위가 더욱 조장되었을 것이다. 보호와 안전을 위해 동굴에서 거주하는 것을 더 선호했을 것이고, 추운 날씨 때문에 어쩔 수 없이 휴식을 취해야 하는 시간에는 공예 혹은 기타 여러 가지 창조적인 활동을 했을 것이다. 이와 대조적으로 먹이가 풍부하고 육식동물들이 거의 없던 온화한 기후는 인간을 포함하여 많은 동물 그룹의 생존 능력을 약화시켰을 것이다.

Q 파리와 모기는 나를 정말 미치게 만든다. 지금이야 뿌리는 파리약이나 모기약이 있지만, 원시인들은 어떻게 했을까? 이런 문제를 해결하는 그들만의 방법을 가지고 있었을까?

A 인류학자들도 이 질문과 관련하여 초기 인류들도 오늘날 우리 못지않게 이런 곤충들의 관심을 달가워하지 않았다고 말하는 것 외에 특별한 해답을 가지고 있지는 않다. 심지어 오늘날에도 저개발 국가에서는 곤충을 쫓아내기 위해 연기를 피우는 단지가 사용되고 있다. 우리 인간은 삶의 한 부분으로 여겨지는 것이라면 그 어떤 것에도 적용할 수 있는 것 같다는 사실을 생각해볼 필요가 있다. 저개발 사회의 사람들은 머리와 몸이 별의별 종류의 벌레들로 뒤덮여 있기도 하지만 그런 것에 별로 신경을 쓰지 않는 듯하다. 그러나 이런 종류의 관심을 경험해보지 못한 우리 중 일부는

침실에서 모기 한 마리를 쫓느라 밤을 꼬박 새우기도 한다. 원시인류는 보호를 위해 피워놓은 연기 나는 불, 혹은 동물 지방을 얼굴에 바르는 것에 익숙했을 것이다. 동물 가죽을 두르는 것도 도움이 되었을 것이다. 유쾌하거나 불쾌한 것은 적응의 문제이며, 우리 종은 어떤 것에도 아주 잘 적응한다는 것을 증명해왔다.

Q 호모 사피엔스에 이르는 진화과정에서 확실한 지능의 발전이 있었나?

A 그렇다. 그것은 또한 수많은 파생효과를 가지고 있다. 점점 커진 두뇌의 크기와 몸에 대한 두뇌의 비율이 지능이 높아지는 것을 뜻하는 것이라면 확실히 분명한 발전이 있었다. 약 450~500cc(입방센티미터)의 용적을 가진 오스트랄로피테쿠스가 제일 끝에 있고, 그 위에 700~800cc의 호모 하빌리스, 1,000cc에서 최고 1,200cc에 달하는 호모 에렉투스가 있으며, 전형적인 호모 사피엔스는 두개골 용적이 1,450cc에 달한다. 호모의 뇌는 머리도 함께 커지지 않는 이상 더 커질 수가 없다. 이와 같이 커다란 머리는 산도를 나올 때 어려움을 안게 될 것이다.

어떤 과학자들은 이러한 생리학적 어려움을 극복하기 위해 태아의 머리가 너무 커지기 전에 출산이 시작된다고 생각한다. 이와 대조적으로 대부분의 포유동물들은 완전히 다 발달한 뇌를 가지고 태어나며 짧은 시간 내에 완전하게 기능한다. 인간의 경우에는 뇌가 이런 수준까지는 도달하지 못하며, 태어난 후에 계속해서 발달하고 머리의 크기도 커진다. 따라서 갓난아기는 실질적으로 무력하여 훨씬 더 긴 시간 동안 부모의 양육과 보호를 필요로 하게 된다. 상호 생존 차원에서 유익한 파생 효과는 사회적인 것이다. 씨족 혹은 집단은 더욱 결집하게 되어 더 오랫동안 함께 지내며 상호 협력하는 일도 많아지고 동종의식도 높아졌다. 부족의 자원도 훨씬 더 효율적으로 모아서 활용하는 것도 상상할 수 있다. 인간의 자식들이 훨씬 더 독립적이고 조숙했더라면 그런 것은 이뤄내지 못했을 것이다. 인간의 출산과 오늘날의 세계에서 유아를 돌보는 것에 대해 우리가 알고 있는 것들을 고려해보건대 위와 같은 시나리오는 그럴듯해 보인다.

Q 네안데르탈 인은 지능이 낮았으며 으르렁거리는 것밖에 할 수 없었다고 묘사되는 이유는 무엇인가?

A 네안데르탈 인은 그동안 나쁘게 묘사되었다. 흔히 네안데르탈 인을 발을 질질 끌며 웅크린 생물로 생각했던 이유는 뼈의 잔해 분석에 오류가 있었기 때문이다. 관절염을 겪고 있던 네안데르탈 인의 유해를 조사했던 것이다. 네안데르탈 인은 신체적으로 현대의 인류와 크게 다르지 않았으며, 더 단단하고 더 근육질이었고 매우 돌출된 얼굴을 하고 있었다. 그들이 어느 정도로 민첩했는지는 알지 못하지만, 서로 의사소통을 할 수 있었다. 네안데르탈 인은 튼튼하고 공격적이었으며 생존 지향적이었다. 그들은 최소한 20만 년 동안 유럽, 아프리카, 중동 및 기타 여러 지역에 걸쳐 번성했으며, 빙하시대에 용감하게 맞섰다. 이것은 성공적인 진화였다. 그들이 자신의 영토에서 그 수가 점점 불어나고 있던 크로마뇽 인들을 제거해버리려는 악의를 가지고 있었을 것 같지는 않다.

A 수십 년간 네안데르탈 인을 인간과 가까운 동굴거주자로
생각했었지만 과학자들은 그러한 견해를 상당 부분 수정
했다. 이는 유럽, 아프리카, 서아시아 등 여러 곳에서 발견된 네안데르탈 인의 유적지에서 발굴된 많은 해골과 관련 유물 때문이다. 이러한 견해의 수정은 네안데르탈 인을 호모 사피엔스 네안데르탈렌시스로 우리와 같은 종으로 분류한 것에서 잘 나타나고 있으며, 이런 분류를 정당화하는 증거도 있다.

비록 네안데르탈 인의 정확한 기원은 확실하지 않지만 호모 에렉투스의 뼈 잔해에서 네안데르탈 인의 특징과 비슷한 외형을 볼 수 있으며, 이는 네안데르탈 인의 진화가 인류의 진화와 나란히 진행되었다는 것을 시사한다. 네안데르탈 인의 머리의 생김새는 우리의 머리와 달랐지만 크기는 일반적으로 현대 인류의 것만했다. 그들은 소규모로 무리를 지어 살았고, 대부분 사냥꾼이었으며 창을 사용했고 작은 사냥감을 사냥했으며, 발굴지를 보면 알 수 있듯이 불에 대한 지식이 있었다. 그들이 만든 도구는 조악한 박편에서부터 좀더 복잡한 석기 도구에 이르기까지 다양했으며, 심지어 목에 장식품을 걸기도 했다. 중요한 점은 그들이 시체를 부장품으로 보이는 것과 함께 묻었다는 것이다. 네안데르탈 인은 사후에 대한 개념을 가졌던 지상 최초의 생물이었던 것 같다.

네안데르탈 인은 힘든 삶을 보냈다. 네 명 중 하나 꼴로 뼈는 골절

되고 부러지고, 영양이 결핍되어 있었다는 것을 보여주고 있다. 40세를 넘기는 경우는 거의 없었다. 가끔 식인 풍습이 있었다는 증거, 혹은 어쩔 수 없이 그런 일이 있었다는 증거도 등장하고 있다. 네안데르탈 인의 멸종은 크로마뇽 인이 융성한 때와 시기가 맞아떨어지는데, 크로마뇽 인이 공동의 거주지를 장악했음이 틀림없다. 두 그룹은 수천 년간 같은 시기를 살았기 때문에 서로 교배하여 네안데르탈 인이 흡수되었을 가능성도 있다.

1998년 포르투갈에서 발견된 네 살 된 아이의 무덤이 네안데르탈 인의 운명을 밝혀줄 가능성이 있다. 과학자들은 매장된 시기가 네안데르탈 인이 사라진 것으로 추측되는 시기보다 약 5,000년 뒤인 약 2만 5,000년 전이라고 판단했다. 아이의 뼈는 네안데르탈 인과 초기의 현대 인류의 특징을 모두 가지고 있었으며, 이는 네안데르탈 인이 교배를 통해 흡수되었다는 것을 시사했다.

서유럽 사람들 중 일부가 코와 턱이 돌출한 얼굴을 가지고 있다는 사실이 교배에 대한 주장을 뒷받침해주기도 한다. 서유럽 인의 후손일 경우 크로마뇽 인과 네안데르탈 인의 피가 흐르고 있을 가능성이 있다. 이와 반대로 네안데르탈 인의 뼈에서 추출한 DNA의 조사 결과는 네안데르탈 인과 현대 인류 사이에 아무런 관계가 없다는 것을 보여주고 있다. 이 논란 많은 주제에 대한 연구는 계속되고 있다. 그러나 우리가 확실하게 알고 있는 사실은 5만 년에서 3만 년 전 사이에 네안데르탈 인이 호모 사피엔스의 뚜렷한 아종으로서 완전히 사라져버렸다는 것이다.

A 화석이 풍부한 올두바이 협곡에서 또다시 발견이 이루어
졌다. 오스트랄로피테쿠스와는 확연히 다르고 호모 속으
로 분류될만한 특징을 가지고 있는 두개골이 1959년에 발굴된 것이
다. 이 생물체에 "솜씨 좋은 사람"이라는 뜻의 하빌리스라는 종명이
주어졌다. 호모 하빌리스는 그들의 선배들보다 더 큰 뇌와 더 작은
치아, 그리고 좀더 둥근 두개골을 가지고 있었지만, 여전히 유인원
처럼 생긴 특징을 가지고 있어서 현대의 인류와는 차이가 났다. 케
냐의 쿠비포라와 같이 중요한 지역을 포함하여 몇몇 다른 장소에서
도 이런 종의 개체들이 발견되었다. 리처드 리키는 하빌리스가 지금
까지 알려진 가장 최초의 인류이며, 그 해골의 연대는 지금으로부터
200만 년 전에 가깝다고 생각했다.

19세기 말과 20세기 초에 수많은 두개골과 턱 및 여러 가지 뼈들
이 중국, 인도네시아, 아프리카에서 발견되었으며, 이들은 서로 관
계가 있는 것처럼 보였지만 형태학적으로 매우 다양한 모습을 하고
있었다. 공통적인 특징 하나는 뇌용적이 평균 900~1,100cc 정도였
다는 것으로, 이는 하빌리스보다는 컸지만 일반적으로 호모 사피엔
스보다는 작았다. 이 새로운 인류 생물은 호모 에렉투스라고 명명되
었다. 그들은 160만 년 전에 살았던 것으로 추정되었으며, 호모 하
빌리스의 진화상의 후손인 것처럼 보였다. 그러나 호모 에렉투스는
날카로운 날을 가진 자르는 도구와 양날 손도끼와 같이 더 나은 석

기 도구들을 만들었다. 사냥이라기보다는 썩은 고기를 해치웠던 하빌리스보다는 좀더 진정한 의미의 사냥꾼이었으며, 열매, 뿌리, 견과류 등을 포함하여 훨씬 더 다양한 식단을 즐겼다. 호모 에렉투스가 호모 계통에서 차지하는 자리는 확실하지만 우리 인간의 종에 속했던 고인류와의 정확한 연관관계에 대해서는 과학자들 사이에 의견이 분분하다. 이 두 그룹은 좀더 현대적인 인류의 모습(특히 코와 턱)으로 진화하는 것을 보여주고 있지만 우리가 보기에는 여전히 원시적으로 생겼을 것이라는 점은 틀림없다. 화석기록은 눈의 색깔, 피부의 색과 결, 털이 난 정도, 혹은 미묘한 행동 특징 등과 같은 특성은 알려주지 못한다. 우리는 이들 그룹이 어느 정도의 언어능력을 가졌는지, 혹은 이런 언어를 똑똑히 발음하기 위한 목구조를 가지고 있었는지에 대해서는 여전히 모르고 있다.

Q 크로마뇽 인은 언제 등장했을까? 대개 동굴에 살았을까? 우리만큼 똑똑했을까?

A 크로마뇽은 1868년에 발견된 프랑스의 고고학 발굴지의 이름으로, 그곳에는 연대가 1만~3만 5,000년 전으로 추정되는 완전한 인간 개체 10명의 해골 잔해가 있었다. 이곳은 바위 은신처였다. 이 시기의 사람들은 동굴에서 살거나, 기후가 온화할 때면 야외에서 지내기도 했었다. 그러나 빙하시대의 영향이 아직 남아 있어서 대부분의 시간은 추웠다. 그럼에도 불구하고 그들의 서식지는 지리적으로 널리 퍼져 있었다. 그들은 전반적으로 뇌의 크기, 수직 이마, 둥그런 후두부, 뚜렷하고 날카로운 턱, 현대의 치과의사

들이 흔히 봤을 치열 등의 면에서 볼 때 호모 사피엔스의 정의를 충족시켰다. 그들도 우리와 동일한 정도의 선천적인 지능을 가지고 있었을 것으로 보이지만, 문명에 의해 축적된 지식을 가지고 있지는 않았다. 그들은 당시 호모 속 중에서는 가장 키가 컸으며, 어떤 것들은 약 182센티미터에 달하기도 했고, 골격은 현대 인류와 같은 걸음걸이에 완전하게 적응되어 있었다. 많은 과학자들은 크로마뇽 인이 호모 에렉투스의 아종이지만 13만 년에서 15만 년 전의 좀더 오래된 고인류 종류에서 진화되었을 것으로 믿고 있다.

크로마뇽 인의 문화적 발전도 흥미롭다. 그들은 작은 오두막집을 지었으며, 긁개, 매끄럽게 만드는 도구, 송곳, 창 찌르개 등 다양한 종류의 유용한 도구(뼈로 만든 많은 것들을 포함)를 만들어 마스토돈과 같이 커다란 동물들을 성공적으로 사냥했다. 그들은 최초의 진정한 장인으로 간주될 수 있다. 그들은 작은 조각을 만들었고, 기하학 문양을 새겨넣었으며 장식품을 만들었고, 프랑스와 스페인에 있는 유명한 동굴벽화를 그린 예술가들이었다. 그들의 거주지는 계절 따라 이동하는 것이라기보다는 좀더 항구적이었던 것으로 보이며, 이는 최초의 문명의 전조가 되는 정착 공동체로 향하고 있다는 것을 암시한다. 크로마뇽 인이 사후를 믿었을 가능성이 있으며, 일부 유물이 암시하듯 종교 개념도 가지고 있었다. 그들은 언어로 의사소통을 했던 것이 틀림없으며, 문자는 가지고 있지 않았다. 고고학적 발견이 더 이루어지면 크로마뇽 인의 생활형태에 대해 더 많이 알 수 있게 될 것이다.

A 자기 자신, 혹은 자식의 생명이 위협을 당하면 우리가 아는 한 어떤 종의 동물이라도 자신의 종을 공격하고 죽일 것이다. 인간도 예외는 아니다. 포유동물 가운데 수컷은 자기 종족 혹은 무리의 새끼를 죽이려는 시도를 할 수 있다. 그 이유는 어린 새끼가 장차 수컷 어른의 우위에 대한 위협으로 보이기 때문이다. 어미는 죽음을 당하면서도 자식을 보호할 것이다. 이것은 매우 명백하다. 그러나 인류의 경우, 언제 두 나라가 전쟁을 하고 군인들이 죽는지는 그렇게 명백하지 않을 수 있다. 좀더 복잡한 수준에서 생존에 대한 위협이 느껴졌을 때 종종 전쟁이 일어난다.

우리가 생존할 수 있었던 데에는 실제로 우리의 공격성이 중요한 역할을 했을 것이다. 다른 동물에 대해서 생각해보자. 조류, 파충류, 포유류, 양서류의 많은 종들은 공격성을 드러낸다. 이는 동물이 생존에 필요한 자원이 있는 영역을 표시하는 데서 드러난다. 이러한 영역 본능은 짝짓기 계절과 새끼의 양육 시기에 강화된다.

어떤 동물들은 넓은 지역을 경계로 삼고, 이 경계를 침범하는 동물과 싸우며, 심지어 죽을 때까지 싸운다. 새와 같은 것들은 둥지 자체만을 방어영역으로 간주하기도 한다. 동물들이 공격적이지 않을 때 멸종하는 것을 볼 수 있다. 그 한 예가 나그네비둘기인데, 이들은 둥지를 파괴하는 알 사냥꾼들에 대해 아무런 저항을 하지 않았고, 그 결과 20세기에는 멸종되고 말았다. 인간의 공격성은 정상적인 행동으로 볼 수 있다. 우리의 문제는 이러한 공격성을 더욱 더 효율적으로 표현하는 방법을 계속해서 꿈꾸고 있다는 것이다.

A 어떤 이들은 유명한 필트다운 위조 사건이었다고 말할 것이다. 가짜 화석이었던 필트다운 인은 1912년 영국 잉글랜드 남부의 사력층에서 "발견"되었다. 신원이 밝혀지지 않는 사람, 혹은 사람들이 유인원의 턱(오랑우탄)과 현대 인류의 두개골 조각을 붙여놓았는데, 그 솜씨가 대단하여 과학자들은 40년 동안이나 필트다운 인을 놓고 논쟁을 벌였다. 그 위조자는 유인원 턱의 이빨을 갈아서 마치 인간의 치아가 닳은 것처럼 보이게 만들었다. 뼈는 화학 처리하여 아주 오래전에 매장된 것처럼 보이게 했다. 이러한 능숙한 솜씨는 그 위조자가 고고학계 출신이었을 가능성을 시사했다. 당시 많은 해부학자들이 아무런 의심 없이 필트다운 인을 원시형태의 인간으로 받아들였으나, 1950년대에 화학조사를 실시한 결과 두개골과 턱이 서로 다른 연대의 것이라는 게 드러났다. 인간의 조상에 관한 지식을 탐구하던 과학자들은 40년 넘게 엉터리 흔적을 토대로 가정을 한 게 되었기 때문에 그 타격은 엄청났다.

위조사실이 밝혀지자 원래 발견과 조금이라도 관계가 있던 거의 모든 사람들이 의심의 대상이 되었다. 가장 먼저 그 화석을 발견했던 변호사 찰스 도슨이 주요 혐의자였다. 그는 좀더 기술적인 훈련을 받은 자의 공범으로 간주되었다. 혐의는 영국박물관에서 일하고 있었고 가짜 화석 재료를 입수할 수 있었을 것으로 생각되는 아서 스미스 우드워드에게 집중되었다. 그는 또한 박물관장이 되길 갈망했으나 한번 이상 실패했던 적이 있다는 사실로 인해 동기도 가지고 있었다. 이렇게 위대한 발견은 그를 빨리 승진할 수 있게 해줄 수 있는 것이기 때문이었다. 또 다른 혐의자는 셜록 홈스의 작가 아서 코넌 도일 경이었다. 그는 필트다운 인이 발견된 곳에서 가까운 곳에 살았으며 열렬한 진화반대론자였다. 주요 혐의자들에 대한 그럴듯한 주장이 제시되었다. 그러나 우드워드에게 원한이 있었던 박물관 자원봉사자 마틴 힌튼의 가방이 발견되면서 결정적 증거가 등장했다. 그 가방에는 실제 필트다운 사기에 사용되었던 것들과 동일한 뼈와 뼈를 인위적으로 오래되게 만들 수 있는 화학물질이 들어 있었다. 다른 반대증거가 나오지 않는 한 필트다운 사기의 주범은 힌튼으로 남게 될 것이다. 도일이 셜록 홈스를 시켜 범인을 찾아내게 하고 싶어했을 만한 미스터리가 아닐 수 없다.

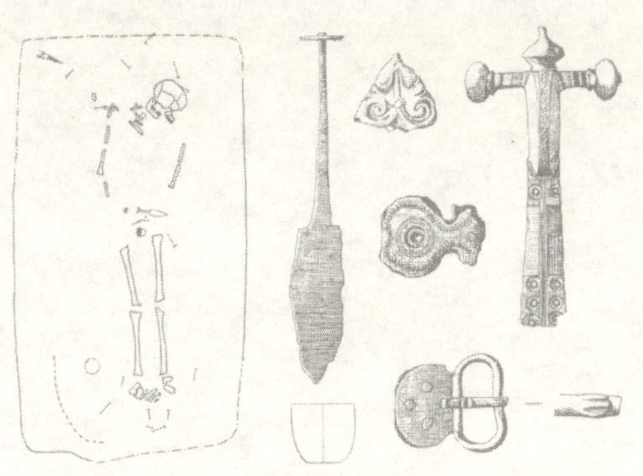

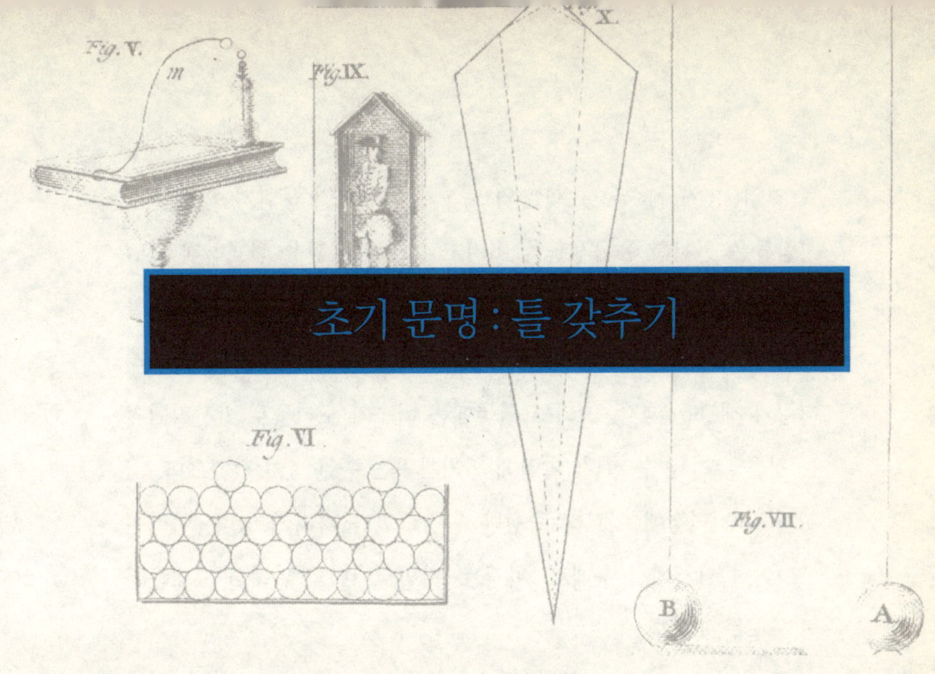

초기 문명 : 틀 갖추기

Q 문명을 특징짓는 것은 무엇인가?

A 문명에 대한 정의를 내리는 방법은 여러 가지가 있다. 그러나 가장 기본적으로 문명은 협동을 통한 식량생산 증대와 유지에 기초한다. 모든 사람들은 먹어야만 한다. 1만 년에서 1만 2,000년 전 빙하시대가 끝이 났을 때 호모 사피엔스 사피엔스의 무리는 아프리카, 유럽, 아시아, 지중해 지역의 상당 부분에 걸쳐 퍼져 있었다. 25명에서 50명 정도로 이루어진 작은 무리는 점점 더 온화해지고 생존하기에 좋아지는 세계에서 땅에 뿌려진 씨앗과도 같았다. 기후는 점점 따뜻해지고 습해졌다. 사냥감과 식물성 먹이가 풍부한 살기 좋은 지역을 차지한 그들은 더 오래 머무르려는 경향이 생겼다. 이들 공동체는 점점 수가 늘어났고, 또 식량원을 이용하는 능력도 커졌다. 빙하시대가 끝나자 나일 계곡의 쿠아단 문화, 레반

트 지역(시리아, 레바논, 이스라엘)의 나투피아의 초기 문화가 생겨났다. 사람들은 천천히 유목생활을 버리고 정착지 생활을 선호하게 되었는데, 이러한 정착지에는 수백 명이 모여 번성하기도 했다. 효율을 높이기 위해 분업, 좀더 영구적인 거처, 더 나은 언어 의사소통, 리더십과 새로운 생각, 그리고 결국에는 최초의 도시들로 발전되어가는 것을 그려볼 수 있다. 이렇게 되기까지는 수천 년이 걸렸으며, 기원전 7000년경에 이르러 중동에 농경사회가 자리 잡았다. 이러한 조그마한 원천에서 수메르, 이집트, 바빌로니아의 위대한 고대문명이 등장하게 된다.

Q 초기의 인류가 집에서 기른 야생 동물은 무엇이었나?

A 개였을 것이다. 아직 기본적으로 사냥을 하는 단계에 있었던 초기 인류에게 개는 사냥의 동반자이자 야외에서 밤에 망을 보는 유용한 동물이었을 것이다. 개는 또한 잡아먹을 수도 있었다. 그러나 이의를 제기하는 이들도 있다. 염소, 양 혹은 돼지같이 무리를 지어 사는 동물들이 길들이기 훨씬 더 쉬웠을 것이며, 사냥할 필요도 없이 편리하게 고기와 유유, 털, 가죽 등을 제공했을 것이다. 연대가 기원전 9000년으로 거슬러 올라가는 인류 거주지에서 발견된 이러한 동물들의 뼈가 이를 증명한다.

농경이 발달함에 따라 소, 당나귀, 낙타 등과 같이 일하는 동물들이 필요에 따라 사육되었을 것이다. 하이에나와 같은 야생동물의 사육은 그리 성공적이지 않았다. 말이 한참 뒤 아시아의 스텝 지대에서 등장했다. 사람을 포함하여 더 크고 강한 무리 동물들을 물건을 수송하는 데 이용할 수 있다는 것이 알려지게 되었고, 여기에서 바퀴가 발명되었을 것이 틀림없다. 바퀴는 아마도 전 세계의 여러 문화권에서 여러 번 발명되었던 것 같다.

A 아마도 사람들이 밀, 보리와 같은 야생 곡류는 먹기에도 좋고, 넓은 밭에서 무리를 지어 자란 것들을 거둬들일 수 있다는 것을 알게 되면서 농경이 처음 시작되었을 것이다. 고고학자들은 레반트 지역에 있는 수많은 곳에서 나투피아 문화의 유물과 관련된 막자사발, 맷돌, 낫 등을 발견했다. 그러나 세계 다른 곳의 다른 문화에서도 야생 곡류에 대한 발견을 하게 되었다. 그 시기는 각각 달라서, 지금으로부터 1만 2,000년 전에서 9,000년 전 사이, 혹은 더 이전이었을 가능성이 있다. 이러한 곡류의 씨앗이 땅에 떨어져 결국 같은 것이 더 많이 영글었을 게 틀림없다. 그리하여 원하는 곡물을 편리한 장소에 양껏 심을 수 있었을 것이다. 또 하나의 진전은 이러한 곡물이 강가의 범람원과 같은 곳에서 더 잘 자란다는 것을 알게 된 것이었다. 이어 교배를 시켜보기도 하고 물을 끌어다 대기도 했을 것이다. 위대한 문명들이 비옥한 초승달 지대(고대문명의 발상지로 오늘날 이스라엘, 레바논, 요르단, 시리아, 이라크, 터키 남동부, 이란 남서부 일부 지역을 포함하는 곳을 일컬음—옮긴이)에 있는 나일 강, 메소포타미아의 티그리스 강과 유프라테스 강과 같은 주요 강을 따라 생겨났다는 것은 우연이 아니다. 이미 여러 동물들을 사육, 방목하고 있던 초기 문화는 동물을 이용하여 농작물을 심고, 땅을 갈고, 추수할

수 있었으므로 더 빨리 발전했을 것이다. 이런 식으로 해서 목적을 가지고 동물을 사육하고 식물을 재배함으로써 고대문명의 토대가 형성되었다.

A 미국에서만도 1년에 약 90억 킬로그램의 빵이 소비되고 있다. 아마도 많은 소비자들도 빵이 어떻게 만들어지는지는 모를 것이다. 고고학적 증거에 의하면 빵은 최소한 1만 년 전 오늘날의 스위스 지역에서 만들어졌다. 우리가 먹는 것과 같은 빵은 아니었으며, 도토리를 갈아서 물과 섞고 열을 가해 만든 케이크 같은 것이었다. 후에 밀, 귀리, 보리, 옥수수와 같은 곡물을 갈아서 빵이 만들어졌다. 고대 이집트 인들이 이스트를 사용하여 밀을 '부풀려' 흰 빵을 처음 만들었던 것으로 보인다.

고고학자들은 빵을 굽던 고대의 오븐을 발견하기도 했다. 빵의 "발명"에는 불, 먹을 것을 불로 조리하는 일, 바퀴, 활과 화살의 경우에도 그러했던 것처럼 아마도 우연한 사건이 큰 역할을 했을 것이다. 오늘날 먹는 것과 같은 빵은 17세기까지만 해도 귀족들이나 먹던 사치품이었다. 평민들은 아마도 수천 년 전에 만들어졌던 것과 비슷한 맛없는 빵을 먹었다.

Q 고고학자들은 종종 고대의 폐허를 찾기 위해 땅을 파내려 가야만 한다. 한때는 지상에 있던 곳이 어떻게 땅속에 파묻히게 되었나?

A 자연의 힘은 폐허, 화석 및 기타 유적들이 파묻혀 숨게 만드므로 이런 것들을 찾아내기 위해 고고학자들은 파내려 가야만 한다. 버려진 헛간을 예로 들어보자. 아무도 돌보지 않아 무너져버리면 나무는 썩기 시작한다. 비바람이 흙을 옮겨오고, 그 흙에 잡초와 나무들이 뿌리를 내린다. 식물은 잎이 지고 죽는다. 이러한 유기물 잔해가 쌓이고, 새로운 흙이 만들어지며, 시간이 또 흐르면 헛간은 완전히 파묻히게 된다. 어떤 건물들은 불에 타거나, 무너져 내리거나 혹은 부분적으로 망가지고(예를 들어 전쟁 중에), 새로운 건물이 옛 건물의 잔해 위에 세워진다. 그렇게 되면 예전의 지표면은 인위적으로 묻히게 된다. 멕시코시티의 길거리 밑에서 발견되는 아스텍 문명의 건물들이 그러한 경우이다.

Q 개와 고양이 중 사람들이 먼저 사육했던 동물은 어느 것인가?

A 최소한 1만 년 전의 것으로 추정되는 인류의 거주지 흔적에서 개의 뼈가 발견되었다. 개전문가들은 현대의 개들은 원시시대에 유럽 전역을 배회하고 다녔던 회색늑대에서 나온 것이라고 생각한다. 사냥꾼이 고아가 된 한 배 새끼들을 발견하고 집으

로 데려온 것이 출발점이었다고 상상할 수 있다. 개가 먼저였다는 것은 거의 의심할 여지가 없는 것 같다. 사람들이 좀더 나은 시력, 후각, 힘, 민첩성 등과 같이 바람직한 형질을 개선시키기 위해 교배를 시도한 최초의 동물도 개였을 것 같다. 수천 년 전에 족장, 부족 지도자들과 그들의 개가 함께 매장된 무덤도 발견되는 것을 보면 사람과 개 사이에 사랑과 긴밀한 유대가 생겨났다는 것을 알 수 있다.

고양이과 동물들은 300~400만 년 전 홍적세에 이미 확실하게 자리를 잡았다. 아비시니아와 페르시아 종류를 포함한 고양이들은 개보다는 한참 뒤에 사육되었던 것으로 보인다. 고양이는 아프리카에서 기원했을 가능성이 있다. 그러나 많은 사회가 고양이를 알고 있었고 사육하기도 했다.

고대 이집트의 일상생활을 그린 벽화를 보면 고양이들이 고대 이집트 인들의 애완동물이 되었다는 것을 알 수 있다. 이집트 인들은 5,000년 전에 고양이를 미라로 만들었고 심지어 고양이묘까지 만들었다. 사실 이집트 인들은 고양이를 신성한 동물로 숭배했다. 고양이는 사랑스런 애완동물이었을 뿐 아니라 곡물창고와 그 주변의 설치류들의 수를 줄여주기도 했다. 고대 이집트에서 고의로 고양이에게 해를 입히거나 고양이를 죽인 사람은 죽임을 당했다. 여러분의 고양이가 어쩌면 이집트에서 살았던 고양이와 같은 혈통을 가지고 있을지도 모르겠다.

A　손으로 유연한 진흙에 형태를 주고 열로 굳혀서 다양한 물
체를 만들어낸다는 기본적인 생각은 약 2만 8,000년 전에
유럽에 살던 초기 인류들이 생각해냈다. 아마도 그것은 부드러운 진
흙덩어리가 불에 떨어진 것과 같은 또 하나의 우연한 사건에서 출발
했을 것이다. 어쨌거나 진흙은 작은 인물상이나 장식물 등을 만드는
데 사용되었지만 실용적인 목적으로 사용되었던 것 같지는 않다. 그
후로도 오랫동안 도기의 재료로 사용하지 않다가 빙하시대 말에 재
발견되어 수많은 문화에서 도기 제작이 꽃을 피게 되었다. 항아리와
여러 그릇들은 물을 나르고 뭔가를 저장하는 데 사용될 수 있었다.
최초의 항아리를 만든 사람들은 일본사람들이었는데, 도기에 찍혀
있는 그들의 손가락과 손톱자국을 지금도 볼 수 있다.

　고고학자들에게 때로 도기는 금화가 들어 있는 상자를 발견하는
것보다 훨씬 더 중요한 발견이 될 수 있다. 도기는 1만 년도 넘는 고
고학 유적지 거의 모든 곳에서 발견되었다. 이는 도기가 매우 견고
하며 화학적으로도 안정하다는 것을 뜻한다. 물론 항아리는 깨지지
만 그 조각(고고학자들은 도편이라고 한다)은 금방 풍화되지 않는다. 불에
굽기 전, 진흙은 거의 무한한 수의 형태와 양식, 첨가물(함께 섞는 모래
나 짚과 같은 것)로 그 모양이 빚어지고 장식되었다. 대단히 중요한 것
은 도기의 양식이 시간이 흐르면서 변하여 그 문화를 확인하고 연대
를 추정하는 도구를 제공한다는 것이다. 디자인을 보면 자동차가 만

들어진 때를 알 수 있는 것과 마찬가지로 도기 양식을 보면 연대 추
정을 할 수 있다. 구운 진흙으로 만들어진 것으로 우리는 대개 항아
리만 생각하지만 보석, 등, 벽돌 건축재, 고대의 글자를 쓰던 서판도
진흙으로 만들었다. 따라서 도기는 고고학자들에게 대단히 중요한
과거의 유물 중 하나이다.

Q 오늘날 고고학자들은 고대의 도기를 초기 인류의 주요 증
거로 삼는다. 지금으로부터 수천 년 뒤의 후대 사람들은 우
리의 문명에서 어떤 것을 찾으려고 할까?

A 우리 문명은 초기 문명보다 훨씬 더 광범위하고 복잡하므
로 유물의 수와 유형은 수천 가지에 달할 것이다. 또한 우
리 문명의 상당 부분이 지하에 있고 파괴적인 요소로부터 보호되기
때문에 보존될 가능성은 훨씬 더 많을 것이다. 은행의 지하금고, 대
형 건물의 지하, 지하철 등이 보존될 것이다.

시간이 지나면서 철로 만든 물체들은 부스러져 없어지겠지만 강
화 콘크리트, 플라스틱, 나무 등은 물론 유리, 세라믹, 벽돌 등과 같
은 많은 것들은 살아남을 것이다. 테이프, CD, 필름은 오래가지 않
을지 모르지만 활자화된 글은 대단히 오래 가므로 미래의 고고학자
들은 곧 우리의 언어를 해석하게 될 것이다. 또한 고고학자들은 매
우 복잡한 발굴 및 보존 기술을 갖게 될 것이므로 현재 사용되는 방
법으로 할 수 있는 것보다 훨씬 더 많은 것을 밝혀낼 수 있을 것이
다. 핵폭발로 인해 우리 문명이 파괴된다면 아마도 훨씬 더 조금만
남게 될 것이다.

Q 언어는 매우 복잡하다. 원시사회는 단순한 단어와 몸동작 이상의 것을 어떻게 해낼 수 있었을까?

A 아마도 처음에는 단순한 단어와 몸동작이 전부였을 것이다. 그러나 문화적 연속성이 존재하면 그것을 바탕으로 언어가 만들어질 수 있다. 언어를 많이 사용하는 것은 호모 사피엔스 사피엔스에게만 해당되는 일이다. 도구나 도기와는 달리 목구멍에서 나온 소리는 공기중에 사라져버리고 아무런 흔적을 뒤에 남기지 않기 때문에 언어는 연구하기 매우 힘든 것 중의 하나이다. 대부분의 다른 동물은 물론 인간은 고통, 위험, 공포 등을 표현하는 소리는 낸다. 우연히 불을 만진 사람은 "앗!" 하고 비명을 지를지도 모른다. 이는 어떤 상황에 대한 감정적인 음성 반응으로서 많은 동물들도 이러한 반응을 공유한다. 반면 사람은 불을 바라다보면서 "불은 뜨겁다"고 말할 수 있다. 이것은 생각과 연결된 추론적인 언어이다.

구체적인 생각과 추상적인 생각 등 많은 생각을 가지고 있고 그것을 표현할 수 있는 발음수단을 가지고 있었던 인간은 처음부터 언어적 성장 잠재력을 소유하고 있었다. 최초의 기본적인 언어는 생존과 큰 관련이 있었으며, 최초의 단어들은 먹이, 사냥감, 배고픔, 물, 곡물, 위험, 이리 와, 자다, 먹다, 달리다, 싸우다 등과 같은 것을 표현하는 소리였다. 많은 몸동작이 음성으로 표현되었다. 생존능력이 커지고 여가시간이 많아지면서 신, 아름다움, 삶, 진실 등과 같이 좀더 추상적인 생각들을 음성으로 표현하는 방법을 알게 되었다. 우리는 이런 형태의 의사소통이 연구, 분석이 가능한 문자로 구체화되기 전까지의 언어 발달에 대해서는 단지 추측만 할 수 있을 뿐이다.

Q 언어를 문자화하려는 최초의 시도는 무엇이었나?

A 의미를 전달할 수 있었던 그림문자(상형문자)가 5,000년 전 이집트와 수메르를 포함한 몇몇 문화에서 사용되었다. 최초의 상형문자는 부드러운 점토에 자신이 생각하고 있는 물체나 생각을 그린 것이었다. 예를 들어, 새를 생각했다면 새를 그리는 것이었다. 이집트 인들은 구불구불한 선으로 물을 표시했다. 적당한 순서대로 놓으면 생각을 그려낼 수 있었다. 이런 생각을 좀더 영구적으로 나타내기 위해 점토판을 햇빛에 말리거나 가마에서 열로 구워낼 수도 있었다. 티그리스 강과 유프라테스 강을 따라 수메르에 도시국가들이 번성하면서 왕과 지도자들은 그들의 이름, 소유권, 업적을 나타내기 위해 그림문자를 그들의 도장이나 원통형 도장 등으로 사용했다. 수메르 도시들간에 교역과 상업이 확대됨에 따라 상업거래와 통치행위에 대한 기록을 문자형태로 영구히 남길 필요가 커졌다. 경제학이 문자와 읽고 쓰는 능력의 발전에 주요한 역할을 한 셈이다. 수메르 그림문자의 큰 단점은 구어와는 아무런 상관이 없는 것들이 많았다는 것이다. 수메르 문자는 크게 소리내어 읽거나 이해할 수 없었다.

현대의 상업에서도 그림문자가 사용되고 있다는 것은 흥미로운 일이다. 그것은 로고라고 불리며, 회사나 제품을 상징하는 데 쓰인다. 그림문자를 연구하는 것을 로고그래피logography라고도 한다. 마찬가지로 컴퓨터 중심으로 돌아가는 우리 사회에서 전형적인 컴퓨

터는 아이콘으로 가득 차 있는데, 아이콘 역시 그림문자이다. 상형
문자의 장점은 구어를 뛰어넘어 모두가 이해할 수 있다는 사실이었
다. 이는 오늘날 공공 화장실의 문을 우아하게 장식하고 있는 아이
콘을 통해서도 잘 알 수 있다. 그러나 이러한 과거의 그림언어는 복
잡했고 전달할 수 있는 생각에도 한계가 있었다. 시간이 지나면 그
림언어는 알파벳을 사용하는 좀더 효율적인 체계로 대체되게 된다.

Q 대중적인 역사책에는 그리 많이 언급되어 있지 않은 이 신
비로운 아카드 인들은 누구인가?

A 먼저 말할 수 있는 것은 비옥한 초승달 지대의 역사는 매
우 복잡하며, 고고학자들과 역사학자들이 알아낸 것도 불
완전하다는 사실이다. 도시국가가 융성하면서 다양한 셈 족(수메르
인, 아시리아 인, 바빌로니아 인, 엘람 인, 아카드 인) 사이에 상호작용이 일어
났다. 기원전 세번째 천년간은 이들 사이에 전쟁이 끝없이 계속되었
던 시기였던 것 같다. 그러나 동시에 예술, 건축, 저술, 과학이 발전
했던 황금기이기도 했다. 특히 수메르에서 그러했으며, 따라서 수메
르를 문명이 시작한 장소로 간주해도 타당할 것 같다.

아카드 사람들은 수메르 북쪽 지역에 모여 살던 셈 족이었다. 교
역로가 발달하면서 마을과 대상(캐러밴)은 변경의 무법 부족들로부터
습격과 약탈을 당했다. 기원전 2350년경 아카드에 사르곤이라는 현
명한 통치자이자 전사가 등장했다. 그는 군대를 만들어 무법상태를
종식시키고 그 지역에 안정을 가져왔다. 그는 기대 이상으로 성공을
거듭하면서 남쪽의 우르와 우르크에 이르기까지 수메르의 모든 주

요 도시들을 정복해나갔다. 그후 200년간 아카드 인들은 사르곤의
아들들과 그들의 후계자들을 통해 비옥한 초승달 지역에서 군사 통
치권을 장악했다. 이 시기에 아카드 인들은 수메르의 쐐기모양의 문
자를 받아들여 그들의 언어에 맞게 수정함으로써 문자체계에 지대
한 공헌을 했다. 그것은 매우 유용했고, 주변 지역으로 퍼져가 문자
를 통한 보편적인 의사소통 수단이 되었다. 쐐기형태의 글자, 즉 설
형문자로 쓰여 있는 수천 개의 점토판이 고고학 발굴지에서 발견되
었으며, 고고학자들은 이러한 언어를 해독할 수 있다. 그것은 그 지
역 역사에 대한 우리의 이해를 넓혀주었다. 그러나 사르곤이 통치했
던 위대한 도시 아카드는 결코 발견되지 않았다는 사실은 이러한 역
사가 얼마나 복잡한 것인지를 강조하고 있다. 기원전 2100년에 이
르러 아카드 왕조는 무너졌다. 아마도 다른 셈 족에 흡수되었던 것
같으며, 더 이상 존재하지 않게 되었다.

Q 최초로 철을 사용했던 문명은 어느 문명이었을까?

A 공식적인 철기시대는 기원전 1200년 이후에 시작되었다.
기원전 4000년의 수많은 초기 문명에서도 산발적으로 철
이 발견되기도 하지만 널리 사용되었다거나 철을 다루는 기술이 있
었다는 증거는 없다. 기원전 1200년 이전에 발견되는 철의 일부는
최소한 구리를 만들면서 나온 우연한 부산물인지도 모른다. 좋은 철
을 만들기는 쉽지 않았다. 약 1,500이나 되는 고온에 도달해야 하는
데, 이는 어려운 일이었다. 또한 철을 굳게 하기 위해서는 적당량의
탄소를 첨가해야 한다는 사실도 일반적으로 알려져 있지 않았다. 더

나아가, 부서지는 것을 줄이기 위해서는 담금질을 하고 다시 열을 가해야 한다는 것도 뒤에 가서야 알게 되었다. 이와 같은 야금술의 진전은 오늘날 소아시아라고 부르는 지역인 아나톨리아에 살고 있던 다양한 집단의 히타이트 인들이 기원전 2,000년경에 이룩했던 것으로 보인다. 최초로 사용가능한 철이 불로부터 커다란 덩어리 형태로 등장했고, 이것을 가지고 원하는 물체를 만들기 위해서는 엄청나게 때려서 형태를 잡아야 했다. 이런 종류의 철을 연철이라고 한다. 철 제작에 관한 지식은 다른 문화로 확산되어 갔지만, 중국인들도 기원전 700년경에 철 그릇을 만들면서 이런 지식을 독자적으로 발견했을 가능성이 있다. 처음에 철은 등자, 재갈 및 기타 여러 가지 마구를 만드는 데 사용되었다. 칼날과 무기류는 한참 뒤인 기원전 1~2세기에 만들어졌으며, 아나톨리아는 그러한 무기 생산의 중요한 중심지였다.

Q 오늘날의 광부들이 고대의 금광과 은광을 캐내지 못한 이유는 무엇인가? 현대의 장비라면 오래된 광맥을 훨씬 더 깊게 파내려갈 수 있었을 것 같다.

A 현대의 광부들이 옛 광산에서 더 많은 것을 발견할 것 같지는 않다. 더 깊이 파내려간다고 해서 항상 더 많은 광맥을 찾아낸다는 보장은 없다. 이러한 광산 중 많은 수가 페그마타이트(그들은 실제로 페그마타이트를 파내려간다)였기 때문이다. 페그마타이트는 판상 형태의 화성암 덩어리로, 용융된 마그마를 표면과 연결해주며, 이를 따라 금과 은을 함유한 뜨거운 용액이 운반된다. 이 귀한

금속들은 비교적 온도가 낮은 광물로써, 충분히 냉각될 때 비로소 응결될 것이다. 표면을 향하는 경로를 따라 이동하면서 침전물이 생길 때까지 온도는 점차 낮아진다. 자연히 이때는 표면과 가장 가까운 때가 될 것이다. 실제로 광맥을 따라 더 깊이 파내려간다는 것은 단지 온도가 점점 더 높아지는 곳을 따라 내려가는 것으로, 용액이 너무 뜨거워서 금과 은을 응결시킬 수 없는 부분이다. 거대한 석영과 장석은 발견되겠지만 귀한 금속은 거의 발견되지 않을 것이다.

A 그렇게 많은 기여는 하지 않았다. 그러나 호메로스가 쓴 유명한 서사시 〈일리아스〉와 〈오디세이아〉가 탄생하게끔 영감을 주기는 했다. 소아시아에서 에게 해 바닷가 쪽에 위치한 성벽도시 트로이는 이 지역을 점유했던 최소한 9~10기의 지층 중 하나를 대표할 뿐이다. 그 두께가 약 15미터에 달하는 이들 지층을 놓고 어느 것이 진짜 전설의 트로이인가라는 논쟁이 벌어졌다. 7a 지층이 호메로스의 트로이라는 것이 일반적인 의견이다. 그것은 히사를리크라고 하는 작은 언덕 위에 있으며, 기원전 1250년 정도 된 것으로 추정되었다. 발굴품을 보면 도공의 물레, 정교하게 만든 주석, 금, 여러 가지 보석류 등이 사용되었다는 것을 알려준다. 또한 트로이 인들이 그 지역에 말을 들여와 사육하기 시작했던 것 같다. 트로이는 아나톨리아에서 에게 해로 교역품이 나가는 관문이었다. 트로이에 있는 약 4.5미터 두께의 벽과 탑의 잔해는 매우 인상적이다.

트로이가 유명한 것은 주로 헬레네와 파리스의 이야기 덕분이다.

트로이의 왕 프리아모스의 아들 파리스는 스파르타의 왕 메넬라오스의 아름다운 아내 헬레네를 납치하여 트로이로 데려온다. 분노한 그리스 인들이 아가멤논의 지휘 하에 쫓아왔고 10년간 트로이를 포위한다. 그리스 인들은 트로이의 목마라는 묘책으로 트로이에 들어가서 도시를 약탈하고 불을 지른다. 19세기 말, 낭만적이고 부유한 독일인 사업가 하인리히 슐리만은 이 전설에 너무나 매료된 나머지 트로이를 찾아내어 발굴하기로 한다. 히사를리크에 도착한 그는 훈련된 고고학자라면 하지 않을 일을 했다. 히사를리크 언덕 가운데로 길을 내어 그가 그토록 찾고자 했던 많은 고고학적 증거를 파괴해버린 것이었다. 그것은 어떻게 하면 과학적이지 않은가를 보여주는 아주 좋은 본보기였다. 유물을 발견하기는 했지만 그는 호메로스의 트로이를 발견한 사람이라는 명성을 차지하기 위해 비윤리적인 속임수를 썼다는 의심을 받고 있기도 하다. 호메로스와 슐리만이 없었더라면 오늘날 트로이는 고고학적으로 그다지 중요하지 않은 곳으로 여겨졌을 것이다.

 페니키아 인들은 바다의 사람들이었다. 그들은 누구였나?

A 페니키아 인들은 셈 족과 가나안 사람의 뿌리를 지닌 다양한 사람들로서 일련의 중요한 자치도시들을 세웠으며, 그 중 주요도시로 오늘날 레바논과 이스라엘이 있는 지중해 해안을 따라 위치했던 시돈과 튀루스가 있었다. 그들은 청동기시대 말에서 철기시대가 시작되는 때에 번성했다. 그들은 지중해 지역에 걸쳐 널리 해상 무역과 상업에 관여했으며, 특히 삼나무, 상아, 금속 제품 등을

거래했다. 페니키아 인들은 북아프리카를 비롯하여 여러 곳에 식민지를 건설했다. 그들은 단순히 노련한 항해자나 상인이 아니라 재주가 많은 사람들이었다. 그들이 만든 독특한 붉은 슬립웨어(외부 장식) 도기는 잘 알려져 있으며, 멀리 동쪽의 이란에서까지 그런 조각들이 발굴되었다. 그들은 구리, 철, 기타 여러 가지 금속 등을 수입했고, 예술적으로 수준이 높은 금속세공품을 만들었다. 또한 불어서 만드는 유리 제조에서도 선두주자였다. 아마도 그들이 인류 발전에 기여한 가장 큰 업적은 23개의 글자로 된 알파벳을 만들어낸 일일 것이다. 페니키아 글자는 사용하기가 너무 쉬워서 중동과 서아시아에 급속도로 퍼져나갔다. 그들은 비록 전쟁과 같은 정도는 아니었지만 기원전 700년에는 아시리아 인들과 분쟁을 일으켰고, 주로 교역을 했던 이집트 인들과도 문제를 불러일으켰다. 페르시아 인 등 다른 그룹도 페니키아 인들을 괴롭혔다. 드디어 알렉산드로스 대왕이 기원전 3세기에 이 지역을 정복했고, 페니키아의 문화는 그리스 문화로 대체되었다.

Q 고대에 일어난 문명 중 이집트 문명이 가장 위대한 것 아니었나?

A 물론 이집트 인들은 그 누구에게도 뒤처지지 않았다. 메소포타미아 문명이 시작하기 전에 이집트 인들은 이미 1개월이 30일이고, 1년은 12개월로 된 달력을 만들어냈으며, 천문학에도 기여를 하고 있었다. 기원전 3000년 이전부터 나일 계곡은 점점 더 건조해지는 사하라 서부에서부터 조금씩 이주해온 사람들, 중동에

서 온 사람들, 남쪽의 누비아에서 온 사람들이 정착한 곳이었다. 이들 그룹은 토착민들과 섞여 삼각주에서부터 아마도 아스완의 첫번째 폭포에 이르기까지 나일 강을 따라 수많은 농경 공동체를 형성했다. 나일 강 옆의 비옥한 충적토는 매년 홍수로 새롭게 재생되면서 농경이 이집트 문명의 토대가 되게 해주었다. 메네스가 상이집트와 하이집트를 통일하면서 구왕국이라고 하는 것이 세워진 것으로 보인다. 이때 이집트 사람들은 피라미드를 포함하여 세계에서 본 적이 없는 놀라운 예술 장식의 거대한 석조기념물을 세웠다. 따라서 예술, 과학, 건축이 발달하여 새로운 수준에 이르렀다.

이집트 문화의 눈에 띄는 특징은 파라오에 집중된 권력, 널리 보급된 복잡한 종교적 믿음, 죽음과 환생에 대한 집착 등이다. 이러한 문화적 특징은 기원전 두번째 1000년 기간에 있었던 중왕국에서도 계속되었다. 이때는 군사력과 확장정책을 내세운 이집트가 중동 지역으로 침투해 들어가 그 지역을 점령했던 때였다. 이집트의 힘은 모세의 이집트 탈출(출애굽)이 있었던 기원전 1500년경 람세스 2세의 치하에서 절정에 달했다. 주요 강국이었던 이집트는 신왕국 때에 몰락하기 시작했고, 적의 공격과 점령을 받아 결국 로마의 한 지방(속주)으로 격하되고 말았다.

 이집트의 대피라미드(기자 지역에 있는 세 개의 피라미드 중 쿠푸
왕이 세운 피라미드—옮긴이)가 세계에서 가장 큰 인공 건조물
이 아닌가?

A 200만 개가 넘는 석회암 벽돌로 만들어진 장대한 모습을
지니긴 했지만 사람이 만든 가장 큰 건조물은 아니다. 가장
큰 인공 건조물은 중국의 만리장성일 것이다. 만리장성은 그 길이가
약 2,700킬로미터나 되는데, 이는 미국 뉴욕에서 캔자스의 토피카
까지 이르는 거리이다. 만리장성을 쌓는 데 들어간 돌로 대피라미드
를 짓는다면 30개나 지을 수 있을 것이다. 만리장성의 건축은 서기
2세기에 시작하여 수세기 동안 계속되었다. 만리장성을 지은 목적
은 북쪽으로부터의 침입자들을 막기 위한 것이었으나 만주 왕조의
설립자들이 침입하면서 그 목적은 제대로 달성되지 못했다. 놀라운
사실은 만리장성이 깎아지른 산들 위에 지어졌기 때문에 어떤 곳에
서는 만리장성을 걷는 것이 마치 사닥다리를 기어오르는 것 같다는
것이다. 건축을 위해 동원된 노예들이 죽으면 만리장성이나 그 근처
에 묻었기 때문에 만리장성은 세계에서 가장 긴 묘지로 여겨지기도
한다.

Q 대피라미드에 신비한 수학적 진실이 들어 있나?

A 4,000년도 넘는 옛날에 이집트 제4왕조의 왕인 쿠푸가 지은 이 거대한 무덤건물은 미래를 예측하고, 음식을 저장하고, 질병을 고치는 힘을 가지고 있다는 등 수많은 대중적인 이야기와 주장의 근거지로 이용되었다. 대피라미드의 크기가 고대 이집트인들이 우주에 대해 심오한 수학적 지식을 가지고 있었다는 것을 드러낸다는 것도 그런 이론의 하나이다. 예를 들어, 피라미드 건축가들은 피라미드 인치라고 하는 특별한 측량 단위를 사용했으며, 이러한 단위의 피라미드 높이에 10억을 곱하면 지구와 태양 간의 거리에 해당된다고 한다. 또한 피라미드의 부피를 입방 피라미드 인치로 측정하면 그 결과는 창조 이래 지구상에 살았던 모든 사람의 수를 합한 것과 일치한다고 한다. 이러한 주장이 우리의 상상력을 자극하기는 하지만 고고학자들은 그것은 부정확한 측정에 근거한 것이며, 대피라미드가 어떤 우주적 의미를 간직하고 있다는 아무런 증거도 없다는 것을 알아냈다. 한편으로 쿠푸의 대피라미드는 놀라운 공학과 조직력의 산물로 여겨지고 있다.

 과학자들이 장비를 사용하여 피라미드에서 아직 발견되지 않은 숨겨진 방을 찾으려는 시도를 한 적 있나?

A 있다. 그러나 사람이 만든 산과 같은 이집트의 피라미드에서는 아무리 현대적인 감지 장치를 사용한다 해도 그것은 쉬운 일이 아니다. 어떤 고고학자들은 기자에 있는 카프라 피라미드에 또 다른 숨겨진 방이 있지 않을까 하고 생각했다. 카프라는 쿠푸의 아들이었던 것으로 여겨지며, 카이로 근처 기자에 있는 거대한 피라미드들 중 두 개의 피라미드는 아버지와 아들의 것이다. 미국의 물리학자들은 바위에 전파를 발사하여 무덤의 빈 공간과 같은 것으로 인해 생기는 밀도의 변화를 기록하는 기계를 개발했다. 방은 발견되지 않았지만, 언젠가는 이러한 원격탐사기술이 다른 곳에서 고고학자들을 도울 수 있을 것이다.

Q 바그다드 근처에서 발견된 고대의 전지(배터리)가 원시인류들이 외계에서 온 외계인들의 선진 기술을 썼다는 증거라고 말할 수 있나?

A 0.5볼트의 전기를 만들어낼 수 있는 원시적인 형태의 전지가 한 군데도 아니고 십여 군데도 넘는 고고학 유적지에서 발견되었다는 것은 사실이다. 이런 것들은 전기를 사용하여 구리 위에 은박을 입히는 작업에 유용하게 쓰였을 것이다. 이러한 도구들은 2,200년에서 1,800년 정도 된 것들이다. 다음과 같은 설명 중 하나

를 택할 수 있을 것이다. ① 당시 사람들은 그러한 전지를 만들어낼 정도로 똑똑했다. 혹은 ② 선진 문명이 우주선을 타고 지구로 와서 우스울 정도로 조악한 전지를 만드는 법을 우리에게 보여주고 떠나 갔다. 2,000년 혹은 심지어 5,000년 전의 인류가 우리만큼 똑똑하여 전지를 만들어낼 수 있었다고 믿고 싶다. 어쨌든 그것은 그렇게 복잡한 전지가 아니며, 우주의 외계인이 가져왔을 전지 같아 보이지는 않는다. 고대 기술을 연구해보면 옛날 사람들이 기계, 예술, 운송, 과학 등에서 놀랄 정도로 솜씨가 좋았다는 것을 알 수 있다.

A 이집트의 스핑크스는 약 4,500년 전 제4왕조 시기에 군림했던 파라오 카프라를 표현한 것이다. 그것은 사자의 몸과 인간의 머리를 가지고 있는데, 아마도 통치자의 힘과 권력을 상징하는 듯하다. 스핑크스의 얼굴을 망가뜨린 것은 나폴레옹의 병사들이었다. 그들이 대포로 목표물 맞추기 훈련을 하다가 스핑크스의 코를 망가뜨리고 말았다. 스핑크스 모양은 특히 중동에서 많은 사람들을 예술적으로 표현한 형상에서 볼 수 있다. 그리스의 스핑크스는 날개가 달인 사자의 몸을 한 여자였다. 때때로 날개가 달린 스핑크스도 볼 수 있다. 대피라미드와 이집트의 스핑크스는 모두 이집트의 위대한 석조 건축물을 상징하며, 또한 이집트 자체를 상징하기도 한다.

A 이집트 인들은 왕조시대에 높은 수준의 시체 방부처리 기
술을 가지고 있었다. 아마도 최초로 이런 일을 한 사람들
이 바로 이집트 인들이었을 것이다. 시체를 방부처리하던 고대인들
이 나무의 진과 염분이 함유된 결정을 효율적으로 사용하는 방법도
알고 있기는 했지만 북아프리카 기후의 열과 건조함 자체가 훌륭한
방부제 역할을 했다. 이는 깊지 않은 사막 무덤 속의 시체들이 자연
건조 작용에 의해 미라가 된 것을 보면 알 수 있다. 아마도 이것이
이집트에서 미라 처리를 하는 풍습에 영향을 주었을 것이다. 천연
아스팔트 기름을 방부제로 사용하는 것과 같은 기술들은 오히려 역
효과를 가져오기도 했다. 투탕카멘 왕의 시체에도 이 기름을 발라서
오히려 시체 상태가 나빠지게 만들었다.

이러한 풍습은 몸과 형체가 보존되면 죽은 사람과 그의 영혼이 존
속되리라는 믿음에 기초했다. 시체를 감싼 것을 풀어보았을 때 사람
의 형체가 아주 잘 보존되어 코와 귀가 남아 있는 경우도 흔하다. 미
라를 감싼 천을 푸는 일은 힘든 작업이다. 사용된 기름이 천에 스며
들어 수세기에 걸쳐 돌처럼 굳어졌기(석화) 때문이다.

그러나 이러한 미라를 연구하면 개인의 건강사, 영양, 죽음의 원
인 등에 대한 유용한 정보를 알 수 있다. 많은 사람들이 관절염을 앓
았다. 너무나 많은 모래가 음식에 들어가서 치아를 마모시켰기 때문
에 이집트 인들 사이에는 치과질환도 흔했다. 어떤 미라는 천을 풀

지 않고 X선을 이용하여 연구되기도 한다.

Q 영국에도 중국의 만리장성과 같은 성벽이 있지 않나?

A 있다. 만리장성만큼 길거나 정교하지는 않지만 그래도 인상적이다. 하드리아누스 성벽이라고 부르는 이 성벽은 타인 강에서 솔웨이퍼스에 이르는 약 117킬로미터에 걸쳐 있다. 이것은 만리장성이 그랬던 것처럼 영국이 로마의 속주로 있던 시절 북쪽의 적대적인 부족들로부터 북방 변경지대를 방어하기 위해서 지은 것이었다. 약 3킬로미터 간격으로 작은 탑 혹은 보루가 편평한 바닥의 도랑과 함께 설치되어 있다. 만리장성처럼 이 성벽도 그 목적을 달성하지는 못했다. 공격자들은 성벽을 넘어들어왔고, 2세기와 3세기에 걸쳐 두 번씩 붕괴되기도 했던 것이다. 이 성벽을 세우라고 명령했던 로마의 황제 하드리아누스는 흥미로운 사람이었다. 그는 20년의 통치기간 중 12년 동안 로마를 떠나 속주를 여행했다. 그는 위대한 지성을 지닌 군인이자 학자였지만 제위 말년의 몇 년간은 그가 가진 권력에도 불구하고 슬프고 외로운 사람으로 지냈다.

 콜럼버스가 오기 수백 년 전에 바이킹이 북아메리카에 있었다는 증거가 있나? 당시 바이킹들은 자기나침반도 없이 어떻게 항해할 수 있었을까?

A 언제, 어디서 나침반이 발명되었다고 말할 수 있는 사람은 없지만 바이킹들은 나침반 없이도 잘 지냈던 것 같다. 왜냐하면 나침반이 스칸디나비아에 알려지기 전에 이미 북대서양을 건너갔던 것처럼 보이기 때문이다. 그 이전에도 미노아나 페니키아 사람들처럼 다른 해상 문명의 사람들도 나침반 없이 바다를 항해했다. 고대의 뱃사람들은 아마도 별, 일출, 일몰, 풍향 등을 이용하여 항해하는 법을 알았을 것이다. 그러나 바이킹들에게는 다른 항해 도우미가 있었던 것 같다. 스칸디나비아의 전설에 의하면 그것은 태양의 돌(일장석)이라고 한다. 어떤 과학자들은 그것이 극성을 띠는 광물이었을 것으로 믿고 있다. 이러한 결정질 암석은 태양의 방향을 가리킬 때면 색깔이 변했으며, 바이킹들이 항해하던 곳이 자주 그러했듯이 태양이 구름에 가려 잘 보이지 않을 때에도 그랬다. 붉은 에릭(지금의 노르웨이 남서부에서 태어난 10세기의 인물. 붉은 머리와 수염 때문에 이렇게 불렸다고 함—옮긴이)과 그의 부하들은 남부 그린란드에 두 개의 영구 정착지를 건설했으며, 그들이 가혹한 조건 속에서도 살아남기 위해 투쟁한 것은 그 자체로 전설이다. 바이킹들이 뉴펀들랜드에 임시 정착지를 세운 것은 기록으로 남아 있다.

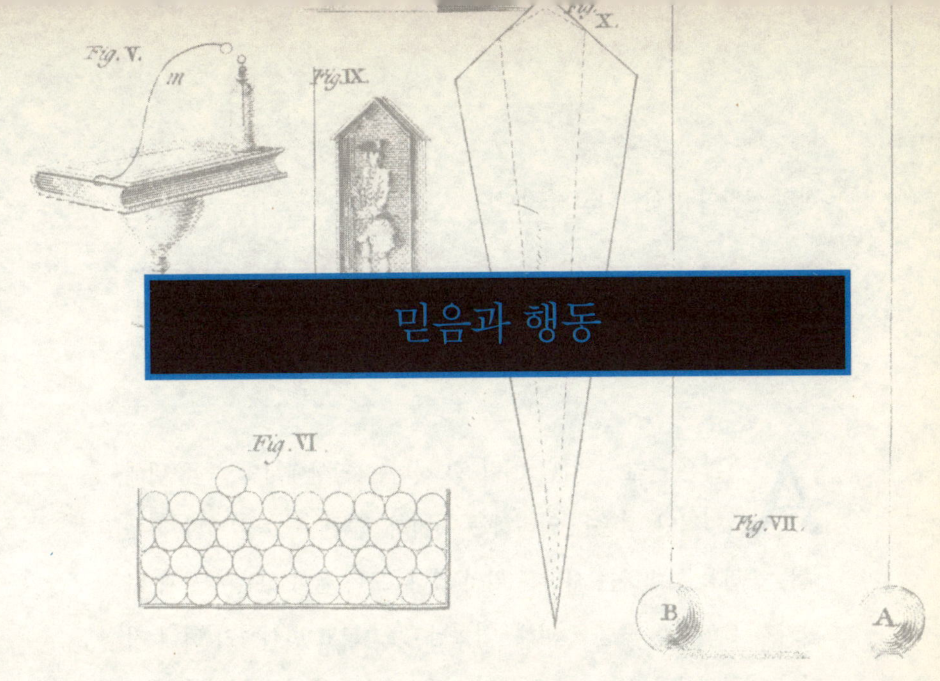

믿음과 행동

Q 수많은 사람들이 종교를 믿는 이유는 무엇인가?

A 신앙은 우리가 가진 지식에 있는 틈을 채워준다. 인간의 마음은 세계와 그 속에서 사람이 차지하고 있는 위치를 알아내고자 한다. 우리의 사후 운명은 어떠한지, 신이 기다리고 있다가 우리의 삶을 심판한 다음 우리의 선행과 악행에 근거해 보상을 하는지 벌을 내리는지 등과 같이 과학으로 알 수 있는 것을 넘어선 분야에서 특히 그러하다. 이러한 질문에 대한 답을 얻을 수 있다면 만족과 안심을 느끼게 된다. 어떠한 신앙이 옳은가, 그렇지 않은가 하는 것은 이차적인 문제이다. 왜냐하면 신에 대한 믿음에 호소함으로써 의심의 요소는 없어질 수 있기 때문이다. 종종 신앙은 사실과 논리에 근거한 도전을 받기도 한다. 그러한 경우, 강한 종교적 확신을 가진 많은 사람들은 증거를 부인하고, 그 증거에도 불구하고 자

신의 신앙이 진실이라고 주장한다.

A 많은 종교가 지닌 매력 중 하나는 지상에서의 죽음 뒤에 영적인 생존을 약속하는 것이다. 물론 죽고 싶거나 혹은 죽는 순간을 고대하는 사람은 거의 없다. 모든 살아 있는 생물과 마찬가지로 인간은 죽음을 피해, 살아남고, 그리고 번식하기 위해 자연의 명령에 복종한다. 바로 이런 이유 때문에 우리는 역사를 통해 먹을 것, 살 곳, 적으로부터의 보호를 얻어내기 위한 더 좋은 방법을 찾아왔다. 그러나 결국 냉혹한 결말은 죽음의 얼굴이다. 탈출구, 죽음 뒤의 또 다른 영원한 존재에 대한 제안은 궁극적인 생존의 표현일 것이다. 그리하여 이러한 견해를 지지하는 종교적 개념이 발전하고 널리 퍼지게 되었으며, 믿는 자들을 갖게 되었다.

A 그렇지 않다. 초기의 인류는 많은 신들을 믿었으며, 각각의 신은 환경의 여러 가지 부분을 관장했다. 전능한 하나의 신에 대한 생각(일신론)은 사실 모든 종교 개념 중 가장 최신의 것으로써, 이슬람 교, 유대 교, 기독교에서 옹호되고 있다. 많은 신들을 믿는 것(다신론)은 사랑하는 사람들이 죽어서 영적인 세계에서 가족이나 부족을 돌보는 보호자가 되는 조상 숭배에 뿌리를 두고 있는

듯하다. 다른 신들은 자연환경의 서로 다른 부분을 상징(예를 들어, 바람신, 강신, 지진신 등)했다. 공식적으로 전능한 유일신을 지지하는 입장 표명을 최초로 한 사람은 이집트의 파라오 아크나톤이었던 것 같다. 그는 태양을 그런 신의 화신으로 보았다. 나중에 그가 이런 믿음 때문에 살해된 것 같다는 의심도 제기되고 있다. 그리 오랜 세월이 지나지 않아 이스라엘 인들은 유대 인들의 유일신을 선언했으며, 모든 사람들을 위한 하나의 보편적인 신이 있다는 생각은 고대 그리스 인들의 시대에 확립된 것으로 보인다.

<hr>

Q 성경에 나오는 창조에 대한 생각은 어떻게 시작된 것이며, 어떻게 그렇게 널리 퍼져나갔나?

A 기독교 전통에서 대부분의 학자들은 모세가 구약의 처음 다섯 편(모세오경)을 썼으며, 이것이 기원전 5세기에 이른바 제사장파에 의해 수정되었다고 믿고 있다. 이 중에 〈창세기〉가 포함된다. 바빌로니아, 이집트, 인도 등 수많은 비기독교 문화도 그들만의 창조 이야기를 가지고 있다. 이런 이야기들은 대부분 기독교의 창조 이야기보다 1,000년 씩이나 먼저 생긴 것들이다. 예를 들어, 노아의 홍수는 바빌로니아의 길가메시의 홍수 이야기가 변형된 것에 불과하다. 두 이야기는 비둘기를 보내 육지를 찾게 한다는 내용이 똑같이 나올 정도로 너무나 흡사하다. 많은 학자들은 앞서 나온 이야기들이 기독교판 이야기에 미친 큰 영향에 주목했다. 고대인들이 지구가 어떻게 만들어졌고 사람은 어떻게 등장했는지를 설명해보려고 했다는 것은 놀라운 일이 아니다. 창조에 대한 이러한 관심

은 멀리 구석기시대에까지 올라가는 듯하다. 그리스도의 시대 뒤에 기독교는 많은 나라로 급격하게 번져갔고, 이어 신세계에도 전해졌다. 기독교 전파와 함께 자연스럽게 성경의 이야기도 따라왔다.

지구가 한때 완전히 물로 덮였다고 주장한 지질학자들이 있지 않았나? 이런 주장을 노아의 홍수의 증거로 삼을 수 있지 않을까?

A 이 질문은 아브라함 베르너의 이론과 관련이 깊은 듯하다. 베르너는 실제로 유명한 지질학자였으며 많은 추종자를 두고 있었다. 독일인이었던 그는 매우 매력적이고 사람을 끌어당기는 성격을 지녔다. 유럽 전역의 학생들이 그의 역동적인 강의를 듣기 위해 왔다. 35세의 나이에 베르너는 지각의 모든 암석이 전세계의 바다로부터 나왔다는 이론을 발표했다. 베르너가 제시한 사건은 지구에 생명이 존재하기 훨씬 이전에 일어난 것이었다. 따라서 그가 노아의 홍수를 생각하고 이런 이론을 발표한 것은 아니었다. 그의 생각은 화산의 용암이 식으면서 암석이 형성되는 것에 대해서는 설명할 수 없었기 때문에 논쟁을 불러일으켰다. 그의 추종자들은 수성론자라고 불렸으며, 결국 그의 이론은 받아들여지지 않았다. 그러나 베르너는 사람들로 하여금 안락의자를 박차고 직접 현장에 나가 지구의 기원에 관한 증거를 찾게끔 만들었다. 베르너는 글 쓰는 것을 싫어해서 저서로 남긴 것이 거의 없다. 사실 그는 편지를 열어보면 답장을 해야만 한다고 느꼈기 때문에 아예 편지를 열어보지 않는 습관을 길렀다. 그가 죽었을 때에는 아직 뜯어보지 않은 편지들이 산

더미처럼 쌓였을 정도였다.

Q 원래 에덴 동산이 있던 곳이라고 역사적으로 확인된 곳이
지구상에 존재하나?

A 에덴 동산이 있었다고 해도 그 원래 위치를 정확히 알아내
는 것은 힘든 일이다. 〈창세기〉 2장에 동쪽에 있는 에덴이
라고 쓰여 있다. 무엇의 동쪽? 또한 〈창세기〉에는 에덴의 위치가 강
들과 연관되어 나오는데, 그중 하나가 유프라테스 강이다. 이것은
좀더 사실적이다. 어떤 학자들은 에덴이 티그리스 강과 유프라테스
강의 비옥한 초승달 지대였다고 주장한다. 과학적 확신을 가진 사람
들을 위해 말하자면, 최초의 인류를 찾고자 하는 인류학자들의 탐사
가 이루어진 곳은 원인들의 뼈와 원시도구가 함께 나온 올두바이 협
곡과 같은 아프리카였다. 전설상의 에덴 동산의 실제 정확한 위치는
결코 알아낼 수 없겠지만, 유프라테스 강 일대와 아프리카 중에서
고를 수는 있을 것이다. 또 다른 답변은 에덴 동산은 신화이며 실제
로 존재한 적이 없다는 것이다.

Q 미국 북서부의 아메리카 원주민들이 조각한 토템 폴의 의
미는 무엇인가?

A 의외로 이 질문은 아주 복잡한 질문이다. 어떤 부족이나
집단에서 동물이나 식물을 상징물로 사용하는 것은 보편
적인 일이었다. 오랜 세월 동안 인간은 동물세계와 밀접한 관계를

맺어왔다. 그들은 동물이 지니고 있는 많은 육체적 특성에 감탄하면서 "고양이의 민첩성"이나 "독수리의 예리한 시력"을 갈망했다. 오늘날 그러한 특성은 중요해 보이지 않는 것 같지만 과거에는 생존과 직결된 요소였다. 어떤 아메리카 원주민들은 그들의 조상이 마술을 부려 동물의 모양으로 변신할 수 있다고 믿었으며, 이 때문에 어떤 특정 집단에서는 조상숭배를 토템의 형태로 하게 되었다. 많은 경우 토템은 집단 정체성의 징표, 종교적 상징, 보호 등의 기능을 가지고 있다. 토템totem이라는 말은 아메리카 원주민 치페와의 언어에서 유래한 것으로 원래는 "친밀한 관계"라는 뜻의 오토테만ototeman이었다.

Q 불교는 세계에서 위대한 종교 중 하나이다. 불교의 창시자인 부처는 어떤 사람이었나?

A 부처는 기원전 563년에 지금의 네팔에서 태어났던 실제 인물이다. 부족장의 아들이었던 그는 왕자로 성장했다. 그러나 자신을 둘러싸고 있던 부유함에도 불구하고 그는 속세의 부를 거부하고 떠돌이 승려가 되었으며, 곧 수많은 사람들이 그를 따랐다. 그는 사람은 명상과 수련을 통해 열반에 도달하기 전까지는 생노병사의 환생을 거친다고 설파했다. 열반은 "태평" 혹은 천국과 비슷한 것이었다. 그러나 부처는 결코 영혼이 영원한 것이라고 주장하지는 않았으며, 불교는 매우 다양한 신앙에 대한 여지를 많이 남기고 있다. 고타마 부처는 80세까지 살았으며, 그의 종교는 그리스도가 태어나기 훨씬 전에 이미 훌륭하게 확립되었다. 다른 어떤 종

교적 인물보다도 가장 많은 기념물을 가지고 있는 인물이 바로 부처이다.

A 그들은 환생, 하늘에 있는 최고의 존재 등을 포함하여 매우 정교한 신앙체계를 가지고 있다. 그들이 2~3만 년 전 오스트레일리아에 처음 왔을 때(아마도 동남아시아 지역으로부터) 어떤 종교적 믿음을 가지고 있었는지는 알 수 없지만 오스트레일리아의 환경이 그들의 믿음을 구체화시키게 되었다. 이곳에서는 물이 귀하므로 물이 나오는 곳은 생존에 가장 중요했다. 원주민들은 물이 나오는 구멍은 모두 환생을 기다리는 조상의 영혼이 거처하는 곳이라고 믿는다. 또한 그들의 종교는 동물과 심지어 바위와 같은 무생물체와도 강한 일체감을 갖는다. 그들이 치르는 의식 중에는 몸에 상처를 내고, 때로는 망치로 치아를 부러뜨리는 것과 같은 행위를 통해 성년이 되었음을 보여주는 고통스런 의식도 있다.

Q   이집트 파라오들의 무덤의 신성함을 해친 사람들이 모두 죽음의 저주를 받았다는 게 사실인가?

A 이런 생각은 1922년 11월 3일에 고고학자 하워드 카터가 투탕카멘 왕의 무덤을 발견한 것에서 비롯되었다. 그 탐사를 재정적으로 지원했던 카나번 경은 무덤을 발굴하고 두 달이 지나지 않아 모기에 물린 게 잘못되어 사망했다. 그 뒤를 이어 미라의 사

진을 찍고 X선을 투사했던 두 명이 죽었다.

1924년에는 영국의 고고학자 H. E. 에벌린-화이트가 "나는 내게 저주가 내렸다는 것을 알고 있다"라는 이해하기 힘든 메모를 남기고 자살을 함으로써 그 이야기는 더욱 힘을 받게 되었다. 그러나 무덤을 파헤친 탐사대 최고책임자인 하워드 카터는 67세의 나이까지 살다가 1939년에 사망했다. 투탕카멘 무덤에서 일하고, 심지어 그곳에서 먹고 자기까지 했던 플린더스 페트리, 퍼시 에드워드와 같은 고고학자들은 각각 89세, 80세까지 살았다. 탐사대 일원의 죽음이 여전히 미스터리로 남아 있기는 하지만 저주에 대한 믿음은 확실한 증거가 없다.

활자화된 일부 이야기와는 달리 투탕카멘의 무덤 어떤 곳에서도 저주를 부르는 주문 같은 것은 발견되지 않았다.

Q 이집트 인들은 왜 동물 미라를 만들었을까?

A 이집트 인들은 죽은 자들의 왕국을 믿었다. 우리는 이집트 인들이 자신들을 미라로 만들어서 사후의 삶에 대비하고자 했다는 것을 알고 있다. 따라서 혹시 그냥 단순히 애완동물도 같이 데려가고 싶어하지 않았을까라고 추정할 수도 있겠다. 그러나 사실은 동물이 신성하다고 생각했기 때문에 미라로 만들었다. 예를 들어, 호루스 신은 매의 머리를 하고 있는 것으로 묘사되며, 고양이와 자칼 같은 동물들도 다른 신들처럼 신성시했다. 개, 소, 올빼미, 물고기, 심지어 파충류도 미라로 만들어서 왕실의 장례를 치러주었으며, 때로는 동물의 몸에 꼭 들어맞는 관에 넣어 묻었다. 이러한 풍습

은 계속되어 심지어 매장한 고양이가 먹을 쥐까지 미라로 만들어주기에 이르렀다.

미라라는 뜻의 영어 단어 머미mummy는 페르시아 말로 밀랍 혹은 역청을 뜻하는 아무미스Amumis라는 단어에서 나온 듯하다('미라'는 포르투갈어 'mirra'를 음역한 것임—옮긴이). 수세기 전에 사람들은 밀랍, 역청, 그리고 몇 가지 기름이 의학적인 가치를 지니고 있다고 믿었고, 병을 고치기 위해 바르기도 했다. 고대 이집트 사람들은 시체를 보존할 수만 있다면 영생을 얻을 수 있다고 믿었다. 죽은 이를 묻을 때에는 역청을 듬뿍 발랐고, 심지어 어떤 내장기관들을 꺼낸 뒤 몸속의 빈 공간을 역청으로 채우기도 했다. 살아 있는 이를 보존하는 데 좋은 것이라면 죽은 사람을 보존하는 데에도 좋을 것이라고 믿었던 것으로 생각된다. 따라서 미라라는 단어는 이런 식으로 보존된 시체를 지칭하는 말이 되었다.

Q 다른 나라 사람들도 이집트 사람들처럼 죽은 이를 미라로 보존했나?

A 보존했다. 6,000년 전으로 거슬러 올라가는 이집트의 미라만큼 오래된 것 같지는 않지만 다른 많은 나라에서도 미라가 있었다. 카나리아 제도에서는 제21왕조 시대의 이집트 사람들이 썼던 방법과 거의 비슷한 방법으로 죽은 사람을 보존했다. 그 방법은 시체의 옆구리를 갈라서 내장기관을 꺼내 단지에 별도로 보관하고 몸은 단단하게 붕대로 감는 것이었다. 잉카 인들도 비슷한 기술을 사용했으며, 그들이 만든 미라는 에콰도르, 페루, 베네수엘라, 볼

리비아에서 발견된다. 어떤 때에는 미라를 대자석(적철광의 일종. 붉은 안료로 사용됨—옮긴이)으로 칠하기도 했다. 미라로 만드는 풍습은 오스트레일리아에도 있었다. 중세부터 18세기까지 미라가 약으로 굉장한 가치를 가지고 있다고 널리 믿게 되자, 판매를 목적으로 유럽에 수입되기도 했다. 미라가 드물었기 때문에 처형된 범죄자들의 시체로 만든 가짜 미라를 손질하여 진짜 미라처럼 보이게 한 뒤 팔기도 했다. 기본적으로 미라를 만드는 풍습이 있었던 모든 문화에서는 원래의 몸을 보존할 수만 있다면 또 다른 삶을 살 수 있다고 믿었다.

Q 로도스의 거상은 무엇이었나?

A 로도스는 그리스의 섬으로 에게 해에 있다. 기원전 4세기에 조각가 카레스가 만든 거대한 태양신 헬리오스의 조각상이었다. 철을 넣어 강화시킨 청동으로 만든 이 거상은 높이가 약 32미터나 되었다. 어떤 그림을 보면 이 거상이 항구 입구에 두 다리를 벌리고 서 있고 배들이 그 다리 사이로 통과하는 모습을 보여준다. 이것은 터무니없는 이야기이다. 거상은 항구 입구의 한쪽에 세워져 있었으며, 54년간 서 있다가 지진이 일어나 무릎 부위에서 잘려나갔다. 이 청동상은 이런 상태로 약 400년간 서 있다가 900마리의 낙타를 동원하여 운반되었다. 이 거상의 모습은 장관이었을 것이 틀림없으며, 고대 세계의 7대 불가사의 중 하나로 분류되었다. 7대 불가사의 중 이집트의 피라미드만이 지금까지 남아 있다.

Q 십자가가 기독교의 상징이라기보다는 기독교가 있기 훨씬
전에 이교도가 만들어낸 것이라는 게 사실인가?

A 1만 2,000년도 더 되는 고고학 유적지에서 십자가가 그려
진 자갈이 발견되기도 했기 때문에 십자가의 기원은 십자
가에 못 박힌 예수와는 아무런 관계가 없을 것 같다. 과학자들은 십
자가가 나침반의 네 방향을 뜻하는 보편적인 상징 중 하나이며, 따
라서 생명과 모든 것을 뜻하는 것이라고 믿고 있다.

우리는 고대 이집트 인들이 십자가 위에 고리가 달린 것과 같은
비슷한 표시로 생명(앙크)을 상징했다는 것을 알고 있다. 따라서 십
자가가 기독교의 상징이 되기도 한다는 것과는 완전히 일치된다. 이
교도적인 기원을 가지고 있다고 해서 야만이나 퇴화를 의미하는 것
으로 생각해서는 안 된다. 정의상 영어로 이교도라는 뜻의 페이건
pagan은 기독교인, 유대 교인 혹은 이슬람 교인의 신앙을 공유하지
않는 사람을 뜻한다. 옛날에 로마 인들과 그리스 인들은 하나의 신
보다 더 많은 신들을 믿었기 때문에 이교도라고 간주되었다. 오늘날
그와 같은 불합리에 대해서는 논쟁을 벌일 수도 있겠지만, 이교도였
던 그리스 인들과 로마 인들은 우리가 지금 알고 있는 과학, 예술,
문명의 발전에 중요한 기여를 했다.

Q 유대 인들이 로마 인에게 항복하느니 차라리 벼랑에서 뛰
어내려 자살했다는 것이 사실인가?

A 그렇다. 마사다는 기원전 약 100년에 가파른 언덕 위에 세
워진 튼튼한 요새로서, 그 이전에도 떠돌이 무리가 살았을
가능성이 있다. 이스라엘의 사해 연안을 따라 자리하고 있는 마사다
는 기원전 35년에 헤롯에 의해 재정비되어 로마의 요새로 있다가 서
기 66년에 로마 인들의 통치와 다신교 신앙에 반대한 유대 인 열심
당원들에 의해 탈취당했다. 반란은 기원전 72년까지 계속되었으며,
그때 마사다는 유대 인들의 손에 남아 있는 마지막 요새였다. 로마
군 제10군단은 마사다 요새를 포위했고, 그곳을 방어하던 960명의
유대 인들은 로마 인들이 어떤 수단을 동원해서라도 자신들을 물리
칠 것이 확실해지자 항복을 하느니 차라리 자살을 택했다. 고고학자
들은 발굴 과정에서 중요한 두루마리를 발견(1963~1965년 발굴 과정에서
성서, 집회서 등이 적힌 14개의 두루마리가 발견되었음—옮긴이)했으며, 많은 관
광객들이 그곳을 방문하고 있다.

Q 클레오파트라가 뱀에 물리는 방법으로 자살한 이유는 무엇
이었나?

A 이집트의 여왕 클레오파트라는 기원전 69년에 태어나 그
리스 마케도니아, 즉 프톨레마이오스 왕조 때 이집트를 통
치했다. 로마 인들이 이집트에 왔을 때 율리우스 카이사르와 마르쿠

스 안토니우스 모두 그녀의 매력에 빠져 그녀의 사랑을 쟁취하려 했다. 클레오파트라는 마르쿠스 안토니우스의 아내가 되었다. 당시 로마를 괴롭힌 내전에서 옥타비아누스가 안토니우스에게 패배를 안겼는데, 그후 안토니우스는 클레오파트라가 자살했다는 거짓 보고를 받게 된다. 이 소식을 들은 안토니우스는 자신의 목숨을 끊고 만다. 이를 알게 된 클레오파트라도 자살했다. 그녀는 이집트의 종교에서 신성시되던 이집트 코브라에 물려 죽기로 결심했다. 클레오파트라가 이집트 인이 아니라 약간의 페르시아 혈통이 섞인 그리스 인이었다는 것이 흥미롭다.

그녀의 초상화는 그녀가 사람들의 말처럼 그렇게 아름답지는 않다는 것을 보여주지만 그녀에 관한 이야기들은 그녀가 위대한 역사적 인물로 여겨질 만한 매력과 성격, 지성을 갖추었음을 보여준다. 역사 기록에 의하면 클레오파트라는 자신의 무덤을 알렉산드리아에 있는 왕실 묘지에 만들었다고 하나 실제로 그녀가 묻힌 곳이 어디인지는 확실하지 않다.

Q 모세와 이스라엘 사람들이 이집트를 탈출할(출애굽) 때 홍해가 갈라졌다는 것을 자연현상으로 설명할 수 있을까?

A 신이 직접 간섭한 기적이 아닌 다른 것으로 설명한 경우가 몇 가지 있다. 어떤 역사학자들은 이스라엘 난민들이 실제로 건넌 곳은 바다가 아니라 부드러운 늪지대였으며, 바닷물이 벽을 이뤘다는 것은 단지 환상에 지나지 않는다고 주장한다. 그러나 3,500년 전인 당시 티라 섬의 화산이 폭발했는데 이는 고금을 망라

하여 대단히 강력한 화산폭발 중 하나였다. 티라는 크레타의 남쪽에 있는 화산섬이다.

이 화산폭발로 지중해 전체가 어두워지면서, 거대한 지진해일이 일어났고, 이로 인해 홍해가 잠시 갈라지게 만들었을 수도 있다. 이와 같은 대격변은 동물의 대량 이동과 비정상적인 행동을 초래하기 때문에 성경에 나오는 이야기처럼 이집트에 여러 가지 역병이 돌게 만들었을 수도 있다.

Q 성경에 나오는 므두셀라를 비롯하여 여러 인물들은 어떻게 오래 살 수 있었나?

A 〈창세기〉 5장에 의하면 므두셀라는 969세, 아담은 930세까지 살았다고 한다. 성경에 나오는 다른 많은 인물들도 꽤 장수를 누렸다. 그러한 주장은 오늘날 알려진 인간의 수명이나 수천 년 전의 인간 화석 기록을 보더라도 과학적으로 받아들이기 어렵다. 이에 대한 설명 중 하나는 성경에 나오는 시절에는 지금과는 다르게 시간을 측정했다는 것이다. 예를 들어, 한 달을 1년으로 친다면, 아담의 수명은 77세가 될 것이다. 이것은 합리적이다. 당시에는 지구가 태양을 더 빨리 돌아서 1년의 기간이 더 짧았다는 주장은 과학적으로 뒷받침되지 않는다. 성경 인물들의 나이는 성경 내용 중 우리가 결코 그 이유나 답을 알아낼 수 없는 것들 중 하나이다.

Q 성경에서 다윗에게 죽음을 당한 골리앗이 얼마나 컸으며, 그가 생존하기는 했는지 진짜 알고 있는 사람이 있나?

A 성경에 의하면 골리앗은 실제로 존재했고, 키는 약 2.7미터 정도 되었다. 그의 존재를 반박할 증거는 없다. 과거에도 그렇고 현재에도 거인은 존재한다. 거의 2.7미터에 달하는 20세기의 인물 로버트 워드로는 현대의 골리앗이라고 할 수 있을 것이다. 그는 링링브라더스 서커스와 함께 순회공연을 하기도 했다. 이들은 불행히도 호르몬의 불균형으로 인해 비정상적으로 성장한 사람들이다. 이러한 거인들의 대부분은 아주 젊은 나이인 20세 정도에 죽었으며, 큰 체격에도 불구하고 육체적 힘은 그렇게 세지 않았다. 따라서 무거운 사슬갑옷을 입은 사나운 전사였다고 상상되는 골리앗은 아주 드문 예외였다. 혹시 골리앗도 우리가 알고 있는 다른 거인들처럼 약했고, 필리스틴(블레셋) 사람들은 단지 그를 이용해 적에게 엄포를 놓으려고 했을 가능성이 있을까? 그것은 모르는 일이다.

Q 오래 전에 나온 영화에서처럼 모세의 십계가 적힌 계약궤를 찾으려는 사람들이 지금도 있을까?

A 상업영화는 고고학 탐사를 보여주면서 재미는 있지만 종종 비현실적으로 그리고 있다. 여기서 말하는 계약궤는 십계가 새겨진 돌판이 들어 있는 금도금 나무상자를 말한다. 구약성서의 〈신명기〉에 의하면 이 판들은 신과 이스라엘 사이에 이루어진 약

속을 나타낸다. 전통적으로 이 궤는 이스라엘 사람들이 가장 신성시한 종교적 상징물이었다. 이것은 전쟁 중에 운반되기도 했고, 예루살렘에 있는 솔로몬 왕의 성전의 가장 안쪽에 있는 지성소와 같은 곳에 보관되기도 했다. 우리는 원래의 계약궤가 언제, 혹은 왜 사라졌는지 알지 못한다. 로마 제국, 비잔틴 제국과 동시대의 고대 유대교 회당(시나고그)에도 궤가 비치되었으나, 그것은 십계가 새겨진 판이 아니라 토라와 같이 유대 인들의 성스러운 율법책을 보관하는 데 사용되었다. 고대의 시나고그 건물을 발굴할 때 이러한 "성궤"들이 있던 자리는 종종 발견되지만 정작 그 상자는 발견되지 않는다. 이러한 발굴과 관련된 죽음의 저주나 뱀, 기타 위험(영화 제작자들이 만들어 낸) 같은 것은 없다.

<hr>

Q 로마 인들은 초기에 기독교인들을 박해했지만 지금은 가톨릭의 중심지이다. 어떻게 이런 일이 일어날 수 있었나?

A 서기 312년에 콘스탄티누스는 로마 제국의 지배권을 차지하려고 안간힘을 쓰고 있었다. 당시 기독교인들은 별로 중요하지 않은 얼마 안 되는 소수의 무리로 주기적으로 박해를 받고 있었다. 콘스탄티누스는 갈리아를 차지했고, 그의 최고 라이벌로서 큰 군대를 두고 있던 막센티우스를 공격하기 위해 이탈리아를 침략했다. 전투 전날 밤 콘스탄티누스는 그의 병사들에게 방패에 십자가를 그리게 했다. 막센티우스의 군대는 패배했고 막센티우스는 전사했다. 그리하여 콘스탄티누스는 제국의 주인이 되었고, 기독교를 공식 종교로 선포하게 되었다. 수년 뒤 그는 자신의 전기 집필자에게

그 전투가 있기 전 하늘에서 십자가의 빛을 보았으며, 그것을 기독교의 신이 자신의 대의를 지지하는 신성한 징표로 받아들였다고 말했다.

A 전설에 의하면 콘스탄티누스 황제의 어머니 헬레나가 4세기에 예루살렘에 가서 예수가 십자가에 못 박혔던 곳을 발굴하도록 지시했다고 한다. 헬레나는 세 개의 십자가가 묻혀 있는 것을 발견했고, 십자가가 지닌 치유력을 통해 그리스도의 십자가를 찾아냈다. 그녀는 또한 못도 발견했다고 전해진다. 이 이야기가 미심쩍은 점은 십자가가 묻혀 있었다는 것이다. 당시 십자가 처형은 흔한 사형 방법이었으며, 대개 노예와 같이 신분이 낮은 사람들에게 행해졌다. 로마 인들이 처형에 사용하는 십자가들을 왜 파묻었는지 알 수 없다. 발견된 십자가는(그것이 진짜 십자가라면) 조각을 내어 유럽 전역의 교회로 보내졌던 것 같다. 그러한 조각이 로마에 있는 산타 크로체 성당에 소장되어 있다고 한다. 진짜 십자가에서 나온 것이라고 말해지는 나무 조각들을 전 세계에서 다 모아 합친다면 방이 10개나 되는 집을 충분히 지을 수 있을 것이다. 유감스럽지만 그것은 사실이다.

A 성의는 그리스도의 시신을 감쌌던 것이라고 하는 아마천을 말한다. 이 천에 박힌 얼굴과 몸의 형상이 예수의 유일한 "사진"으로 추측된다. 이 천은 1세기의 것으로 여겨지고 있으며, 천에서 발견된 꽃가루 종류도 팔레스타인 지방에서 나온 것으로 추정된다. 천에 남은 형상은 연고(몰약과 알로에)와 시신에서 나오는 암모니아 사이에 일어난 화학반응에 의해서 만들어진 것으로 보인다. 의심할 바 없이 그것은 십자가에 처형된 사람의 초상으로, 키는 약 177센티미터 정도이고 수염이 있으며, 가시관을 쓰고 있고, 손목과 발, 옆구리에 상처가 있으며, 등에 채찍질 흔적이 있다. 이 성의가 진짜라고 믿는 어떤 이들은 흔히 믿고 있는 것과는 반대로 그리스도가 금발에 푸른 눈을 지녔다는 의견을 최근에 내놓았다.

회의론자들은 그리스도가 살았을 당시에는 수천 명의 사람들이 십자가에서 처형되었기 때문에 그런 형상은 특별할 게 없다고 지적한다. 또한 14세기에 입장료를 받고 성의가 전시되기 전까지는 성의에 대해서 거의 아무 이야기도 나온 게 없었다. 독자적인 연구소 세 곳에서 방사성 탄소 연대측정방법으로 성의를 조사한 결과, 모두 그 연대가 중세시대의 것이라는 사실을 밝혀냈음에도 불구하고 많은 사람들은 이러한 연대측정이 부정확하다고 하면서 여전히 성의가 진품이라고 믿고 있다.

A 수세기 전까지 거슬러 올라가는 성배에 대한 전설은 매우 많다. 가장 인기 있는 전설 속의 성배는 그리스도가 최후의 만찬에서 사용했던 잔을 말한다. 또는 접시로도 해석될 수 있다. 따라서 그것이 발견되기만 한다면 대단히 귀중한 유물이 될 것이다. 이는 전설적인 아서 왕의 원탁의 기사들이 성배를 찾으러 모험을 떠났던 이유를 잘 설명해준다. 최후의 만찬에서 그리스도가 먹을 것과 마실 것을 담은 그릇들을 썼다는 것은 의심할 여지가 없다. 그렇기 때문에 그리스도가 살아생전 사용했던 모든 그릇과 진품으로 확인된 그런 그릇은 매우 귀한 게 될 것이다. 그러나 그런 것들은 이미 오래 전에 잃어버리거나 망가졌을 가능성이 매우 높다. 성스런 잔과 접시에 대한 이야기들은 기독교가 생기기 전의 다른 시대에서도 발견되며, 아마도 영생에 대한 초기 생각과 관련이 있는 듯하다.

Q 루르드의 물에 신비한 치유능력이 있을까?

A 그렇기도 하고 아니기도 하다. 프랑스 루르드의 베르나데트가 1858년에 동굴에서 동정녀 마리아의 모습을 서너 차례 보았고, 그후 물이 흐르는 샘을 발견했다고 주장했을 때 그녀는 14세의 어린아이였다. 오늘날 연간 200만 명이 넘는 방문객이 그곳을 찾고 있으며, 그들 중 많은 사람들이 병이 치유되길 바라고 있다.

샘물을 화학적으로 분석한 결과, 마시기에는 좋은 물이지만 어떤 특별한 성질을 가지고 있지는 않다는 것이 밝혀졌다. 이곳의 물을 담은 병은 그 물이 질병을 낫게 할 것이라는 생각으로 판매되고 있다. 병이 치유된 것으로 보였던 많은 사례가 있었지만 치유 효과는 일시적인 것으로 나타났다. 교회 자체는 루르드에서 치유되었다는 주장에 대한 판정을 엄격하게 내리고 있다. 수백만 명의 사람들이 그곳을 다녀갔다는 점을 고려해보면 치유 사례는 거의 없다. 반면 마음과 정신에 대한 강력한 효과(심리적인 효과)가 병자들에게 유익하게 작용할 가능성이 높다. 베르나데트 자신은 겨우 35세까지밖에 살지 못했으며, 수녀원에서 극심한 고통 속에서 사망했다.

<hr>

Q 잔 다르크는 왜 화형당했나?

A 복잡한 질문이기는 하지만 미묘한 정치적인 의미가 포함되어 있었다. 백년전쟁이 한창이던 15세기 초, 시골 소녀 잔 다르크는 13세 때 "음성"을 듣기 시작했다. 그후 그녀는 나중에 샤를 7세가 되는 프랑스의 지도자를 알현하게 되는데, 그는 잔 다르크의 신성한 영감을 확신하고 그녀로 하여금 프랑스 군대를 이끌고 잉글랜드 군에 대적하도록 허락하여 승리를 거두게 된다. 잔 다르크는 원하는 것을 달성하기 위해 무슨 일이라도 할 사람으로서, 칼을 들고 군대를 이끌었으며 한 차례 이상 부상당하기도 했다. 그러나 결국 잉글랜드 군대에 잡혀서 재판에 회부되었다. 그녀는 유죄를 선고받았는데, 다른 것보다도 남자의 옷을 입고 영어가 아닌 프랑스어로 신의 음성을 들었다는 이유로 유죄 판결을 받았다. 잔 다르크

는 프랑스 인들의 숭배를 받았고 그들로 하여금 활력을 되찾게 한 인물이었기 때문에 화형당하고 말았다.

A 그렇지 않다. 1095~1270년에 이르기까지 여덟 차례의 성지(Holy Land, 지중해 동부 연안의 팔레스타인 지역으로 기독교, 유대 교, 이슬람 교에서 성스러운 곳으로 여겨짐─옮긴이) 원정 기간에 걸쳐 양측 모두에게 일어난 대학살이라고 묘사하는 것이 더 정확할 것이다. 예루살렘과 같은 곳은 기독교인과 유대 인들에게 그러했던 것처럼 이슬람 교인들에게도 성스러운 곳이었다는 점을 주목해야만 한다. 유럽의 기독교인들이 연합한 제1차 십자군 원정으로 예루살렘을 포함하여 팔레스타인의 상당 부분을 차지한 십자군은 그곳에 살고 있던 유대 인과 이슬람 교인들을 학살함으로써 스스로를 불명예스럽게 만들었다. 약 40년간 기독교인들의 점령이 있은 뒤 이슬람 교인들이 반격하여 그곳을 되찾았고, 이에 교황 유게니우스 3세의 촉구로 두번째의 십자군을 파견했다. 2차 원정에서 기독교 군대는 치욕적인 패배를 했고, 교황은 사자심왕 리처드의 지휘 하에 세번째 원정을 단행할 것을 부르짖었다. 제3차 원정은 교착상태에 빠졌고 이슬람 연합군의 탁월한 지도자인 살라딘과 휴전을 맺게 되었다. 이집트를 차지하기 위해 1198년에 제4차 십자군 원정이 이루어졌으나 십자군은 기독교 도시인 콘스탄티노플에 반기를 들고 그 도시를 약탈했다. 소년 십자군의 신세도 더 나을 것이 없었다. 수천 명의 어린아이들이

실종되거나 노예로 팔려나갔던 것이다. 이 원정은 제5차 십자군 원정의 시작을 도왔다. 이어 계속된 십자군 원정은 모두 실패로 끝났다. 십자군 원정은 우리 역사에서 그리 고상한 것이 아니었다. 아이러니하게도 가장 "기독교인"다운 인물은 살라딘이었다. 그의 군대는 1187년에 피 한 방울 흘리지 않고 약탈 행위 하나 없이 예루살렘을 재점령했다.

 결혼식에서 웨딩 케이크가 등장하는 풍습은 어떻게 시작되었나?

A 아마도 옥수수 밭에서부터 시작되었던 것 같다. 인류가 농경생활을 처음 시작하던 때에 신부는 다산의 상징인 옥수수 열매로 치장을 했다. 후에 이런 이교도적 풍습은 다소 변하여 기본적으로 먹기 위해서라기보다는 부서뜨려서 신랑신부의 머리 위로 던지기 위해 작은 케이크 조각을 사용하기 시작했다.

어떤 문화에서는 케이크를 사람의 몸에 달기도 했다. 후에 케이크는 부부가 앞으로 만나게 될 좋은 일과 나쁜 일을 상징하는 달고 쓴 재료로 만들어지기도 했다. 사람들은 이런 케이크를 먹었고, 현대와 같은 웨딩 케이크로 발전했다. 낙천적이게도 이런 케이크는 모두 달기만 하다. 그래도 여전히 웨딩 케이크는 다산을 상징하기도 한다. 신혼여행은 현대에 생겨난 풍습이다. 과거에는 가족과 친구들이 신혼부부를 신방에까지 쫓아갔다. 마침내 누군가가 신혼여행을 생각해냈다는 게 전혀 놀랄 일도 아닌 것 같다.

Q 대부분의 묘지는 산에 있는 것을 알 수 있다. 천국과 좀더
가깝기 때문인가?

A 다양한 자연풍경에서 여러 가지 상징을 찾아볼 수 있다.
특히 인상적인 산은 높은 영적 세계를 나타내며, 세속적이
고 대개는 좀더 편안한 계곡과 반대되는 뭔가 도달하기 어려운 것을
나타낸다. 그리스 신들은 올림포스 산에서 살았으며, 모세가 십계를
받은 곳도 시나이 산에서였지만, 별로 좋지 않은 명성을 지닌 산들
도 있다. 〈오즈의 마법사〉에 나오는 심술궂은 마법사도 산 위의 성
에 자리를 틀고 있었다. 사람들은 이집트와 중앙아메리카의 피라미
드처럼 인공적인 산을 만들기도 했는데, 이런 피라미드는 모두 삶과
죽음과 관련이 있다. 모든 묘지가 다 산꼭대기에 위치한 것은 아니
지만 많은 묘지들이 그런 곳에 자리하고 있다. 많은 경우, 죽은 자들
은 동서 방향으로 파묻혀 있어서, 만일 그들이 다시 깨어난다면 떠
오르는 태양을 가장 먼저 보게 될 것이다. 많은 이들이 가지고 있던
생각은 죽은 사람이 좀더 나은 사후의 삶으로 향하는 처음 몇 발자
국을 도와주는 것이었을 것이다.

Q 신부를 안고 문지방을 넘어가는 이유는 무엇인가?

A 그것은 청동기시대, 특히 각 부족마다 그들만의 수호신을
가지고 있던 고대 그리스 인들에게까지 거슬러 올라간다.
같은 부족사람들간의 결혼을 금했기 때문에 결혼을 하려면 다른 부

족 출신의 사람과 해야만 했다. 물론 이것은 여자가 다른 곳으로 가서, 식이 끝나면 다른 부족의 일원이 된다는 것을 뜻했다. 이것은 괜찮았지만 문제가 하나 있었다. 여자가 부족신을 떠나 다른 부족과 다른 신들에게 감으로써 원래의 부족신들을 화나게 할 수도 있다는 것이었다. 그리하여 여자가 자신의 자유의지로 원래 부족을 떠나는 게 아니라는 것을 보여주는 가짜 전투가 행해졌다. 전투는 신랑이 여자를 안고 새집 문지방을 넘어가고 여자는 마치 이 모든 것에 항의하는 듯한 장면을 연출함으로써 끝이 났다. 이렇게 해서 신들을 기쁘게 하면서 화합이 이루어졌다. 최소한 당분간은.

Q 인류가 최초로 커피와 차를 마신 것은 언제였나?

A 언제부터였는지는 다소 명확하지 않다. 커피와 차 모두 카페인이 들어 있는 각성제이다. 전해 내려오는 이야기에 의하면 커피 열매를 깨물어 먹은 염소가 전혀 염소답지 않게 날뛰는 모습을 본 목동이 직접 커피 열매를 한번 먹어보았다고 한다. 이는 약 1,200년 전에 에티오피아의 카파에서 일어난 일이었고, 여기서 커피의 이름이 유래되었다. 후에 커피 제조법이 알려졌다. 차는 이보다 훨씬 더 일찍 생긴 음료였던 것으로 보인다. 현존하는 기록에 의하면 차는 기원전 350년에 이미 재배되고 있었다. 그 기원지는 중국 북부이며, 여기로부터 6세기에 일본으로 전해졌다. 쾌속범선을 가지고 있던 동인도회사는 1600~1858년 사이에 동양의 차를 잉글랜드와 아메리카 식민지에 소개했다. 잉글랜드가 미국인들에 부과했던 차세는 그 유명한 보스턴 차 사건을 불러일으켜 미국 독립에

기여했다. 동양과 잉글랜드에서 차를 마시고, 미국에서 커피를 마시는 것처럼 이러한 음료를 마시는 것은 이제 거의 종교적인 의식이 되었다.

A 먼저 알아야 할 것은 이른바 거짓말탐지기라고 하는 폴리그래프가 거짓말을 탐지하는 것은 아니라는 사실이다. 이 기계는 심장박동, 땀, 근육 긴장 등 인간이 나타내는 감정적 반응을 기록한다. 숙련된 폴리그래프 사용자가 이러한 반응을 해석하는 것이며, 모든 사람이 다 이 기계 사용에 능숙한 것은 아니다. 자신이 비행접시를 봤다고 굳게 믿고 있는 사람을 거짓말탐지기로 시험한다고 가정해보자. 실제로 비행접시가 존재하지 않음에도 불구하고 거짓말탐지기는 그 사람이 진실을 말하고 있다고 할 것이다. 어쩐 작가는 이것을 비행접시가 존재한다는 "증거"로 삼는다. 그러나 그렇지는 않다. 고려해야 할 또 하나는 우리 모두는 과거에 일어난 일에 대해 죄책감을 느끼며, 어떤 질문은 이러한 감정을 건드려 죄책감의 표시를 만들어내기도 한다는 것이다. 이런 것은 전문가들도 혼란스럽게 만들 수 있다. 거짓말탐지기가 쓰임새가 있기는 하지만 모든 것을 다 아는 마술 같은 도구는 절대 아니다.

5부
과학적으로 설명이 불가능한 것들

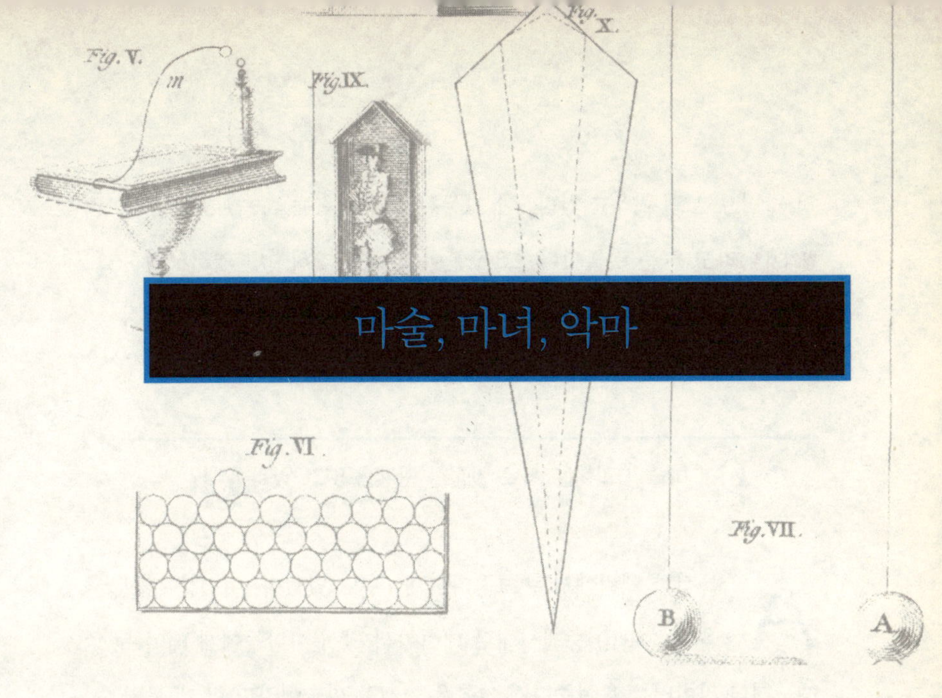

마술, 마녀, 악마

Q 패러노멀paranormal(과학적으로 설명할 수 없는)과 슈퍼내추럴 supernatural(초자연적인)이라는 단어는 서로 같은 뜻인가?

A 만일 내추럴natural(자연의)과 노멀normal(정상의)이라는 단어 들이 서로 매우 비슷한 뜻을 가졌다고 간주하고, 여기에 접두사 패러para와 슈퍼super를 붙인다면 두 단어 사이에는 아무런 큰 차이가 없다. 이러한 접두사는 기준을 넘어서는, 혹은 기준이 되 는 것에 추가되는 뭔가를 나타낸다. 슈퍼내추럴은 항상 유령, 유령 이 나오는 집, "밤에 맞닥뜨리게 되는 것" 등과 같이 불가사의한 것 들을 의미했다. 이런 종류의 일들은 일반적으로 현 과학의 능력으로 연구할 수 있는 것을 넘어선다. 반면 패러노멀이라는 말은 흔히 텔 레파시, 투시력, 염력(정신으로 물체를 움직이는 능력), 예지력(어떤 일을 미리 아는 것) 등을 설명할 때 쓰인다. 후자에 속하는 것들은 실제로 과학

적 방법으로 연구되고 있다. 이 모두는 ESP(extrasensory perception, 초감각지각)라고 하는 것들이다. 그 구분이 약간 모호하지만 패러노멀한 것은 과학적인 연구를 할 수 있는 것이고, 슈퍼내추럴한 것은 아직 과학의 경계 밖에 있는 것으로 생각할 수 있다.

Q   마술과 과학은 서로 밀접한 관계를 맺고 있지 않나?

A 특정한 맥락에서는 그렇다고 할 수도 있겠다. 여러분 자신을 (마술처럼!) 중세시대로 데려가서 당시 사람들에게 테이프 레코더나 라이터를 보여준다면 그들은 그것을 마술이라고 할 게 분명하다. 여러분은 마술사 혹은 아마도 신이라고 불려지게 될 것이다. 운이 나쁘다면 악령으로 간주되어 화형당할 수도 있다. 요점은 이해가 안 되는 것, 혹은 자연의 법칙과 일치되지 않아 보이는 것은 그게 무엇이건 간에 흔히 일종의 마술로 간주된다는 것이다. 그것은 이해해보려는 시도이다. 시대를 불문하고 모든 문화는 알지 못하는 것과 마주쳤을 때에는 그 문화만의 미신과 마술적인 풍습을 만들어냈다는 것이다. 지식이 발전해가면서 과거에는 마술이었던 것 중 많은 것들이 과학적 진실이 되거나, 혹은 틀린 것이라 하여 폐기되었다.

Q   마술이란 정확히 무엇이며, 실제로 효과가 있을까?

A 마술을 정의하는 것은 커스터드 파이를 못으로 벽에 박으려고 하는 것과 같다. 마술에 대한 정의, 마술행위, 그리고 그 목적은 아주 다양하다. 마술은 보편적으로 행해지는 것으로 보이

며, 과거와 현재의 모든 문화에서 행해졌다. 여기에 어떤 공통의 실마리가 있다고 생각한다. 대부분의 문화에서는 주문과 함께 물건, 혹은 여러 종류의 상징을 쓴다. 이러한 것들은 실제 혹은 상상 속의 악으로부터 어느 정도 보호를 받거나, 적에게 벌을 주고 해를 가하려는 시도에서 다양한 방법으로 사용된다.

진짜 효과가 있을까? 그것은 믿음의 문제인 것 같다. 마법사가 어떤 사람에게 위험한, 심지어 죽음을 불러올 "주문"을 걸 수 있다고 믿는다면 그런 일이 발생할 수도 있을 것이다. 아프리카에서 그러한 경우가 기록으로 남아 있기도 하다. 반면, 주문 같은 것을 비웃는 사람에게 그런 주문을 건다면 해를 입을 수 있을까? 아마 그렇지 않을 것이다.

Q 주류에서 벗어난 주변적인 아이디어들과 괴상한 주장들이 과학자들에게 도움을 주기도 할까?

A 매우 광범위한 주제이기 때문에 이것에 대해서는 책 한 권을 쓰고도 남을 것이다. 하지만 일반적으로 이 질문에 대한 답은 '그렇다'이다. 지리상의 신화를 예로 들어보자. 한때, 아직 발견되지 않은 동양으로 가는 북서 항로가 있으며, 남태평양에는 거대한 남쪽 대륙이 있다고 널리 믿은 적이 있었다. 이런 것은 존재하지 않지만, 아직 발견되지 않은 채 어딘가에 있을 것이라는 믿음이 지리학자들과 탐험가들로 하여금 자연 세계의 진정한 실체를 찾아 발견하게끔 영향을 주었다.

빅풋(미국과 캐나다의 일부 야생지대에서 살고 있다고 하는 사람같이 생긴 거대한 생물. 과학적으로 그 존재가 확인된 바는 없음—옮긴이), 피라미드의 위력, 초감 각지각(ESP) 등과 같이 신비스런 주장들도 언젠가는 현대 과학의 진 전을 가져올지도 모른다. 과학적 지식의 경계선은 변하게 마련이다.

Q 마술을 부릴 때 외는 주문 아브라카다브라는 무슨 뜻인가?

A 이 말은 로마 시대 때 만들어진 것으로 거의 2,000년 동안 이나 사용되었다. 당시 사람들은 아브락사스Abraxas라는 신을 믿었다. 이 신은 그 이름을 돌이나 보석에 새겨서 사람의 몸에 간직하면 악을 막아낼 수 있게 도와주는 신이었다. 아브라카다브라 라는 단어를 쓴 것은 병, 특히 열을 치료하기 위해서였던 것으로 생 각된다. 유럽에 페스트가 창궐했던 중세시대에 이 무시무시한 병을 쫓아내기 위해 사람들은 종종 이 말을 외었다. 오늘날 무대 마술사 들은 뭔가를 없어지거나 사라지게 만들 때, 혹은 다른 묘기를 부릴 때 이 말을 쓴다. 따라서 이 말이 가졌던 원래의 의미는 잃어버렸다. 그렇지만 다음에 아프게 되면 한번 "아브라카다브라"라고 말해보기 바란다.

Q 칼리오스트로는 악명 높고 사악한 마법사 아니었나?

A 알레산드로 디 콘테 칼리오스트로는 아마도 나쁜 사람은 아니었을 것이다. 그러나 주로 질투와 의심 때문에 유죄판 결을 받았다. 우리가 알고 있듯이 그는 신비술과 초자연현상에 관심 을 보이고 있던 능동적인 지식인이었지만, 당시는 교회가 그와 같은

것에 눈살을 찌푸리던 때였다.

1743년 시칠리아에서 주세페 발사모로 태어난 칼리오스트로는 어른이 되면서 최면술 같은 기술을 습득하고 심리적인 것에 통달하여 놀랍게도 아픈 사람들을 치료해주면서 널리 명성을 얻었다. 그는 연금술에도 손을 대어 납을 금으로 바꾸려고 시도했으며(비록 자신은 부자여서 돈이 필요 없었지만), 다른 신비로운 것들에도 관여를 했다. 그래서 그는 마법사로 여겨졌다. 이는 위험한 일이었다. 프랑스에서 왕실의 목걸이를 훔쳤다고 부당하게 고발당한 그는 로마로 갔는데, 그곳에서 종교재판을 받게 되었다. 칼리오스트로는 감옥에서 고생을 하다가, 52세였던 1795년에 간수에 의해 교살당했다고 한다. 그는 어떤 이들에게는 허풍쟁이였고, 어떤 이들에게는 쇼맨이었다. 칼리오스트로는 사악한 사람이 아니었으며 오히려 남을 도우려고 했다. 그는 역사에서 때를 잘못 만난 사람이었다.

Q 마법을 행했다 하여 처형된 대부분의 경우가 잉글랜드에서 일어난 일이었나?

A 절대 그렇지 않았다. 그것은 중세시대가 끝나갈 무렵 유럽의 많은 곳을 집어삼킨 광기였다. 기록으로 남아 있는 끔찍한 이야기 중 일부는 독일에서 나온 것들이다. 밤베르크라는 주에서만 13년 동안 300명의 불행한 사람들이 죽음을 당하여 그 지역은 "공포의 전당"이라는 명칭을 얻었을 정도였다. 이런 짓을 벌인 데에는 이들의 영혼을 구한다는 동기도 있었지만 다른 동기도 작용한 것이 사실이다. 당국은 처형된 사람들의 재산을 몰수했으며, 이들을

화형시키는 데 쓰이는 나무를 팔던 나무꾼들은 열광적인 고발자가 되었다. 한동안은 어느 누구도 안전해 보이지 않았다. 마녀라는 약간의 암시만 있어도 그런 사람은 체포되어 고문을 당하기 일쑤였다. 대부분의 사람들은 심한 고문을 받으면 아무것이라도 고백하게 된다. 흔히 로마 가톨릭 교회가 이 모든 살인행위에 대해 책임이 있다고 지적되지만, 프로테스탄트 역시 마법을 행했다는 이유로 사람들을 화형시켰다.

Q 많은 환자들이 마법으로 병을 고치는 사실은 어떻게 설명할 수 있을까?

A 그런 회복에는 그럴 만한 이유가 있다. 인간의 몸은 튼튼하며, 현대 의학이 있기 전 수천 년 동안 그랬듯이 몸 자체의 자연스런 방어를 통해 회복되는 경우가 흔하다. 대부분의 마법사들은 어떤 약초나 여러 가지 혼합물이 지니고 있는 치유력, 마사지와 물리치료의 가치에 대해서 잘 알고 있다. 아마도 가장 중요한 것은 심리적인 요인일 것이다. 마법이 효과가 있다는 강한 확신과 믿음을 가진 사람들 중에서 가장 극적으로 쾌유되는 경우가 나온다. 이것은 기본적으로 이른바 플라세보 효과(위약 효과. 실제로는 의학적으로 아무런 약효가 없는 물질이지만 환자가 치료 효과가 있다고 믿음에 따라 유익한 효과를 얻게 되는 것을 말함—옮긴이)라는 것이다. 따라서 치료자가 어떤 사람의 병을 고쳐줄 때, 흔히 병의 원인이 되는 병에 대한 두려움이 해소되면 그 사람은 치유의 길로 들어서게 된다. 그렇긴 해도 여러분은 몸이 아프면 의사에게 가기 바란다.

A 이러한 믿음은 많은 문화에서 볼 수 있는 것으로, 어린시
절의 인식에 뿌리를 두고 있는 듯하다. 아이에게 인형은
실재하는 것이었고, 야단을 치거나 칭찬하거나 벌을 줄 수 있는 대
상이었다. 어른들의 주술세계에서 그러한 인형은 밀랍, 점토 등 여
러 가지 재료를 사용하여 살아 있는 사람과 최대한 꼭 닮은 모양으
로 만들어진다. 저주 대상의 피, 머리카락, 손톱 등을 넣는다면 주술
의 힘은 더욱 강력해진다. 바늘이나 가시로 인형을 찌르면 실제 사
람의 그 부위에 해당되는 곳이 아프거나 다치게 될 것이다. 인류 학
자들은 이런 종류의 마법을 모방주술이라고 한다. 현대의 스포츠 팀
들은 마치 동물들의 힘이 구현되는 것처럼 타이거스(호랑이), 혹은 불
스(황소)와 같은 이름을 택한다. 어떤 이들에게 그런 인형은 마녀를
증오하게 만드는 핵심 역할을 하기도 한다. 실제로 이런 형태의 주
술이 성공한다고 믿는 사회에서는 효력을 발휘하여 심지어 사람을
죽게까지 한 것으로 알려져 있다. 물리적 위해를 가하기 위해서가
아니라 남자로 하여금 어떤 여자를 사랑하게 만드는 데에도 사용될
수도 있다.

A 주술은 항상 흑마술, 즉 사악한 마술을 행하는 것으로 간주되었는데, 이것은 사람이 악한 목적을 수행하기 위해 악마와 계약을 맺는 것을 말한다. 1600년대와 1700년대에 미국뿐 아니라 유럽에서는 거의 편집병적으로 마녀에 대해 반감을 품고 있었으며, 사람들을 잡아들이고 고문을 하여 마녀라는 자백을 얻어내려 했다. 혹독한 고문을 받으면 대부분은 자백을 했다. 유럽에서는 1727년 스코틀랜드에서 마지막으로 공식적인 화형이 집행되었다. 식민지 시절의 미국에서는 매사추세츠 세일럼에서 1692년에 여러 명이 죽음을 당했다. 그때 이후 공식적으로 정부가 후원한 마녀사냥은 줄어들었다. 그러나 1950년대까지도 멕시코에서 마녀로 간주된 두 사람이 교수형을 당하는 일이 일어나기도 했다. 오늘날에도 세계 어딘가에서는 아직도 마녀라는 혐의를 받고 목숨을 잃는 일이 벌어지고 있을 수도 있다.

A 일반적으로 세일럼 사람들의 주술에 대한 생각과 믿음은 유럽 인들의 악마주의에 대한 태도로부터 영향을 받았다. 세일럼의 주술사건은 새무얼 패리스라는 목사가 아내와 딸, 조카딸과 함께 도착한 17세기 말에 시작되었던 것으로 보인다. 그들은 두 명의 어린 노예와 함께 왔는데, 그 중 한 명이 부족 주술사를 아버지

를 두었던 서인도 제도 출신의 티투바라는 소녀였다. 친구 집에 모여 잠옷 차림으로 밤새 노는 일종의 슬럼버 파티에서 소녀들은 마술을 부리기 위해 저녁에 티투바를 만나기 시작했다. 기록에 의하면 이러한 모임 바로 뒤에 소녀들은 병적으로 흥분 발작과 경련을 일으키며 이상한 행동을 보였다. 아무런 신체적 원인을 발견할 수 없었던 의사들은 아이들이 주술에 걸렸다고 결론지었다. 이러한 믿음이 퍼져나갔고 결국 200명이 넘는 사람들이 악령에 사로잡혔다고 여겨졌다. 세일럼 빌리지의 주술 재판 결과, 19명과 두 마리의 개가 마녀라는 죄목으로 1692년에 교수형당했다.

Q 마녀는 "퍼밀리어familiar"가 있다고 한다. 이들이 악령인가?

A 마녀사냥꾼들은 그것을 악령 혹은 임프(꼬마 악마)라고 여겼다. 퍼밀리어는 쥐, 토끼, 개구리, 두꺼비와 같이 조그만 동물, 가장 흔하게는 고양이의 형태를 취했다. 사람들은 악마가 퍼밀리어를 마녀에게 주거나 팔아서 마녀가 무고한 사람들에게 주술을 부릴 때 도와주게 했다고 믿었다. 마녀의 퍼밀리어에 대한 생각은 15세기 잉글랜드에서 기원한 것 같다. 왜냐하면 다른 나라의 마녀에 대한 이야기에서는 퍼밀리어에 대한 언급이 거의 없기 때문이다. 외롭게 지내던 노파들은 아마도 애완 고양이나 다른 동물들과 아주 가깝게 지냈을 것이다. 그러다가 그들이 주술을 부렸다는 혐의를 받게 되자 그들의 고양이도 함께 비난의 대상이 되었을 것이다. 오늘날에는 그와 같은 미신 때문에 수많은 여자와 그리고 일부 남자들을 고문하고 처형시키게 만드는 일은 거의 일어어날 수 없을 것 같다.

A 아니다. 인간이 내쉬는 숨은 이산화탄소로 이루어져 있으며, 공기로 호흡하는 동물이라면 그런 것을 필요로 하지 않을 것이다. 고양이가 아기의 숨을 빨아들인다는 이야기는 옛날에 아기가 돌연사했을 때 우연히 근처에 고양이가 있었기 때문에 생겨났을 것으로 생각되는 미신이다. 고양이는 추운 밤에 사람 몸의 온기를 느끼기 위해 사람(아기나 어른) 곁에 웅크리기를 좋아하기도 한다. 고양이, 특히 검은 고양이는 역사를 통해 희생을 당했으며, 심지어 마녀, 악마와 연관 지어 사악한 것으로 상상되어 죽음을 당하기도 했다. 그러나 어떤 문화에서는 검은 고양이를 행운의 상징으로 간주하고, 검은 고양이가 있는 집은 운이 좋다고 여기기도 한다.

Q 우리 할머니는 할머니의 사촌이 이탈리아에서 악한 눈(evil eye)에 의해 죽었다고 주장하신다. 악한 눈이란 정확히 무엇인가?

A 악한 눈의 개념은 세계 여러 곳에서 믿고 있다. 이러한 믿음은 아프리카, 지중해, 유럽의 여러 곳에서 발견되지만 태평양 지역에서는 그리 많이 발견되지 않는다. 이것은 기본적으로 어떤 사람이나 동물이 단순히 다른 사람이나 소유물을 처다보는 것만으로도 해를 끼칠 수 있다는 생각이다. 어떤 때에는 악의적으로 악한 눈으로 적을 바라보기도 한다. 어떤 사람들은 본의 아니게 병

으로 인해 악한 눈을 갖게 될 수도 있다. 애꾸눈이나 사시, 곱사등, 혹은 다른 기형의 사람들은 악한 눈을 가지고 있다 하여 종종 회피의 대상이 되기도 한다.

　이러한 믿음이 어떻게 생겨난 것인지는 정확히 알려져 있지 않다. 잘 알고 있듯이 눈은 감정과 느낌을 드러내는 마음의 창이라고 부른다. 아마도 눈으로 분노나 증오가 표현된 뒤 우연히 큰 재해가 일어나 이런 믿음이 생겨났을 것으로 추정할 수 있을 것 같다.

Q 누군가 나에게 저주를 내리면 어떻게 해야 하나?

A 아무것도 안하는 게 현명한 일일지도 모른다. 저주는 그 대상이 그런 저주가 일어날 것이라고 진짜로 믿는 사람에게만 효과를 발휘하는 것 같다. 보편적으로 그런 것을 믿는 사회에서는 모든 사람들이 저주받은 사람을 피한다. 그런 사람은 사회적으로 추방당한 사람이 되어버린다. 심리학적으로 그 영향은 파괴적이며 종종 치명적이다. 그러나 대부분의 저주는 죽이려는 게 아니라 벌주는 것을 목적으로 한다. 자신의 가축들이 한 마리씩 죽어가는 것을 보고 자신이 저주를 받았다고 생각하게 될 수도 있다. 20세기 중반에 미국 애리조나에 살던 어떤 남자는 자신의 아내를 저주했다고 의심되는 사람을 살해하기도 했다. 고대 이집트에서는 파라오 무덤의 신성함을 더럽히는 사람에게 저주가 내려졌다. 따라서 저주는 보호의 한 형태였다. 실제로 저주는 그 힘을 믿는 정도만큼 강력하며, 분명히 심리적인 것에 뿌리를 두고 있다. 하지만 어쨌든 저주받지 않도록 조심하기 바란다.

A 요정이 있다는 믿음은 오래 전으로 거슬러 올라가며, 그 기원은 아주 복잡하다. 재미있는 가설에 의하면 그 기원은 다음과 같다. 석기시대 어느 지역에 새로운 사람들이 들어와 그곳에 원래 살고 있던 사람들을 몰아내고 정착했다. 원거주자들은 외진 곳으로 은둔하여 눈에 잘 띄지 않았다. 그들은 그 지역을 아주 잘 알고 있었기 때문에 새로 온 사람들은 그들을 찾아내기 힘들었고, 따라서 그들이 신비한 능력을 지녔다고 생각하게 되었다. 흔히 쫓겨난 사람들은 침입자들보다 키가 작았고, 작은 사람들로서의 요정이라는 개념이 널리 퍼지게 되었다.

현대의 요정 이야기에서는 요정을 착하고 작은 존재로 묘사하지만, 처음에는 요정을 불길하고 사악하며, 장난스런 존재로 표현했다. 요정을 믿는 또 하나의 이유를 들자면, 나쁜 일이 일어났을 때 그 사람의 실수를 탓하기보다는 요정에게 탓을 돌릴 수 있기 때문이었다.

Q 셜록 홈스의 작가, 아서 코넌 도일이 요정을 믿었다는 게 사실인가?

A 어린 소녀들이 날개 달린 작은 요정들을 그린 두꺼운 판지를 사진으로 찍어 도일을 속였던 것은 사실이다. 도일은 그 요정들이 진짜라고 결론지었다. 그가 자신의 분신인 셜록 홈스를

통해 보여준 정확한 논리와 증거에 주의를 기울이는 모습에 비춰봤을 때 그렇게 속임을 당할 수 있었다는 것은 아이러니한 일이다. 소설이기는 하지만 도일이 쓴 홈스 탐정의 이야기들은 실제로 범죄학이라는 학문이 발전할 수 있도록 도왔다. 그러나 도일이 홈스 이야기를 쓴 것은 20대 때의 일이었고, 심령주의에 관심을 보이게 된 것은 말년의 일이었다. 그가 이런 것에 확신을 가졌다는 것은 무덤 속에 있던 후디니(자신을 묶고 가두었다가 탈출하는 묘기로 유명했던 헝가리 태생의 미국 마술사. 말년에는 초자연적인 능력을 가지고 있다고 주장하는 사람들에 반대하는 운동을 펼치기도 했다—옮긴이)의 어머니와 영어로 의사소통을 했다고 주장한 데서 잘 알 수 있다. 후디니는 자신의 어머니는 영어를 할 줄 모른다며 이의를 제기했다. 도일은 후디니의 어머니가 영들의 세계에서 영어를 배웠다는 결론을 내렸다. 이는 이성적이고 논리적인 사람이라도 잘 속아넘어갈 수 있다는 것을 보여준다.

Q 악마에 대한 생각은 어떻게 시작되었나?

A 성경에서 여러 차례 언급되는 것으로 보아 오늘날의 악마에 대한 생각은 초기 기독교와 관련이 있다. 그러나 그 기원은 동굴에 거주하던 원시인류의 시절까지 거슬러 올라간다. 수천 년 전에 그려진 동굴 벽화에는 동물의 가죽을 입고 한 쌍의 뿔로 장식한 사람이 나온다. 이러한 그림은 뿔을 가진 신(Horned God)의 전조일 수 있는데, 이는 자연의 힘을 상징하며 지금까지 알려진 것 중 가장 최초의 신이다. 이 신은 선과 악 모두를 상징했다. 문명이 발달하면서 선악에 대한 개념은 더욱 구체화되었고 선과 악을 각각 구분

하여 표현하게 되었다. 오늘날 악마가 뿔, 발굽, 꼬리를 가지고 있다는 생각의 기원은 뿔을 가진 신으로 거슬러 올라갈 수 있을 것이다. 거의 모든 사회와 문화에서 어떤 식으로든 악한 것을 상징화했기 때문에 악마는 수많은 이름으로 불려져왔다.

Q   악마가 한 쌍의 뿔을 가진 것으로 그려지는 이유는 무엇인가?

A 원시시대에 사냥을 하던 사람들이 동물의 무리를 추적할 때부터 황소, 숫양(뿔을 가진 수컷들) 등은 가장 크고 힘센 동물로 여겨졌다. 그래서 뿔은 용기와 힘의 상징이 되었다. 또한 그런 수컷들이 암컷을 쟁취하기 위해 싸웠기 때문에 다산의 상징이 되기도 했다. 초기 인류는 그들의 적이 무서움을 느끼도록 동물의 가죽을 입고 뿔로 치장했다.

이교도 종교가 발전하면서 두려움과 찬미의 대상인 신들은 뿔을 가지고 있었다. 한 종교가 오래된 다른 종교를 대체하면서 전에 숭배의 대상이었던 신들은 새로운 종교에서 악한 존재가 되었다. 천국에서 쫓겨난 악마는 이전의 신, 천사 루시퍼로 해석될 수 있다. 그는 새로운 기독교라는 종교에서 악의 상징이 되었다. 5세기에 교회는 악마가 뿔을 가지고 있다고 선언했다.

뿔(horn)은 굳어진 단백질로 이루어져 있으며, 동물의 영구적인 특징이다. 이와 대조적으로 사슴의 뿔(antler)은 뼈로 이루어져 있으며 매년 떨어져나가므로 진정한 의미의 뿔은 아니다. 영어에서 속어로 "호니horny(뿔의)"라는 단어는 일반적으로 암컷(여성) 짝을 찾아나선 공격적인 수컷(남성)을 암시한다.

 염소가 악마와 자주 동일시되는 이유는 무엇인가?

A 이러한 생각이 어떻게 생겨난 것인지는 분명하지 않다. 2,500년 전 이집트에서는 염소를 악한 존재가 아니라 숭배의 대상으로 삼았다. 중세에 있었던 마녀재판에서 마녀로 고발된 사람들이 염소의 모습을 한 악마를 만났고 염소가 사람처럼 말하는 것을 들었다고 고백했다. 때로는 염소가 실제로 동물의 가죽을 쓴 사람이었다는 의심도 있다. 염소의 모습을 한 악마라는 생각에 염소가 다소 검고 냄새나고 비위에 거슬리는 동물이라는 점도 보태졌다. 이것은 염소에게는 부당한 생각이다. 사실 염소는 수세기 동안 인류에게 매우 유용한 동물이었다. 처음에는 염소 가죽이 옷으로 쓰였고, 젖과 고기는 먹을 것을 제공했다. 그리고 지금도 우리는 염소를 길러서 이용하고 있다. 염소의 젖은 유아에게 아주 좋으며 우유보다 흡수가 더 잘 된다. 또 염소젖으로 만드는 페타치즈는 그리스 식 샐러드의 자랑거리이다. 어떤 염소들은 연간 약 2,700킬로그램 이상의 젖을 만들어내며, 고기는 양고기와 비슷한 좋은 맛을 가지고 있다. 그럼에도 불구하고 염소가 일반적으로 감탄의 대상이 되기까지는 아주 애를 먹었다.

Q 악마는 왜 갈퀴를 가지고 다닐까?

A 정확한 기원은 알려져 있지 않다. 옛날에 집안일을 할 때 들고 다니던 도구였던 빗자루가 여자의 상징이었듯이 갈

퀴도 남자의 상징으로 시작되었을 것으로 추측할 수 있다. 갈퀴는 밭에서 일하는 남자를 상징했던 것이다. 그러다가 어느 때부터 이러한 두 개의 상징이 마녀와 악령들과 연관되게 되었을 것이다. 아마도 마녀와 마법사라고 하는 이들이 밤에 모일 때 이런 것을 들고 갔기 때문일 수도 있다. 이런 갈퀴의 보다 확실한 용도는 악마가 지옥에 떨어진 저주받은 영혼들을 찌르고 고문하는 일일 것이다.

Q   고양이가 아홉 개의 삶을 산다고 생각된 이유는 무엇인가?

A 인간이 최초로 사육했던 육식동물 중 하나인 고양이는 수세기 동안 관찰의 대상이었다. 천성적으로 무리를 짓지 않고 혼자 지내는 야행성 사냥꾼인 고양이는 종종 왔다가 사라지는데, 때로는 며칠 혹은 몇 주씩 사라진다. 한참 동안 안 보이다가 나타난 고양이는 죽었다가 돌아온 것으로 여겨지기도 했을 것이며, 그래서 하나 이상의 삶을 산다는 생각이 형성되었을 것이다.

고대 이집트에서 고양이를 신으로 숭배하기도 했지만, 대개는 악마와 관련이 있는 것으로 여겨졌다. 특히 검은 고양이가 그러했다. 마녀사냥꾼들이 고양이를 산 채로 불에 태우거나 기름에 끓이는 경우도 흔히 일어났다. 고양이가 왜 아홉 번의 삶을 사는가에 대해서는 성경에서 짐승의 수가 666이었다는 것을 고려해볼 필요가 있다. 미신에서는 $6+6+6=18$이고 $1+8=9$이므로 악마의 대리자인 고양이가 아홉 번의 삶을 산다고 할 것이다. 또한 마녀는 자신을 딱 아홉 번 고양이로 바꿀 수 있다. 숫자를 가지고 마음대로 이야기할 수는 있지만 그게 다 진실은 아니다. 우리는 고양이를 좋아한다.

Q 플루트나 바이올린과 같은 악기들이 악마와 연관되어 있는
이유는 무엇인가?

A 다양한 형식과 악기로 연주되는 음악은 수천 년 동안 거의
모든 종교와 연관되었다. 음악, 그리고 어떤 경우에 춤은
감정과 희열을 불러일으켜 참가자들로 하여금 영적 상태로 들어가
게 하는 힘이 있다. 이것은 모두 좋은 것이지만 다양한 종교가 발전
하면서 어떤 분파는 악마와 결탁하고 있는 것으로 여겨졌고, 그들의
종교의식에 사용되는 음악은 의심을 받게 되었다. 그래서 바이올린
과 플루트(이교도의 신인 판Pan과 관련되어 있다)를 나쁘게 보게 되었다. 실
제로 기독교 의식에서 오르간을 사용하는 것을 두고 논쟁이 벌어진
적도 있었다. 북도 일반적으로 비기독교적 의식과 관련된 악기이다.
기독교 시대 이전에는 사제들이 북을 치면서 노래하고 춤을 추며 신
체적, 정신적 상태를 유도하여 미래를 볼 수 있게 했다. 그렇게 유도
된 상태는 일종의 자기최면 같은 것이었다.

Q 언론에 보도되기도 했던 가축의 사지 절단 사건은 미확인
비행물체를 탄 외계인의 소행인가, 아니면 마녀숭배의식에
의한 것인가?

A 가축이나 농장의 동물들이 혀, 눈, 생식기 등이 제거된 채,
특히 미국의 서부주에서 발견되었다는 기사가 몇 년 간격
으로 보도된 적이 있다. 외계인에게 죄를 씌우는 것은 어리석은 가

설이다. 악마에 대한 충성을 표명하는 다양한 종류의 종교집단이 있는 것이 사실이며, 이들은 동물이나 동물의 신체 일부를 사용하는 의식을 행하기도 한다. 그러나 그런 종교의 무리에게는 어두운 밤에 마을에서 멀리 떨어진 곳에서 목장의 가축들을 추적해 잡는 것보다 길 잃은 도둑고양이를 잡는 게 훨씬 더 쉬운 일일 것 같다. 센세이션을 불러일으키려는 저자들의 이야기에서 언급되지 않는 사실은 그러한 동물들이 대개는 주인에 의해서 발견되기 며칠 전에 이미 정상적인 원인으로 사망했다는 것이다. 썩은 고기를 먹는 좀더 작은 동물들이 시체를 공격하여 혀와 같이 부드러운 부분을 먹었을 가능성도 있다. 이는 뭔가 기이한 것, 혹은 불길한 게 있는 것처럼 암시되기도 하지만 정작 완벽하게 자연스런 설명이 가능한 또 하나의 경우이다.

Q 영국에서 하룻밤 사이에 눈 위에 수 킬로미터의 거리에 남겨져 악마의 발자국이라 생각했던 신비로운 발자국은 어떻게 설명되고 있나?

A 영국 데번에서 1855년 2월의 어느 날 아침에 눈을 뜬 많은 사람들은 악마가 그들의 마을을 활보하고 다녔다고 믿었다. 당나귀 발굽과 비슷하고 직경이 약 7~10센티미터 정도 된 것으로 보이는 갈라진 발굽 자국이 눈 위에 찍혀 있었다. 발자국 간격은 약 8인치(20센티미터) 정도였고, 길, 뒷마당, 울타리, 심지어 눈 덮인 지붕까지 통과하면서 직선으로 나 있었다. 그 지역 사람들은 처음에는 어떤 동물 한 마리, 혹은 여러 마리가 밤새 뛰어다닌 것으로 추측

했다. 그러나 어떤 당나귀 혹은 어떤 동물이 한점 흐트러짐 없는 흔적을 남기며 약 2.4미터나 되는 담을 넘어갈 수 있었단 말인가? 이 희한한 흔적은 약 160킬로미터에 걸쳐 있었고, 심지어 강이 바다와 만나는 지점에서 약 3킬로미터의 바다를 건너가기도 했다. 가장 그럴듯한 추측은 그날 밤 데번 지역에 유성우가 내렸고, 작은 조각들이 조용히 충돌하면서 어떤 곳에서는 마치 발굽 동물의 발자국과 비슷한 모양의 흔적을 만들었을 가능성이 있다는 것으로, 달의 충돌화구와 비슷한 것도 있었다. 당시 대부분의 사람들은 하늘에서 돌이 떨어질 수 있다는 과학자들의 주장을 믿지 않았다. 운동을 잘하는 악마가 훨씬 더 그럴듯해 보였던 것이다.

Q 자칼이 악마의 창조물이라고 여겨지는 이유는?

A 아마도 밤에 돌아다니는 사냥꾼이고, 썩은 고기를 먹으며, 비겁하다는 평판이 나 있고, 불안하게 만드는 소리로 울부짖기 때문일 것이다. 사칼은 고대 이집트 때부터 죽음과 관련지어지기도 했다. 이집트 인들은 자칼을 묘지를 지키고 죽은 자들이 심판을 받도록 안내하는 신인 아누비스의 화신으로 삼았다.

자칼을 겁쟁이로 간주할 만한 근거는 없다. 자칼은 무리를 지어 영양이나 양과 같이 훨씬 더 큰 동물을 추적하여 잡는다. 사자가 먹고 남은 것을 먹는 것은 손쉬운 일이다. 자칼에게는 분별 있는 행동인 것이다. 어쨌든 길이가 겨우 약 60센티미터밖에 되지 않고(약 30센티미터 길이의 털 많은 꼬리는 무시), 몸무게는 약 11킬로그램도 안 되는데 누가(자칼) 사자와 같이 커다랗고 무서운 짐승에 대적하겠는가? 자칼은 하이에나보다는 개와 훨씬 더 비슷하며, 실제로 사육하는 개와 교배를 할 수도 있다.

A 사람들이 악마로부터 자신을 보호하고 간섭을 막기 위해 집게손가락으로 이마에 십자가를 긋던 초기 기독교 시대에서 기원을 찾을 수 있다. 오늘날에도 손가락을 포개는 것은 일종의 보호를 기원하는 행위이다. 손가락과 관련된 미신은 많다. 손가락으로 가리키는 것은 무례한 일로 여겨지는데, 이는 손가락으로 가리킨 대상에 나쁜 일이 일어날 것이라는 생각에서 연유한 것이다. 어떤 원시사회에서는 누군가가 죽었을 때 애도의 징표로 손가락을 자르기도 했다. 손톱에 관해서도 남다른 믿음이 있다. 일요일에는 손톱을 자르면 안 되고, 만일 자르면 일주일 내내 악마에게 사로잡히게 된다든지, 깎은 손톱은 마녀가 나쁜 주문을 걸 때 사용할 수 있으므로 절대 마녀의 수중에 떨어지게 하면 안 된다든지 하는 것들이다.

Q 영화 〈엑소시스트〉에서 나온 것과 같이 악령에 사로잡히는 경우가 진짜 있었을까?

A 이 영화에서는 악령에 사로잡혔다고 보고되는 경우에서 명시되는 것으로 보이는 증상들을 잘 보여주고 있다. 이런 증상으로는 구토, 통제불능의 격앙상태 등과 같은 신체적 효과와 상

스러운 말의 사용 등과 같은 정신적 효과가 있다. 사람들은 수세기 동안 악령에 사로잡히는 것을 믿었다. 누군가 재채기를 했을 때 "신의 축복이 있기를"이라고 하는 이유는 무엇일까? 재채기를 하면 영혼이 빠져나가며, 축복을 받지 않으면 그 순간에 악령이 들어와 몸을 통제할 수 있다고 믿었기 때문이다. 우리가 들어본 바 있는 악령에 사로잡힌 대부분의 경우는 신앙심이 깊고 악령을 굳게 믿는 사람이 연관되어 있다. 이런 이유 때문에 어떤 경우는 강한 자기암시에 의한 것일 수도 있다. 심리학자들은 악령에 사로잡힌 증상이 정신적으로 병이 있거나 마음이 혼란스러운 사람이 보이는 증상과 매우 유사하다는 것을 발견했다. 악령을 몰아내는 엑소시즘은 정신병 환자들의 심리치료와 비슷하다. 악령에 사로잡힌 많은 경우가 오래 전에 일어난 일이고, 기록으로는 잘 남아 있지 않아서 평가를 제대로 할 수가 없다.

Q 악령은 무엇인가? 악령이 과연 실제 현실에서 아미티빌의 공포를 불러일으켰나? 악령은 유령과 같은 것인가?

A 사악한 영혼을 묘사하는 일반적인 용어인 데몬demon(악령)은 어떤 문화에서는 좋은 영혼을 말하는 경우도 있다. 실제로 이들은 나쁜 짓에 대한 복수를 하기 위해 돌아다니는 인간의 유령이며, 늑대인간, 하르피이아, 흡혈귀 등과 같은 신체 형태로 나타나기도 한다고 여겨졌다. 인간으로부터 기원하지 않은 악령은 악마의 추종자로 묘사되며, 악마 자신은 최고의 악령이다. 악령은 밤에 숲과 샛길에 몰래 숨어 다니다가 지나가는 사람들에게 덤벼들어

공격한다. 중세에는(오늘날까지도) 정신적으로 문제가 있는 사람들은 악령에 사로잡혔고, 엑소시즘이 필요하다고 여겨졌다. 정말로 존재했다면, 이른바 아미티빌의 공포(아미티빌 호러 : 1974년 미국 아미티빌의 한 저택에서 그 집의 장남이 가족 6명을 끔찍하게 살해하는 사건이 일어났다. 그후 그 집에 악령이 출몰한다고 하여 이를 소재로 한 영화가 만들어지기도 했다—옮긴이)는 악령으로 간주되었을 것이다. 잡혀서 악령으로 판명된 사람은 없었으므로 이런 생각은 과학적으로 신빙성이 없다. 그럼에도 불구하고 악령은 깜깜하고 폭풍우가 치는 밤에 머리카락이 서게 만들 정도로 좋은 이야깃거리가 되고 있다.

Q 악마와 계약을 맺은 파우스트가 실제로 존재했을까?

A 파우스트는 1540년경에 죽은 16세기의 실존 인물이었다. 그의 이름이 요한 파우스트라는 이야기도 있고, 또 게오르기우스 파우스트라는 이야기도 있어 다소 헷갈린다. 이런 불일치에 대해서는 여러 가지 설명이 가능하다. 완전히 다른 두 사람이었을 수도 있고, 쌍둥이었을 수도 있고, 혹은 이중인격을 지닌 동일한 사람이었을 수도 있다. 한 명은 신학박사였으며, 또 한 명은 흑마술에 손을 댄 사람이었던 것으로 보인다. 아마도 다른 사람들을 속이기 위해서 의도적으로 이름을 바꾸었을 수도 있다. 이런 일은 음모를 꾸미기 좋아하는 그의 성격과 맞아떨어졌을 것이다. 둘 모두 엉터리 협잡꾼으로 알려져 있다.

대부분의 이야기에 의하면 파우스트는 독일에서 신통력을 지닌 사람이라고 자처하면서 대중들에게 묘기를 선보였던 변변치 못한 허풍쟁이였다. 그는 자신이 악마와 아주 가까운 사이이며 악마를 자신의 "절친한 벗"이라고 부르기도 했다. 이는 아마도 순진한 청중들에게 인상을 주기 위해 지어낸 순전히 허튼수작이었던 것 같다. 프로테스탄트 교회만 아니었다면 파우스트는 역사 속으로 빠르게 사라졌을 것이 틀림없다. 그러나 파우스트가 죽은 뒤 프로테스탄트 교회는 사람이 너무나 많은 지식을 추구하게 되면 어떤 일이 벌어질 수 있는가(영원한 저주)를 보여주기 위해 파우스트를 예로 들었다. 이를 주제로 책과 희곡이 나왔고, 특히 크리스토퍼 말로, 그리고 나중에는 괴테가 이것에 관해서 썼다. 그러나 괴테는 이 주제를 다소 수정하여 파우스트와 같이 사악한 사람이라도 신의 용서를 받을 수도 있다는 것을 보여주었다. 정작 인류에 기여를 한 것이 거의 없었던 파우스트가 탁월한 문학작품에 영감을 주었다는 것은 재미있는 일이다.

Q 할로윈은 어떻게 시작되었나?

A 할로윈은 2000년도 훨씬 넘는 옛날, 켈트 족과 북유럽 사람들 사이에서 행해지던 이교도 행사였다. 그것은 겨울이 다가오는 시기로 여겨졌고, 사람들은 죽은 이들이 음식과 온기를 찾아 예전 집으로 돌아온다고 믿었다. 그래서 죽은 사람들을 위해 음식이나 제물을 현관문 앞에 놓았다. 오늘날의 과자를 안 주면 장난을 치겠다고 으름장을 놓는 아이들은 뭔가를 나눠주기를 기대하는 이러한 유령을 상징한다. 악령과 마녀들도 이날 밤 어둠 속을 배회한다고 믿어졌으며, 진짜 마녀들은 현대까지 계속해서 이를 즐겼

다. 이날은 약 1,300년 전에 성인들과 순교자들을 기리는 기독교 축일이 되었고, 이교도적인 기원과는 반대되게 '모든 성인의 날'이라 불렸다. 아이들이 과자나 사탕을 달라고 이집 저집 돌아다니는 것은 상당히 최근에 만들어진 풍습이지만, 정신적으로 문제가 있는 사람들이 아이들에게 이상한 것을 주는 바람에 위협을 받고 있는 것 같다.

Q 하데스는 지옥과 같은 것인가?

A 현대에는 같은 것으로 여겨지게 되었지만 항상 그랬던 것은 아니다. 하데스는 사실 그리스 신화에 나오는 사람 혹은 신으로, 플루톤이라고도 알려져 있다. 플루톤은 지하세계를 관장했는데, 그 지하세계는 죽은 사람들이 화염과 고통보다는 추위와 어둠 속에 있는 곳이었다. 지옥이라는 뜻의 '헬hell'이라는 단어는 무덤의 경우처럼 "감추거나 덮다"라는 뜻을 가진 앵글로-색슨 어에서 나온 말이다. 지옥의 개념은 많은 문화에 등장하며, 일반적으로 화염과 고통의 장소로 여겨지며, 흔히 영원히 지속되는 것으로 여겨지지만 반드시 그런 것은 아니다. 저 세상에 대한 가장 최초의 생각은 천국으로부터 시작되었다. 후에 악하다고 생각되는 사람들 중 어떤 이들이 살아서 아무런 벌도 받지 않는 것을 보게 되자 사악한 사람들을 벌하는 지옥에 대한 생각이 만들어졌다.

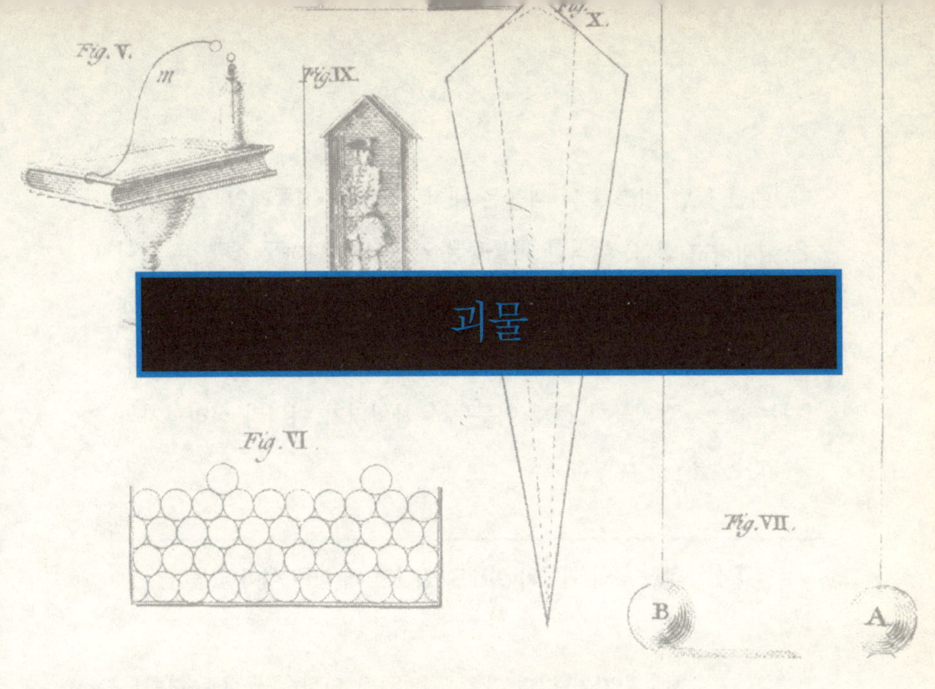

괴물

 네스 호의 괴물이 영국 스코틀랜드에서 보고된 유일한 괴물인가?

A 네스 호의 괴물이 유일하게 보고된 괴물은 아니다. 스코틀랜드에 있는 모든 호수마다 괴물이 살고 있는 것 같다. 괴물이 등장한다는 호수로는 로모드 호와 로흐파인 호가 있고, 오 호에서도 거대한 뱀장어를 닮았고 "말처럼 크고 엄청나게 길다"라고 묘사되는 괴물이 보고되었다. 세계 어느 곳에서건 꽤 큰 호수가 있는 곳을 살펴보면 괴물이 있게 마련이다. 아일랜드, 캐나다, 오스트레일리아, 멕시코, 등. 미국에 있는 대부분의 호수에도 괴물이 있다. 예를 들어 네바다 주 워커 호에 있는 괴물은 사람을 잡아먹는데(그렇다고들 한다), 아메리카 원주민들과의 특별한 합의에 의해 백인들만 먹는다. 대부분의 괴물들은 나쁘지 않으며 애정어린 별명을 가지고 있

다. 예를 들면 네스 호의 괴물은 네시, 뉴욕 주 샘플레인 호의 괴물은 샘피라고 한다. 이러한 괴물들은 사람들이 뭔가를 잘못 본 것이거나 상상해낸 것들로, 관광객을 더 끌어들이기 위해, 혹은 그저 재미로 만들어낸 것들이다. 1934년에 아서 키더 경은 이렇게 말했다. "나는 네스 호 괴물의 존재 여부는 동물학자가 아니라 심리학자의 문제라는 결론을 내렸다."

Q 네스 호의 괴물이 실제로 있다면 왜 잡힌 적이 없을까?

A 그곳에 뭔가가 있다고 결론을 내릴 만한 훌륭한 목격자들의 증언은 많이 있다. 그러나 과연 그게 무엇일까? 가장 그럴듯한 가설은 7,000만 년 전에 다른 공룡들과 함께 멸종한 바다의 파충류, 플레시오사우루스라는 것이다. 그러나 과학자들은 그렇게 생각하지 않는다. 플레시오사우루스는 얕은 바닷물에서 살았고 공기로 숨을 쉬었다. 네스 호는 깊은 담수호이다. 공기로 숨을 쉬는 동물치고 그 괴물은 너무나 가끔씩 밖에 목격되지 않는다. 350시간을 관찰해야 비로소 한 번 목격될 뿐이다. 목격된 장면 대부분은 뱀처럼 생긴 혹 같은 것이 물표면 위로 오르는 것이었다. 유난히 큰 뱀장어이었을 가능성도 있다. 네스 호에는 많은 뱀장어들이 살고 있다. 뱀장어들은 깊고 어두운 바다에 살고 있으며 공기로 숨쉬지 않는다. 그 괴물을 잡는다는 것(진짜 괴물이 존재한다면)은 이루기 힘든 희망사항이다. 네스 호의 물은 토탄으로 인해 암갈색을 띠고 있어서 시계가 좋지 않다. 스쿠버 다이버들이 볼 수 있는 것은 사방 몇 미터밖에 되지 않는다. 네스 호의 수심은 약 289미터에 달한다. 네스 호의 괴물

을 잡기 위해 집중적인 노력을 펼친다 하더라도 그 괴물은 안전하게 숨을 만한 곳을 가지고 있는 것이다.

 빅풋이 존재한다면 왜 그 뼈 한 조각이라도 발견되지 않은 것일까?

빅풋을 둘러싼 논쟁에서 뼈는 매우 중요한 쟁점이다. 스코틀랜드의 네시처럼 빅풋에 대한 증거는 불충분하고 서로 연결되는 사항이 없다. 빅풋이 산다고 추정되는 곳은 미국의 태평양 북서부와 서부해안으로, 이곳은 매년 수백만 명의 야영객들과 관광객들이 방문하는 곳이며 산림경비대가 땅과 하늘에서 감시하는 곳이기도 하다. 목격했다는 광경이나 발자국, 흐릿한 사진과 비디오(상당수는 가짜다) 등을 과학자들은 소프트 에비던스라고 한다. 뼈를 발견한다면 그것은 회의론자들을 확신시킬 하드 에비던스가 될 것이다. 빅풋의 존재를 믿는 사람들은 뼈가 오래도록 남아 있지는 않는다고 말한다. 그들은 우리가 얼마나 자주 사금이나 곰의 뼈를 보느냐고 묻는다. 그러나 초기 원인과 여러 동물들의 많은 뼈가 수백만 년 된 진화 단계별로 아프리카와 여러 곳에서 발견되고 있지만 빅풋이라고 하는 인간과 비슷한 생물의 뼈는 하나도 발견되지 않고 있다. 이것은 아마도 그 동물이 존재하지 않기 때문일 수도 있다.

A 이 이야기는 고대 그리스 인들의 시대 혹은 더 이전까지 거슬러 올라가기 때문에 그 기원에 대해서는 아무도 모른다. 가장 잘 알려진 전설로는 어린아이의 살을 제우스 신에게 바친 리카온이라는 남자에 관한 것이다. 제우스는 그것을 별로 좋아하지 않았던 것 같다. 그는 리카온에게 벌을 내려 늑대로 만들어버렸다. 이것으로부터 늑대인간으로 변하는 것을 라이켄스러피lycanthropy라고 하게 되었다. 늑대인간이라는 뜻의 영어 단어 워울프werewolf는 "사람-늑대"(라틴 어 비르vir 혹은 고트 어 웨어wair에서 나온 말로, 두 가지 모두 "사람"을 뜻한다)를 뜻한다. 전설의 기원은 스칸디나비아의 전사들이 늑대와 같이 무서운 동물들의 가죽을 쓰고 적을 공격하던 때로 거슬러 올라갈 수도 있다. 정신과 의사들은 보름달의 영향으로 자신이 늑대로 변해 밤새 사람 고기를 찾아 헤매다가 다시 정상으로 돌아온다고 상상하는 사람들을 치료해왔다. 이런 생각은 많은 나라에서 다양한 형태로 포장되어 알려져 있다. 그 이야기의 진짜 기원은 정확히 알아낼 수 없을 것이다.

A 사실 그런 일이 있었으리라는 것은 의심스럽다. 신화에 바탕을 두고 있는 고전적인 경우로 로뮬루스와 레무스가 있는데, 이 쌍둥이들은 암컷 늑대가 기르고 양육했다. 로뮬루스와 레

무스는 로마 건국과 관련이 있으며, 실제로 이탈리아의 우표에는 쌍둥이들이 늑대의 젖을 빨고 있는 그림이 나오기도 한다. 오랫동안 어린아이들이 야생에서 이리, 곰, 혹은 다른 동물들에 의해서 길러진 이야기가 많이 있었다. 이러한 아이들은 네 발로 움직였고, 날고기를 먹었으며, 그들을 기른 동물의 소리만을 낼 수 있었다. 구체적인 한 예로 1797년에 발견한 프랑스 아베롱의 야생 소년이 있었다. 세 명의 사냥꾼들이 나무를 타고 도토리를 먹으며 야수처럼 으르렁거리는 이 소년을 발견했다. 사람들은 그를 파리로 데려와 비참하게도 우리에 가둬 전시했다. 대부분 이러한 이야기들에 대한 기록은 확실하지가 않다. 진짜인 것처럼 보이는 경우에는 아마도 버려진 아이였거나 정신지체 혹은 다른 정신질환을 앓은 아이들이었을 가능성이 있다. 동물의 관점에서 볼 때 인간의 어린아이를 (자비롭게) 받아들여 기르는 늑대나 다른 동물은 없다.

A 굴ghoul(송장을 먹는다는 악귀—옮긴이)에 관한 이야기는 아랍 전통에서 나온 것으로, 흡혈귀 전설보다 훨씬 더 오래되었다. 아랍 인들은 묘지와 외진 곳에서 살고 있는 여자 악령을 뜻하는 굴ghul이라는 단어를 사용한다. 굴은 여행자들을 유인해 죽게 한 뒤 먹어치운다. 굴의 공격을 받으면, 굴을 한 방에 죽여야만 한다. 그렇지 않고 두 번 때리면 굴은 다시 살아나게 된다. 아랍 인들은 아이들에게 겁을 주어 고분고분해지게 만들기 위해 이 이야기를 썼으며, 이것이 보기맨Bogeyman(어린아이들을 잡아간다는 괴물—옮긴이)의 기원일

가능성도 있다. 아마도 이것이 서양 전통에서 굴을 조그만 어린아이들을 먹어 치우는 것을 좋아하는 존재로 묘사하는 이유인지도 모르겠다.

흡혈귀는 슬라브 족에서 기원한 것인데, 특히 헝가리와 루마니아 전통이 있는 트란실바니아 지역에서 기원했다. 흡혈귀 이야기들은 18세기에 나온 것들이다. 아마도 그 기원은 여러 가지 이유에서 가끔씩 피를 마셨던 정신이 이상했던 극소수 사람들에게서 찾을 수 있다. 피는 생명과 원기를 상징한다. 흡혈귀 이야기는 브램 스토커의 책 《드라큘라》가 출판된 뒤에 깊이 각인되었다. 많은 책에서 '말뚝 박는 자' 라는 명칭이 붙은 블라드를 드라큘라의 모델로 언급하고 있다. 굴과는 달리 흡혈귀는 피를 빨아먹는데, 그 희생자는 흡혈귀로 변한다. 관에서 잠을 자고, 십자가와 마늘을 아주 싫어한다든지, 거울에 형상이 비춰지지 않고, 심장에 말뚝을 박아야 없앨 수 있다는 등 흡혈귀에 관한 대부분의 이야기는 영화 제작자들이 만들어 낸 것들이다. 영화로 유명해진 흡혈박쥐는 사실은 무게가 약 28그램 정도밖에 나가지 않고 혀로 핥아 마시긴 하지만 피는 빨아먹지 않는 불쌍하고 조그만 생물이다. 그러나 누군가를 죽일 만큼 피를 핥아먹을 수는 없지만 광견병을 옮길 가능성은 있다.

Q 왜 마늘로 흡혈귀를 물리칠 수 있다고 생각했을까?

A 마늘은 나쁜 입 냄새만 빼고는 모든 것을 치유한다고 여겨졌기 때문에 이런 생각은 그리 놀랍지 않다. 마늘 한 쪽을 몸에 지니고 다니면 절대로 병에 걸리지 않는다는 이야기도 있었다.

또한 마늘은 흡혈귀를 포함하여 여러 가지 종류의 악령으로부터 보호하는 강력한 방패막이였다. 희한하게도 마늘은 악마가 천국에서 쫓겨났을 때 악마의 발자국에서 싹이 텄다고 믿어졌다. 만일 그게 사실이라면, 악마가 발을 디뎠던 곳은 마늘의 원산지라 여겨지는 중앙아시아였던 것 같다. 미국에서는 주로 캘리포니아에서 재배되고 있다. 마늘을 양념 재료로는 권할 만하지만 다른 효능에 대해서는 매우 의심스럽다. 그 "향"을 고려해볼 때 마늘이 백합과에 속한다는 것은 재미있는 일이다.

Q 흡혈귀가 거울에 형상이 비치지 않는다고 추측하는 이유는 무엇인가?

A 사실 이 생각은 드라큘라보다 먼저 만들어진 것이다. 원시 시대에는 거울, 잔잔하게 고인 물, 반짝이는 것의 표면 등에 반사되는 모습은 그 사람의 영혼, 혹은 생명의 힘이라고 생각되었다. 어떤 사회에서는 물에 반사된 자신의 모습을 보는 것을 불운한 것으로 여겼는데, 이는 어떤 초자연적인 야수가 그것을 훔쳐가 결국 목숨을 빼앗기게 된다고 생각했기 때문이었다. 흡혈귀들은 영혼이 없는 것으로 여겨졌다. 따라서 반사된 상을 만들 수 없었다. 거울을 깨뜨리면 불운이 찾아온다는 믿음도 이와 비슷하다. 거울을 보고 있는데 거울이 깨지면 목숨을 잃어버릴 수 있기 때문이다. 그러나 이런 생각들은 아무런 과학적 근거가 없는 것들이다.

A 상징으로써의 십자가는 기독교 시대 이전부터 수천 년 동
안 계속된 것이기 때문에 모든 종류의 십자가는 일종의 보
호수단으로 여겨졌을 수 있다. 고대의 고고학 발굴지에서 편평한 바
위와 자갈에 투박한 형태의 십자가 모양이 발견되었다. 그 의미가
확실하지 않은 경우도 있지만, 흔히 학자들은 십자가가 보편성을 상
징한다는 것에 동의한다. 십자가의 네 팔은 나침반의 네 방향으로
뻗어나가며 자연의 모든 것을 포함한다. 기독교가 도래하면서 십자
가는 좀더 구체적으로 악에 대항하는 선을 상징하게 되었다. 신비
혹은 공포 영화에서 영화 제작자들은 이런 생각을 더 확장시켰다.
선함의 상징이라는 십자가를 더럽힌 두드러진 예가 바로 스와스티
카(네 방향의 끝부분이 시계 방향, 혹은 반시계 방향으로 직각으로 꺾인 십자가—옮긴
이)이다. 나치는 이 형태의 십자가가 순수한 독일의 상징인 줄 잘 못
알고 이를 채택했다. 이 때문에 스와스티카는 편견, 죽음, 파괴를 나
타내게 되었다.

Q 박쥐와 올빼미는 모두 밤에 활동하는 생물들이다. 그런데
박쥐는 악한 것으로 여겨지고, 올빼미는 지혜의 상징이 된
이유는 무엇인가?

A 이 질문의 가정이 전적으로 옳은 것은 아니다. 많은 문화
에서 아마도 대다수의 문화에서 올빼미는 박쥐와 마찬가
지로 악과 죽음의 흉조로 여겨지고 있다. 또 다른 문화에서는, 특히
올빼미가 설치류와 같이 농작물을 먹어치우는 동물들을 잡아먹는
곳에서 올빼미는 좋은 것으로 여겨진다. 올빼미에게는 불행한 일이
지만 어떤 문화(예를 들어 초기 로마, 그리고 심지어 19세기 잉글랜드처럼 비교적
최근까지도)에서는 우박과 번개가 내리치는 것을 방지하기 위해 올빼
미를 잡아 날개를 쫙 펼쳐 헛간에 못으로 박기도 했다. 올빼미가 지
혜롭다는 명성을 가진 것은 분명해 보인다. 그 큰 눈으로 응시하는
모습은 마치 굉장한 생각을 하고 있는 것처럼 보인다. 박쥐는 그렇
지 않다. 사실 박쥐는 악마가 연상되는 못생긴 생물로, 모든 악이 확
실하게 숨겨져 있다. 아마도 이는 피를 빨고, 때로는 광견병을 옮기
는 흡혈박쥐 같은 다양한 종들 때문이기도 한 것 같다. 이와 대조적
으로 동양의 일부 문화에서는 박쥐를 장수의 상징으로 간주한다. 또
어떤 곳에서는 박쥐의 피를 최음제로 생각하기도 한다.

A 아마도 인류가 처음 등장한 이래로 해골은 죽음을 상징했다. 인류 초기의 어떤 그림에서는 해골이 죽을 순간이 된 사람들의 목숨을 창으로 빼앗는 것이 묘사되어 있다. 죽음은 일반적으로 이런 식으로 문화마다 다양하게 인격화되어 표현되었다. 중세 시대에는 시간의 개념도 일반적으로 갈기 같은 머리카락을 휘날리며 자루가 긴 큰 낫을 가진 노인으로 의인화되었다. 인간은 오랫동안 시간과 죽음이 밀접하게 연관되어 있다고 인식했으며, 그 결과 시간과 죽음을 합쳐서 상징하게 된 것이 그림리퍼이다. 고깔이 달린 옷에서 두개골이 삐져나오고 살아 있는 것의 목숨줄을 끊으려고 큰 낫을 들고 있는 것이 바로 그림리퍼의 모습이다. 때로는 모래시계를 들고 있는 모습으로 그려지기도 한다. 좀 덜 섬뜩한 상징으로 기독교에서 죽음의 천사가 있다. 그러나 덜 섬뜩하기는 해도 끝인 것만은 확실하다.

A 밴시는 아일랜드에서 생겨난 전설이다. 이것은 순수한 아일랜드 혈통의 가족과 연관된 유령 같은 존재가 날카로운 소리와 울음소리로 가족 구성원의 죽음을 예고한다는 믿음에서 생겨났다. 대부분의 전설은 어느 정도 사실에 근거하고 있다. 이 경우에는 개나 고양이 같은 가족의 애완동물이 가족 중 누군가의 죽음

과 때를 맞춰 우연히 울부짖었던 것으로 추측해볼 수 있다. 만일 그런 애완동물이 눈에는 보이지 않고 소리만 들렸다면 알 수 없는 어떤 존재(밴시)를 만들어내는 게 그리 비합리적인 설명은 아니었다. 밴시banshee라는 단어는 귀족 집안의 수호자인 "여자 요정"이라는 뜻의 게일 어 빈시트bean-sith에서 나온 것으로 보인다. 아일랜드 인들은 신비롭게 사라지는 힘을 가지고 있고 황금보물을 찾게 해주는 작은 남자 요정 레프러콘과 같은 여러 가지 매력적인 전설을 가지고 있다.

Q 좀비는 무엇인가?

A 순전히 만들어낸 존재이다. 좀비는 부두 교의 주술로 되살아난 시체를 뜻한다. 좀비는 아이티에서 많이 믿지만 다른 몇몇 곳에서도 믿고 있다. 좀비는 독약이나 마법을 써서 만들어지며, 주술사는 이런 좀비를 노예로 부린다. 좀비는 말할 수 있는 능력이 거의 없고 걷는 것도 발을 질질 끌면서 움직인다. 좀비가 조금이라도 소금을 먹으면 다시 깨어나게 되고, 그 효과가 끝나기 전에 주인에게 복수를 할 수도 있다고 한다. 좀비 이야기는 아이티의 지체 장애인들이 좀비처럼 행동하는 데서 생겨난 것 같으며, 미신을 믿는 사람들이 이런 것을 믿게 되었다.

Q   용의 신화는 어떻게 생겨났나?

A 아주 오래 전에 사람들이 바위가 노출되어 드러난 곳에서 거대한 화석 공룡뼈를 발견했으리라는 것은 쉽게 상상할 수 있다. 실제로 이런 뼈 중 많은 것이 티라노사우루스 같은 공룡처럼 생겼다. 공룡의 전설이 없는 문화는 거의 없다. 이 짐승은 종종 비늘이 있는 뱀같이 생겼고 날개를 달고 있으며, 때로는 두 개의 머리를 가진 생물로 묘사된다. 공룡은 깊은 동굴에서 살면서 보물을 지키고, 화가 나거나 방해를 받으면 불과 연기를 내뿜는다. 대개 공룡은 악의 상징이고 악마의 화신이기도 하다. 성조지가 용을 죽인 것과 같은 이야기들은 선이 악을 누르고 승리하는 것을 표현한다. 그러나 동양에서 용은 일반적으로 좋은 존재이며 전혀 사악하지 않은 것으로 여겨진다. 하지만 중국의 용들은 화가 나면 태양이 빛을 잃게 할 정도의 위력을 지니고 있다. 용은 탁월한 시력을 가진 것으로 명성이 나 있으며, 실제로 영어로 용을 뜻하는 드래곤dragon은 "눈이 예리하다"는 뜻을 지닌 그리스 단어 드라콘drakon에서 유래했다.

Q   미노타우루스와 미궁에 관한 이야기의 근거는 무엇인가?

A 대부분의 신화와 전설과 마찬가지로 아마도 진실과 공상이 섞였을 것이다. 반은 사람이고 반은 황소의 모습을 하고 있고, 소년소녀들을 잡아먹는 존재에 대한 생물학적 근거는 있을 수 없다. 이 이야기에서는 테세우스가 미궁으로 들어가 미노타우루

스를 죽인 다음 쉽게 미궁을 빠져나온다. 쉽게 나올 수 있었던 것은 그가 미로로 들어가면서 실을 풀어놓았기 때문이었다. 미로 혹은 미궁은 고대에 만들어졌으며 그 기원은 이집트였던 것 같다. 사원이나 제례의식과 관련이 있었으며, 묘지로 사용했을 가능성이 있다. 고대의 역사가 헤로도토스는 아르시노에 있는 이집트의 미궁을 방이 3,000개나 되고 그중 절반은 지하에 있는 건물로 묘사했다. 그러나 크레타의 크노소스에 테세우스가 공을 세웠던 것으로 추정되는 그런 미궁이 있었다는 고고학적 증거는 없다.

Q 골렘은 무엇인가?

A 유대 교 전통에서 골렘은 프랑켄슈타인의 괴물과 비슷한 것으로, 마술을 통해 전에 존재했던 것에 생명을 불어넣어 살린 창조물이다. 진흙으로 빚은 골렘은 주인의 명령을 수행했다. 골렘의 이마에는 "진실"이라는 뜻의 "에메트emeth"라는 단어가 새겨져 있었다. 이 창조물은 매일 자라서 엄청난 크기까지 도달했다. Emeth에서 'e'를 지워서 "죽은 자"라는 뜻으로 바꿔버리는 것이 통례였다. 그러면 그 괴물은 쓰러져 버리고 더 이상 존재하지 않게 된다. 이렇게 하지 않으면 골렘은 주인에게 해를 끼칠 수도 있다. 괴테가 지었고 폴 뒤카스가 음악을 붙인 〈마법사의 제자〉에 나오는 물을 실어 나르는 빗자루는 이 이야기를 영원하게 만들었다. 이것 역시 능력을 잘못 사용한 것에 대한 교훈을 주고 있다.

A 그것은 부당한 명성이다. 아마도 에드가 알렌 포의 〈레이븐〉(국내에서는 주로 '갈가마귀'라는 제목으로 번역된 것이 많음—옮긴이) 때문에 그렇게 생각되는 것일 수 있다. 레이븐은 나쁜 소식이나 불길한 조짐의 전달자로 묘사된다. 실제로는 레이븐보다 더 강하고 독립적인 새는 없다. 레이븐은 또한 크로(까마귀)와 연관이 있으며, 날개폭이 약 1.2미터나 된다. 잡식성인 레이븐은 죽은 물고기에서 씨앗까지 거의 모든 것을 다 먹을 수 있다. 레이븐의 가장 큰 적은 인간이지만 독수리나 콘돌처럼 법으로 보호받는 종은 아직 아니다. 알에서 갓 깨어난 새끼를 잡아서 기르면 아주 훌륭한 애완동물이 될 수 있으며, 앵무새처럼 말도 몇 마디 가르칠 수 있다. 레이븐의 명성이 나쁜 것은 아마도 그 검은 색깔(하얀 깃털이 좀 있기는 하지만)이 주로 밤과 사악한 것들과 연관되기 때문일 것이다. 이 새가 야생에서는 30년, 잡아서 기르는 경우에는 거의 70년을 살 수 있다는 것은 놀라운 일이다.

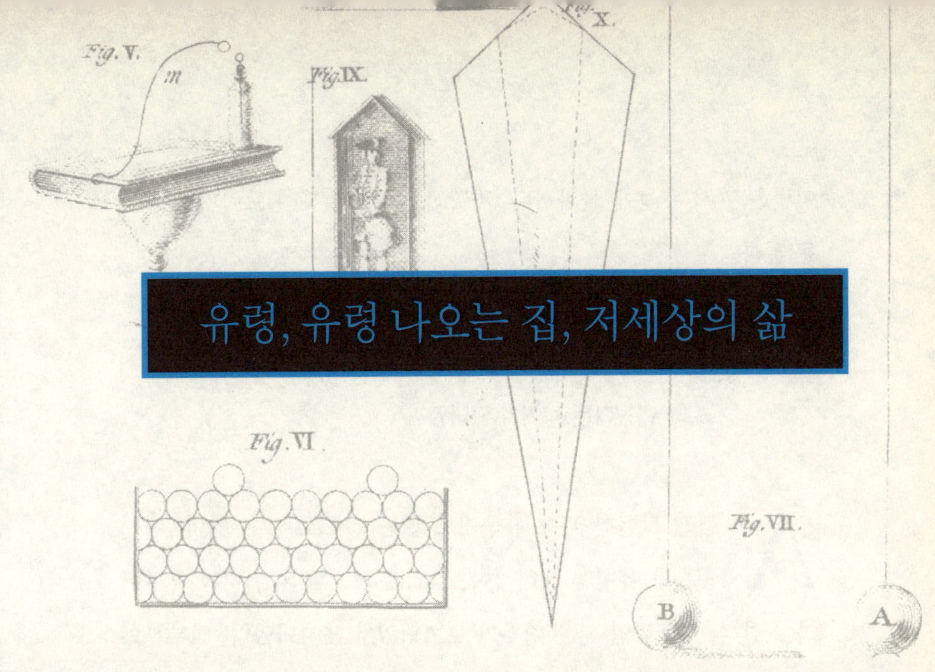

유령, 유령 나오는 집, 저세상의 삶

Q 사람들은 왜 유령을 믿을까?

A 사람들이 유령의 존재를 받아들이는 보편적인 이유를 정확히 지적해내기는 어렵다. 대부분의 믿음과 마찬가지로 그것은 사회적 혹은 심리적으로 작용을 한다. 그렇다고 해서 유령이 존재한다거나 혹은 존재하지 않는다고 말하려는 것이 아니다. 그 존재여부에 대해서는 확신할 수 없다. 유령은 죽은 사람의 한 단면을 나타내는 것이므로 그것에 대한 믿음은 살아 있는 사람에게 사후의 삶에 대한 확신을 준다. 최근에 나온 좀더 과학적인 주장에서는 에너지 보존법칙과 관련지어 설명하고 있다. 이에 의하면 에너지는 새로 생성되지도 파괴되지도 않는다. 그렇다면 죽은 뒤에도 인간의 몸에서 나오는 에너지는 파괴될 수 없으며, 다 흩어져버릴 때까지 무한정한 시간 동안 어떤 응집체(유령)를 지탱시킬 수 있다는 것이다.

이것은 단지 추측에 불과하다. 과학적으로 그럴듯해 보이지만 증거
는 없다.

Q 이른바 "유령이 나온다는" 집에서 유령이 물건을 움직이거
나 던진다는 증거가 있나?

A 어떤 확실한 과학적 증거도 없는 것으로 알고 있다. 이런
종류의 유령을 폴터가이스트poltergeist 혹은 던지는 유령이
라고 한다. 오랫동안 많은 경우가 보고되었고 조사되었다. 대부분의
경우는 아이들과 관련이 있는 듯하다. 관찰된 수많은 "현상"이 단지
아이들이 재미삼아, 혹은 관심을 끌기 위해 저지른 장난이었던 같
다. 보고 있는 사람이 없을 때 물건을 방 건너편으로 던지고는 재빨
리 아무 짓도 안 한 척하기는 쉬운 일이다. 그러나 쉽게 속아 넘어가
는 사람들(심지어 과학자들도)은 이런 것을 진짜 현상으로 받아들인다.
이것과 관련된 것으로 염력, 즉 물리적 수단 없이 물체를 움직이게
만드는 것이 있다. 이와 관련해 보고된 것들의 대부분은 순전히 속
임수인 것 같다. 아이들을 방에 모아놓고 마음의 힘만으로 숟가락을
구부리게 해보라고 한 경우가 있었다. 조사자가 돌아왔을 때 실제도
많은 숟가락들이 휘어져 있었다. 그러나 폐쇄회로 TV를 살펴본 결
과, 아이들이 숟가락을 발로 밟은 것이 드러났다. 이와 같은 애매모
호한 과학 분야에서는 회의적인 자세를 취하는 게 최선책이다.

Q 배나 비행기와 같은 물체들이 파괴된 뒤에도 어떻게 보일 수 있는 것일까?

A 가장 유명한 유령선인 플라잉더치맨 호(남아프리카 희망봉 근처를 영원히 떠돌아다닌다는 유령선—옮긴이)를 염두에 두고 하는 질문인 것 같다. 불가사의한 유령선, 비행기, 기차, 자동차 등을 봤다는 주장이 많은 게 사실이다. 아마도 이런 것들 모두가 혹은 많은 경우가 뭔가를 잘못 보았거나, 환상이나 신기루일 가능성이 있다. 이러한 현상은 과학적인 조사를 할 수 있는 것들이 아니다. 그러나 반복적으로 나타나는 경우에는 정밀한 조사를 하기도 한다. 예를 들어 유령선이 매년 12월에 캐나다 노바스코샤의 어느 항구 마을로 들어와서 많은 목격자들 앞에서 불이 타 가라앉는다는 보고가 있었다. 그러나 카메라와 같은 도구를 사용하여 그 장면을 기록하기 전까지는 이런 보고에 대한 평가를 내릴 수 없다. 무생물체가 유사한 방식으로 계속해서 나타난다는 것은 근거가 너무 빈약하다.

Q 메리설레스트 호는 바다 최고의 미스터리임에 틀림없다. 이 유령선의 승무원들에게 무슨 일이 일어났었나?

A 1872년 12월 데이그라티아 호는 승무원 없이 떠다니던 메리설레스트 호를 아조레스 제도 근처에서 발견했다. 그것은 바다에서 일어난 최고의 미스터리였을 것이다. 승무원들은 전혀 발견되지 않다. 무슨 일이 일어났는지 정확하게 알 수는 없을 것이

다. 그러나 센세이셔널한 주장들을 일축하면 무슨 일이 일어났는지를 설명해줄 만한 몇 가지 사실이 나타난다. 우리는 항해 장비와 구명정 하나가 없어졌고 배와 연결된 줄 하나가 끊어져 있다는 사실을 알고 있다. 그 배에 실린 화물은 수백 통의 알코올이었다. 만약 배에 문제가 생기면 선장은 배를 버릴 것을 명령할 것이며, 선장이 가장 먼저 손에 넣으려고 하는 것은 항해 장비일 것이다. 이것을 토대로 추측해보면 다음과 같다. 그 배의 브릭스 선장은 알코올이라는 인화성 화물이 곧 폭발하거나 혹은 배가 곧 가라앉을 것이라고 판단하여 모든 이들에게 하나의 구명정으로 옮겨 탈 것을 명령했고, 자신은 항해 장비를 가지고 갔다. 다시 배로 돌아올 수 있게 되기를 바라면서 구명정과 배를 줄로 묶었지만 줄은 끊어져버렸고 그들은 표류하다가 결국 죽지만 메리설레스트 호는 혼자서 항해하다가 데이그라티아 호를 만나게 되었다. 하지만 진짜 무슨 일이 있었는지는 그 누가 알겠는가?

Q 유령이 나오는 집이 진짜 있을까?

A 유령이 출몰한다는 집은 역사를 통해 많이 있었다. 오래된 성에 항상 유령이 등장하는 이유도 이 때문이다. 흥미를 자아내기는 하지만 이것은 과학적으로 조사하기 어려운 분야이다. 유령이 나온다는 주장이 자연의 현상으로 설명되는 경우가 많다. 예를 들어 바람이 거세고 폭풍우가 몰아치는 밤은 평소보다 삐걱거리거나 시끄러운 소리를 더 많이 만들어내고, 문이 탕 닫히게 하거나 두드리는 게 많아질 것이다. 잉글랜드에 있는 어떤 집은 폭풍우가

치는 밤이면 전에 사람이 살해된 적이 있는 위층 침실이 "피" 바다가 되는 것으로 유명했다. 그러나 그 "피"는 내벽과 외벽 사이에 들어 있던 나뭇잎에서 빨간색이 묻어나온 물이었던 것으로 드러났다. 빗물이 벽 속으로 조금씩 흘러들어가 잎을 적시면서 붉은 색을 띠게 되었고 이 물이 방으로 새어나왔던 것이다. 유령이 나오는 집에 대한 믿음, 따라서 유령에 대한 믿음은 우리에게 영생에 대한 증거를 제시한다. 과학에서는 이런 집에 대한 분석이 이루어지고 유령이 나온다는 현상을 철저한 과학적 방법으로 조사하기 전까지 위와 같은 질문에 답할 수 없다. 지금까지는 이러한 작업이 만족스럽게 이루어지지 않았다.

A 퇴마사 해리 프라이스가 잉글랜드에서 유령이 가장 자주 출몰한다는 집으로 묘사한 볼리 목사 관저가 아마도 일등 후보일 것 같다. 프라이스는 이 집에 관해서 두 권의 책을 썼다. 볼리 목사 관저는 1863년에 헨리 불 목사가 지은 집으로, 화재로 소실되기 전까지 77년이나 건재했다. 집이 지어진 뒤 얼마 되지 않아 유령의 짓거리 같은 것이 많이 보고되었다. 알 수 없는 소음과 발자국 소리, 정원을 배회하는 하얀 옷의 여자, 머리가 없는 유령, 질주하는 유령 마차 등이 있다고들 했다. 심지어 그 집이 불에 타버린 뒤에도 창문에 유령 환영이 있는 것을 보았다는 보고가 있었다. 그 자리에서 14세기에 살해된 수녀와 사람의 유해가 지하실에서 발견되었다는 이야기도 있었다.

1930년경 포이스터 목사와 그의 아내 매리앤이 그 집으로 이사를 왔다. 물건들을 던지고, 문을 쾅 닫고, 벨을 울리는 등 폴터가이스트 활동이 더욱 심해졌다고 한다. 해리 프라이스는 이러한 현상들을 조사했으며, 심지어 포이스터 부부가 이사 간 뒤 그 집에서 직접 1년간 살아보기도 했다. 프라이스가 그 집에 사는 동안에는 유령이 나타났다는 이야기는 없었다. 그는 매리앤이 장난으로 그런 짓을 꾸몄으며, 그녀도 그 사실을 고백했다고 주장했다. 그 목사 관저를 엄격하게 과학적으로 조사해본 적은 없었으며, 더 이상 그 집이 존재하지 않기 때문에 논란이 해결되기는 어려울 것이다. 그러나 볼리 목사 관저가 쥐들로 들끓고 있었다는 점은 지적해야 할 것 같다. 유령 소음에 대해 그 쥐들이 최소한 부분적으로는 책임이 있었을 것 같다.

Q 고딕소설(공포, 암흑, 어둠, 죽음, 폐허가 된 성 등 섬뜩한 분위기를 풍기는 소설 장르-옮긴이)을 읽는 것을 좋아하는데, 왜 그런 작품들을 "고딕"이라고 할까?

A 12세기에 성과 석조건축물에 나타난 건축양식은 뾰족한 아치, 플라잉 버트레스(벽을 밖에서 지탱해주는 버팀구조-옮긴이), 가고일(기괴한 동물이나 사람의 형상으로 만든 낙숫물받이-옮긴이) 등이 전형적인 특징이었다. 이와 같은 고딕 건축물은 16세기까지 계속되었으나 18세기에 이르러서는 많은 건물들이 무너져 폐허가 되었고, 남아 있다 해도 3세기까지 거슬러 올라가는 듯한 느낌의 분위기를 연출했다. 이 시기는 야만족인 고트 족이 신성로마제국을 침범했던 때였다. 이것을 배경으로 작가들은 무서운 이야기, 종종 초자연적인 것을 연상

하게 하는 이야기들을 지어냈다. 아마도 가장 최초의 고딕 소설을 읽고 싶다면 호러스 월폴이 1765년에 쓴 오트란토의 성 을 읽어보기 바란다. 또 추가할 만한 작품으로는 매리 셸리의 프랑켄슈타인 , 브램 스토커의 드라큘라 , 그리고 래드클리프의 여러 작품들이 있다. 고딕 풍의 이야기들은 지금도 그때만큼이나 인기가 많다.

A 방법은 약 5~10분간 완전히 조용한 상태에서 평범한 녹음기로 녹음을 한 다음 녹음한 것을 틀고 유령이 속삭이는 소리가 있는지 자세히 들어보는 것이다. 가끔씩 진짜로 "무슨 일이야" 혹은 "보고 싶었어" 등과 같이 짧은 말을 속삭이는 사람 목소리 같은 것이 들린다. 이러한 소리의 정확한 기원은 알려져 있지 않지만 일부 혹은 아마도 모두는 녹음기 내부의 작용이나 혹은 의식적으로 인지하지 못한 미묘한 외부의 소음으로 인해 만들어진 소리일 것이다. 이런 소리는 매우 빠르고 낮게 들리며, 그것이 과연 죽은 사람의 목소리인지에 대해서는 논란의 여지가 있다. 이것 역시 여러분이 직접 조사하고 판단할 수 있는 미지의 분야 중 하나이다.

Q 유령이 나오는 집에서 녹음된 유령의 목소리는 유령이 존재한다는 증거가 되지 않을까?

A 회의적인 시각을 갖기를 권한다. 또한 실제로 음성이 녹음되었다면 그것을 자연적인 현상으로 설명이 가능하지는 않은지 살펴보길 권한다. 과학적 접근 방법은 대안의 가설을 생각해 보고 가장 그럴듯한 설명을 먼저 찾아내는 것이다. 녹음된 유령의 목소리는 속임수일 수 있다. 그런 일은 매일 일어난다. 하지만 일단 속임수의 가능성은 배제하고 살펴보기로 하자. 유령의 목소리라는 것이 알고 보니 이전에 녹음된 것을 지웠는데 거기서 희미하게 나온 소리였던 경우도 있었다. 또 녹음할 때 26명이나 되는 사람들이 참석했던 경우도 있었다. 유령이 나온다는 집에서 유령을 잡기 위해 모여 있는 상황에서 많은 사람들로 하여금 소리를 내기 않게 하기는 어려운 일이다. 다른 사람은 듣지 못한 소리라고 해도 녹음기 볼륨을 높이면 들을 수 있기도 하다. 철저하게 통제된 상황이 아니라면 과학적 가치는 거의 얻어낼 수 없다. 우리도 이러한 실험을 몇 번 해 보았지만 아무런 긍정적인 결과는 얻지 못했다.

Q 유령이 런던 탑에 출몰한다는 이야기가 진짜인가?

A 수세기 전에 지어진 런던 탑은 몇몇 유명한 사람들을 포함하여 많은 이들을 가두고 처형하는 장소로 쓰였다. 이 오래된 성채에 유령이 돌아다닌다는 이야기가 있다는 것은 그리 놀랄

386

일이 아니다. 물론 많은 이야기들은 자연현상으로 설명이 가능하거나 혹은 너무 과한 상상의 결과이기도 하다. 헨리 8세가 1536년에 참수시킨 앤 불린(헨리 8세의 두 번째 왕비이며 엘리자베스 1세의 어머니—옮긴이)의 유령을 보았다는 이야기는 되풀이해서 나왔다. 한번은 1864년에 보초 근무를 서던 보초병이 어둠 속에서 하얀 형체가 나오는 것을 보았다. 멈추라는 명령을 듣지 않자 보초병은 총검으로 그것을 찔렀는데 총검이 그 유령을 그냥 통과했고 보초병은 졸도했다. 그는 졸도한 채로 발견되었고, 보초를 서던 중 잠이 들었다는 죄가 씌워졌다. 그는 군법회의에서 그 유령이 보닛 모자를 쓰고 있었는데 모자가 텅 비어 있었다고 주장했다. 목격자로 나선 다른 병사들이 그의 이야기를 확인해주었고 그는 무죄선고를 받았다. 그게 무엇이었던 간에 런던 탑에서 그날 밤 무슨 일인가가 일어나기는 했던 것 같다. 동료 군인들이 못된 장난을 치고 싶은 기분이 들었는지도 모르겠다.

Q 미국 뉴욕 주 포트나이아가라(300여 년 전 프랑스에 의해 건설된 요새로 독립전쟁 이후 미국에 양도됨. 지금은 공원과 박물관으로 이용되고 있음—옮긴이)의 한 우물에서 독립전쟁 때의 목 없는 군인 유령이 밤마다 나온다는 얘기가 사실인가?

A 사실이 아니다. 우물의 수직 통로를 가로지르는 지하 도관이 있는데 크기가 커서 사람이 기어다닐 수 있을 정도이다. 포트나이아가라 관계자에 의하면 어떤 군인들이 우물 근처에서 보초를 서고 있는 동료 군인들에게 장난을 치기 위해 우물 통로까지

기어가서 이상한 신음소리 등 여러 가지 소리를 냈다고 한다. 이것이 우물 속에 유령이 있다는 생각을 하게 만들었을 것이다. 어두운 밤에 우물 근처를 걸어가는 누군가를 본다면 그게 유령이라고 생각하기는 쉬운 일일 것이다. 목이 없는 이유는 무엇일까? 밤에 나타났던 형상은 제대로 알아볼 수가 없었기 때문에 목이 없는 게 된 것이다. 군인 이야기가 나온 이유는 이러하다. 한 여자를 놓고 두 명의 군인이 결투를 했는데 한 사람이 상대의 머리를 베었다. 자신의 비열한 행동을 감추기 위해 그는 시체를 우물에 던지고 머리는 호수에 던졌다. 사람들은 머리가 없는 몸이 자신의 머리를 찾아 밤에 우물에서 나온다고 얘기한다. 우리는 많은 유령 이야기들이 못된 장난에서 비롯된 것이다.

Q 죽은 사람들과 나눴다는 대화에서 저세상은 어떻게 묘사되고 있나?

A 죽은 자와의 대화라고 하는 것이 들어 있는 초자연적인 작품은 매우 많이 있다. 이런 작품에 의하면 "죽은" 자들은 "저세상"을 막연하게 일반적이며 거의 철학적인 용어로 이야기한다. 구체적으로 들어가면 저세상이 현세의 삶과 그리 다르지 않다는 소리를 듣게 된다. 집, 잔디, 거리 등이 있고, 대화를 나누기 위한 격식 없는 만남 같은 것이 있다. 어떤 영매가 베티라는 이름의 죽은 사람에게 "그녀가 살고 있는 세계에 전기, 산소, 벽돌, 막대기, 돌멩이" 들이 있냐고 물어보았다. 그녀는 있지만 그런 것들은 "차단된 모습이 아니라… 그 본질로" 다뤄진다고 말했다. 이런 종류의 수사

388

적인 답변은 허튼소리이며 진짜 질문을 회피하는 것처럼 들린다. 더 잘 알 수 있게 되기 전까지 우리는 죽은 자와의 대화라는 것은 조작된 것이라고 말하고자 한다. 저세상의 삶에 대해 궁금해하는 사람이 할 수 있는 일은 기다리는 것뿐이다. 조만간 그곳에 가게 될 수 있을 것이다.

A 많은 이들은 이것을 재미있는 실내 오락 정도로 생각하고, 또 어떤 이들은 이것을 아주 심각하게 받아들이기도 한다. 판 자체에는 모든 알파벳 글자, 1에서 10까지의 숫자, "예"와 "아니오"라는 단어가 들어 있다. 여기에 한 명 이상의 사람들이 손을 올려놓고 움직이는 플랑셰트가 있고, 이것으로 저세상에서 온 메시지라고 여겨지는 단어와 숫자들을 가리킬 수 있다. 이러한 메시지가 그 자리에 있었던 사람들이 몰랐던 정보를 알려주었다는 경우는 들어보지 못했다. 아마도 폭풍우 치는 어두운 밤에 위자 보드를 사용하는 사람들이 분위기에 휩쓸려 자신도 모르게 플랑셰트를 움직여 이해할 수 있을 것 같은 메시지를 쓰게끔 "도와주었을" 것이라고 추측한다. 우리도 위자 보드를 사용하여 열심히 노력해보았지만 아무런 성공을 거두지 못했다. 위자 보드는 〈초대받지 않은 자들〉(1944년 제작된 루이스 앨런 감독의 흑백 공포영화—옮긴이)이라는 흥미로운 유령영화에 등장하여 선풍적인 인기를 끈 적이 있다. 그 영화를 한 번 볼 것을 권하며, 또한 재미삼아 위자 보드도 한 번 해보길 권한다. 하지만 여

러분의 돌아가신 이모로부터 무슨 메시지를 받을 것이라는 기대는
하지 말기 바란다.

Q 위자 보드가 아무런 심령 가치가 없다면 페이션스 워스 사
건은 어떻게 설명할 수 있나?

A 세계적으로 유명한 페이션스 워스 사건은 수십여 년 전 미
국 중서부에 살던 가정주부 펄 쿠랜이 위자 보드를 통해
메시지를 받으면서 시작되었다. 메시지는 "수많은 달이 뜨기 전에
나는 살았다. 다시 내가 왔다. 내 이름은 페이션스 워스"라는 말로
시작되었다. 위자 보드의 메시지는 점차 그것이 17세기에 잉글랜드
에 살았던 소녀의 혼이라는 것을 드러냈다. 수년 동안 쿠랜은 일련
의 문학작품을 전해주는 역할을 했다. 중세와 빅토리아 시대 잉글랜
드의 시와 소설들이었는데, 전문가들은 그것이 뛰어난 문학적 창작
력을 가진 것이며, 페이션스 워스의 육체에서 이탈한 영혼이 지은
것이라고 주장했다. 조사자들은 작품의 질과 내용이 쿠랜이 가진 평
범한 능력을 넘어서는 뛰어난 것이라는 데 동의했다. 영적 세계에서
소통을 하는 페이션스 워스라는 사람이 진짜 있었을까? 아니면 일
부 과학자들이 주장한 것처럼 제2의 인격이라는 아주 예외적인 경
우로써, 쿠랜의 무의식이 만들어낸 것이었을까?

A　묘지 두 곳에서 밀봉된 크립트(주로 지하에 있는 석실이나 아치형 천장의 방으로 시체를 두는 곳으로 이용됨—옮긴이)가 열리고 관들이 돌아다니고 어떤 것들은 심지어 관이 서 있기까지 했던 것은 사실이다. 우선 자연현상으로 설명이 가능한지 찾아보고, 그 다음에 필요하다면 초자연적인 것을 생각해보는 것이 우리의 본능이다. 어떤 크립트의 경우에는 한 세기 동안 열려 있지 않았으며 오래 전에 잊혀졌던 지진이 원인이 되었는지도 모른다. 체이스 가문의 무덤에서 관이 움직인 것은 설명하기 더 힘들다. 최근에 한 번 이상 열렸고, 그것은 지진 때문도 아니었다. 체이스 가문의 무덤은 돌로 만들어졌으며 지하 약 1.2미터 깊이에 있다. 지하수가 들어왔다가 빠져나가면서 관들이 움직였을 가능성이 있다. 약 270킬로그램의 관들은 약 1,300킬로그램 이상의 물을 밀어내므로 뜰 것이다. 관들은 언덕의 다른 장소로 이장되었고 그때 이후로는 움직이지 않았다.

A　그렇다. 전 세계 많은 사람들이 환생을 믿으며, 종종 종교의 한 부분으로 믿고 있다. 그 뿌리는 주로 대부분의 사람들이 죽고 싶어하지 않는다는 사실에 있는 것 같다. 많은 이들에게 환생이 일어난다는 것을 확신하게 만드는 주요한 요인은 "데자뷰(이

미 본 적이 있는 것 같은 느낌. 기시감)"라는 경험이다. 어떤 생소한 방에 들어갔는데 전에 와 봤던 것 같은 느낌을 즉시 받게 되지만 그런 적이 없다고 확신한다. 그런 경우, 전생에 온 적이 있었다고 생각하기도 하지만 어린 시절에 같은 방, 혹은 비슷한 방에 들어간 적이 있는데 그 사실을 잊은 경우일 수도 있다. 이것을 적합한 답으로 제시하는 것은 아니다. 다만 하나의 가능성으로 제시하는 것이다. 환생했다고 주장하는 몇몇 사람들은 자신이 전생에 여왕, 왕, 왕자, 공작, 저명한 인물 등이었다고 말했다. 한 가지 위안이 되는 것은 형질이 유전된다는 사실이다. 하나의 개체로써 여러분은 천년 전에 살았던 조상처럼 생각하고 행동하고 신체적으로 닮아 있다.

Q 왜 그렇게 많은 사람들이 사후에 영원히 살 것이라고 믿는 것일까?

A 과학은 몸이 죽은 뒤 이런 일이 일어날지 혹은 일어나지 않을지에 대한 답을 가지고 있지 않다. 그럴 수도 있고 그렇지 않을 수도 있다. 사람들이 왜 이것을 믿는가에 대해서는, 모든 생물의 1차적인 본능은 생존이라는 사실에 주목할 필요가 있다. 개와 고양이 같은 하등동물들에게 이런 본능은 육체적 생존이다. 그러나 인간에게는 육체적 죽음은 만족스럽지 않아 보인다. 아마도 종종 사람이 인생을 살면서 착한 일을 한 것에 대한 보상을 받지 못하고 끝을 맺는 한편 다른 사람들, 눈에 띌 정도로 나쁜 사람들이 아무런 벌을 받지 않고 피해가는 것으로부터 추론해볼 수 있을 것이다. 그러므로 공정한 신이 있다면 이런 모순이 해결되는 저세상이 있어야

만 할 것이다. 대부분의 문화는 죽은 다음 삶이 계속되는 것을 믿으며, 이는 개인적 생존 본능과 사랑하는 사람과의 관계를 유지하고자 하는 욕망이 반영된 것일 수 있다. 어떤 면에서 볼 때 영원히 죽지 않는 것에 대한 믿음은 생물적인 생존 본능을 궁극적으로 충족시켜 주는 것이다.

Q 기본적으로 과학자들은 사람이 영원히 죽지 않는다고 생각하는데 이유가 무엇일까?

A 많은 과학자들이 영원히 죽지 않는다는 생각을 교리로 삼고 있는 공식 종교를 믿고 있다. 종교를 가진 과학자들은 물론 그다지 종교와 연관이 없는 과학자들도 다른 형태의 영원히 죽지 않음에 동의한다. 그것은 바로 유전이다. 모든 유기체들은 그들의 존재를 정의하는 모든 정보를 담고 있는 세포 요소인 유전자에 의존한다. 유전자는 자기와 똑같은 복제품을 만들어내는 능력이 있다. 어떻게 보면 유전자는 개체의 기본, 즉 생식질(germ plasm)이다. 생식을 통해 이러한 생식질은 원개체의 후손이 생존하고 생식을 하는 한 살아 있게 된다. 진화상에서 성공적인 형질을 만들어내는 유전자들은 남게 되고 그렇지 못한 유전자들은 제거된다. 그렇다면 어떻게 보면, 영원히 살고자 하는 사람은 건강하게 자라 번식을 할 자손을 많이 낳으면 될 것이다. 그런가 하면 영원이라는 것은 너무 길며, 영원히 죽지 않는 것은 축복이 아니라 저주이며, 죽음은 잉태 이전의 망각으로 되돌아가는 것으로 보는 견해도 있다.

 "근사(near-death)" 체험이 영원히 죽지 않는 것을 증명하는 것 아닐까?

A 인간은 죽은 뒤 의식이 있는 상태로 지속되거나 혹은 그렇지 않거나 둘 중의 하나이다. 분명한 답을 한다는 것은 가능하지 않다. 우리는 어떤 사람이 예를 들어 수술대에서 죽었다가 다시 살아나서 그들이 빛의 터널을 보았고 오래 전에 죽은 친척들과 얘기를 했고 심지어 신을 보았다는 주장을 하는 것에 대해서는 의심을 품고 있다. 그럴듯해 보이기는 해도 생명징후(바이탈 사인)가 일시적으로 멈춘 것은 뇌사라기보다는 임상상의 죽음으로 간주될 수 있다. 과학이 제시하는 조건을 고려하면, 사람이 죽음의 경계에서 경험하는 시각을 저세상을 잠시 다녀온 것으로 생각할 수는 없다. 이 질문을 다른 각도에서 보면 유기체의 생존과 그 생식은 자연의 최고 우선순위라는 것이다. 이는 사람은 물론 다른 생명체에서도 마찬가지이다. 사람과 같이 상상력이 풍부하고 대체로 이성적인 존재에게 영원히 죽지 않는다는 개념은 궁극적인 생존의 방법이며, 우리의 문화, 종교 체제에서 희망사항을 충족시켜주는 것으로 제시된다.

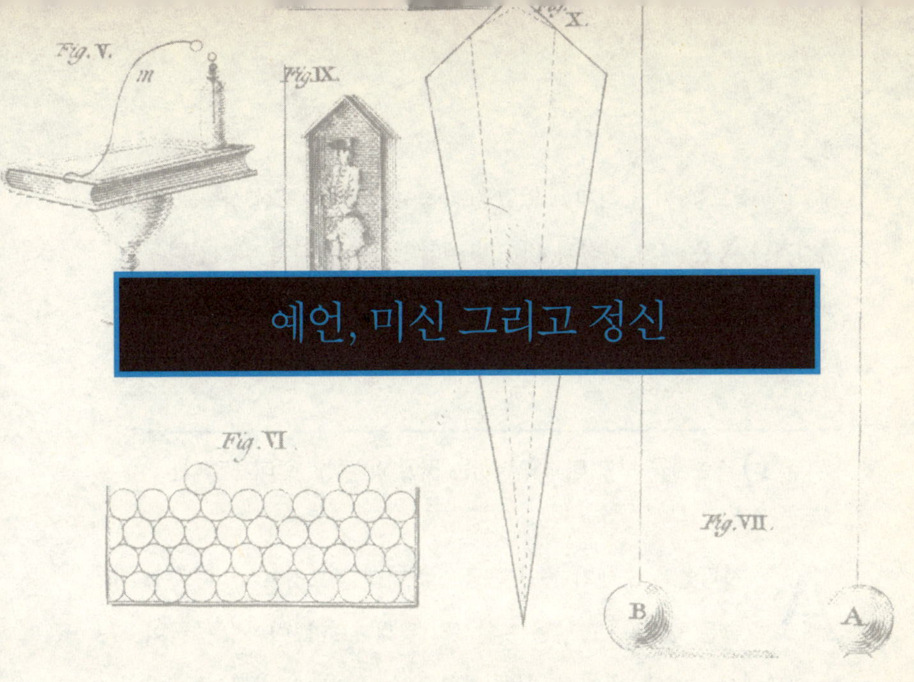

예언, 미신 그리고 정신

Q 미래에 일어날 일을 내다보는 진정한 예지력을 지닌 사람이 있을 수 있나?

A 이런 능력을 가지고 있다고 주장하는 사람들이 있다. 또한 보통 사람들 중에도 가까운 미래에 일어날 어떤 일들을 순간 장면처럼 보았다고 주장하는 이들이 있다. 이러한 미래에 대한 예감은 대개 나쁘거나 불길한 것과 관련이 있다. 이러한 능력이 의지대로 발휘된다거나 혹은 심지어 있기는 한 것인가에 대해서는 아무런 과학적 증거가 없다. 어떤 미래의 사건, 예를 들어 대통령 선거 같은 것과 관련된 정보를 많이 가지고 있으면 있을수록 일어날 일을 더 잘 추측할 가능성은 높아진다는 점을 고려할 필요가 있다. 어떤 사람이 아주 가까운 친척이 죽을 거라는 예감이 되는 경우, 그 사람은 친척의 건강 상태와 그런 예감이 실현될 만하게 만들 여러 상황

에 대한 정보를 이미 가지고 있었을 가능성이 있다. 또한 사실로 밝혀지거나 혹은 거의 사실과 비슷한 예감만이 기억되고 알려진다는 사실도 주목할 필요가 있다. 예감한 것이 일어나지 않은 경우는 잊혀지거나 기록으로 남지도 않는다.

Q 손금을 보고 미래를 말하는 것에 과학적인 토대가 있나?

A 사람들은 수세기 동안 손금으로 미래를 보려고 했다. 수상술은 5,000년도 넘는 옛날부터 행해졌으며, 아마도 중국이나 인도에서 시작된 것 같다. 현대 과학은 손의 형태와 손금, 손두덩 등이 사람의 운명과 관련이 있다는 생각을 받아들이지 않는다. 그러나 오늘날에도 사람들은 여전히 돈을 주고 손금을 본다. 예리한 관찰력을 지닌 점쟁이라면 악수나 손의 물리적 상태를 보고 그 사람에 대해서 거의 정확하게 알아맞출 수 있다. 힘센 악수는 원기와 건강을 뜻하며, 기운 없는 악수는 그 반대를 뜻한다. 못 박힌 손은 육체노동자, 부드러운 손바닥은 사무실에서 일하는 사람일 가능성이 있다는 것을 암시한다. 손금을 보는 사람들은 고객의 옷, 몸치장, 어휘 등도 고려하여 교육 수준이나 재산 정도 등에 대해 언급한다.

만일 당신이 세 명의 자녀를 두고 있다면 손금을 본 그 사람이 놀라운 능력을 지녔거나, 당신의 손이 당신의 운명을 말해주고 있다고 결론내릴 수 있을 것이다. 그러나 과학적으로 그러한 결론이 항상 옳은 것은 아니다. 손이 그 사람에 대해 뭔가를 보여준다는 것은 어느 정도 논리가 있는 생각이다. 몸동작을 자주 취하는 사람 혹은 손톱을 물어뜯는 사람은, 예를 들어 신경질적인 성향을 가지고 있을 수 있다. 또 다른 극단적인 생각은 손에 있는 특정한 금이 수명, 자녀의 수, 사랑, 그외 여러 가지 인생의 측면을 알려준다는 것이다. 과학에서는 이러한 믿음이나 미래 예측을 시도하는 것들을 지지하지 않는다. 수상술의 한 분야에서는 특별히 손톱의 모양, 두께, 색, 특이한 무늬 등을 관찰한다. 이런 정보를 이용하여 어떤 결론을 내리는데, 예를 들어 그 사람의 손톱이 하얗게 죽은 색깔이면 균류에 감염되었다고 결론짓는다. 그러나 과학적 시각에서 볼 때 이는 그 사람의 운명에 대해서 뭔가를 밝혀내는 것은 아니다. 손톱이 아주 더럽다면 그것은 그 사람의 성격의 일부분을 드러내는 것일 수도 있다. 마지막으로 속임수일 가능성도 있다. 어떤 수상가는 손님을 몰래 엿들을 수 있는 방에서 기다리게 한다. 실제 상담을 하기 전에 손님에 대한 개인 정보를 약간은 수집할 수 있으며, 나중에 손금을 볼 때 그런 정보를 말한다. 그러면 그 수상가가 진짜 잘 맞히는 것처럼 보이게 된다.

Q 숫자로 점을 치는 사람이 내 이름은 2에 해당한다고 한다.
이런 숫자가 나의 성격과 미래에 대해 무엇을 알려주나?

A 아마도 아무것도 알려주지 않을 것이다. 수점술이라는 사
이비 과학은 고대 그리스, 로마, 이집트 시절부터 있었다.
없으라는 법이 어디 있겠는가? 수학은 과학의 여왕이며 사물을 측
정할 수 있게 도와주고 많은 생각들에 대한 상징으로 사용되었다.
그러나 어떤 사람들은 숫자가 각각의 사람들을 "진동시키는" 힘을
가지고 있으며 단어를 수로 환원할 수 있다고 믿는다. 당연히 각각
의 수는 어떤 의미를 품고 있다. 예를 들어 2라는 숫자는 대조와 극
단을 뜻한다. 숫자 7은 신비롭고 불가사의한 것을 나타낸다. 몇 가
지 복잡한 체제가 있지만 흔히 볼 수 있는 것으로 알파벳을 숫자로
표시하는 게 있다.

A＝1, B＝2, C＝3 등으로 표시하여 I＝9까지 이르면 다시 J＝1,
K＝2 등으로 숫자를 매긴다. 예를 들어 조 스미스Joe Smith라는 이
름의 사람이 있다면 1+6+5+1+4+9+2+8=36, 3+6=9를 하
여 그 사람의 숫자는 9가 된다. 이름을 이런 식으로 바꿔서 자신의
숫자를 알아낼 수 있다. 그 숫자가 많은 의미를 가지고 있다는 이런
생각의 단점은 그것이 변할 수 있다는 것이다. 조지프 스미스Joseph
Smith, 조지프 T. 스미스Joseph T. Smith, 혹은 조이 T. 스미스Joey T.
Smith 등등의 이름을 쓰면 그 숫자가 다르게 나올 수도 있다. 재미난
오락거리이긴 하지만 그것이 기초하고 있는 원리에는 전혀 과학적
토대가 없다.

A 수정 구슬과 마술사의 모자에서 튀어나오는 토끼는 아마도 환영의 세계에서 가장 눈에 띄는 두 가지 무대소품일 것이다. 역사적으로 보면, 좀더 간단한 형태의 수정 구슬이 아주 많았다. 아시리아 문명, 이어 나중에는 그리스와 로마 문명에서도 사람들은 수정, 물방울, 반짝이게 닦은 금속 혹은 보석으로 미래를 봤다. 이는 자신의 모습이 반사된 상이나 외관을 보고 그것을 신비스런, 혹은 종교적인 경험, 아마도 앞으로 다가올 좋은 혹은 불길한 일에 대한 예언으로 해석할 수 있다는 생각에서 비롯된 것이었다. 수정의 기능은 집중해서 응시할 수 있도록 하는 것 같지만, 물론 과학에서는 수정 자체가 어떤 환영의 근원이라고는 보지 않는다. 이른바 수정 구슬은 수정이 아니라 투명한 비결정체 유리이다. 어떤 이미지가 보인다면 그것은 암시와 상상, 그리고 이상한 이미지를 풍부하게 제공하는 인간 무의식의 산물일 가능성이 높다.

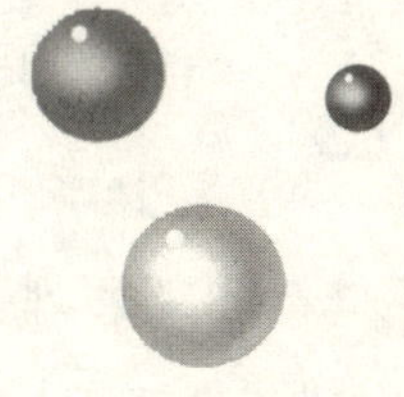

Q   알파 파를 높이기 위해 바이오피드백(훈련을 통해 혈압, 맥박, 근육 긴장 등과 같은 일부 생리 상태를 자발적으로 통제할 수 있게 하는 것을 말함-옮긴이) 기계를 이용하면 스트레스를 줄이고 높은 수준의 심적 상태에 들 수 있나?

A   그럴 수 있을지 의심스럽다. 뇌는 알파 파와 베타 파를 포함하여 몇 가지의 파를 발생한다. 일반적으로 알파 파는 사람이 긴장을 풀거나 몽상에 빠져 있을 때 탐지된다. 원인과 결과 차원에서 생각해보자. 알파 파가 긴장을 풀게 해줄까, 아니면 긴장을 풀면 알파 파가 발생할까? 실험에 의하면 사람이 주의를 기울이고, 눈을 뜬 상태로 있을 때에는 베타 파가 만들어진다. 단지 눈을 감기만 해도 알파 파가 나온다. 알파 파가 더 높은 심적 상태를 만들어낸다는 과학적 증거는 없다. 과학적으로 판단을 내리자면, 알파 파의 바이오피드백을 통해 나쁜 습관을 없애고 질병을 고친다는 엄청난 주장은 허풍이라고 할 수 있을 것이다.

Q   도미노를 이용해서 점을 칠 수 있나?

A   이것을 믿는 사람들에 의하면 그렇다. 방법은 이러하다. 도미노를 다 엎어서 섞은 다음 한 번에 하나씩 세 개를 고른다. 만일 같은 게 두 번 나오면 그것이 뜻하는 의미가 더욱 커지며, 네 번째 도미노를 고를 수 있다. 일반적으로, 아무것도 표시되어 있지 않은 도미노는 나쁜 것을 뜻하며, 두 부분이 다 아무것도 없는

게 나오면 특히 그러하다(도미노의 패는 직사각형으로 되어 있고 한 면이 두 부분으로 나뉘어져서 아무것도 표시되어 있지 않거나 기본적으로 1에서 6까지의 점이 표시되어 있다. 예를 들어 1-2, 3-6 등―옮긴이). 아무것도 표시되어 있지 않은 것과는 달리 같은 점이 나오면(예를 들어 1-1, 2-2, 3-3 등―옮긴이) 사랑, 결혼, 직업, 금전 등의 다양한 상황에서 행운이 있음을 뜻한다. 더블 식스(6-6)가 나오면 주식시장 등에서 금전운이 매우 좋다는 것을 뜻한다. 도미노 점은 물론 차 잎이나 카드로 점을 치는 것에는 아무런 과학적 토대가 없다. 그러나 너무 심각하게 받아들이지만 않는다면 유쾌한 기분풀이는 될 것이다.

Q 타로 카드에 어떤 신비한 뜻이 들어 있을까?

A 우리가 치는 현대의 카드(트럼프)는 아마도 타로 카드에서 유래했을 것이다. 하지만 타로 카드는 훨씬 더 크며, 정의, 죽음, 재산, 가족, 로맨스 등 삶의 모든 측면을 망라하는 다양한 상징의 카드 78장으로 이루어져 있다. 타로 카드는 일찍이 12세기에 점을 치는 용도로 만들어졌던 것 같다. 그러나 타로 카드가 실제로는 서로의 언어를 알 수 없었던 부족간의 의사소통을 위해 만들어진 것이었을 가능성도 있다. 따라서 이런 카드가 서로 생각을 교환하는 상징으로 매우 유용했을 수도 있다. 점을 칠 때에는 카드 한 벌을 펼쳐 놓은 다음, 카드의 상호관계를 보고 관심 사항에 대해 좋은지, 나쁜지 혹은 좋지도 나쁘지도 않은지 해석을 했다. 그런 해석은 점쟁이의 재주와 상상력에 좌우되었다. 타로 카드가 사람들의 미래를 예측했다는 과학적 증거는 없으며 이런 것은 그저 재미로 여겨야만 한다.

 꿈이 소름끼칠 정도로 정확한 경우가 많은데 어떻게 꿈을 통해 미래를 볼 수 없다고 말할 수 있나?

미래를 내다보는 것처럼 보이는 꿈이 많은 것은 사실이다. 영매들은 이런 꿈을 즉각 널리 알려 광고한다. 그러나 통계적 차원에서 이야기해봐야 할 것 같다. 우리는 모든 사람들이 잠을 잔다는 것을 깨달을 필요가 있다. 수백만의 사람들이 잠을 잔다는 것은 수백만 가지의 꿈을 뜻한다. 만일 세 명 중 한 명만이 매일 기억해낼 수 있는 꿈을 꾼다면 미국에서만 해도 상기해낼 수 있는 꿈이 240억 가지가 된다고 해석할 수 있다. 이렇게 많은 꿈 중에 일부는 많은 사람들이 보기에 소름끼칠 정도로 정확하게 미래의 사건을 우연찮게 맞출 수 있지 않을까? 동시에 지적하고 싶은 사실은 아직 알려지지 않은 어떤 과학적 법칙에 의해 일부 꿈이 예언을 할 수 있다는 생각이 옳다거나 혹은 틀렸다고 주장할 확실한 증거를 제시한 과학적 조사는 아직 없었다는 것이다.

 사람은 매일 밤 얼마나 많은 꿈을 꾸며, 꿈의 길이는 얼마나 되나?

꿈은 렘REM(rapid eye movement : 빠른 눈 움직임) 주기에 꾸게 되는 듯하다. REM 주기는 얕은 수면 단계로 눈동자가 눈꺼풀 밑에서 재빨리 움직인다. 하룻밤에 아마도 네 번이나 다섯 번의 REM 주기가 있는 것으로 보이며, REM 주기는 더 깊은 수면 단계와 번갈아가며 나타난다. 잠을 자는 사람은 REM 주기 동안에 한 가지, 혹은 일련의 꿈들을 꿀 수 있으며, 어떤 것은 몇 초밖에 지속되지 않는 것도 있고 어떤 것은 훨씬 더 길게 지속된다. 우리가 기억하는 꿈은 아마도 밤의 마지막 REM 주기에 꾼 꿈일 것이다. 실험에서 REM 수면을 취하지 못한 피실험자들은 육체적으로 심한 불안 상태가 되며, 환상과 일시적인 지각상실 등으로 정신적으로 분별이 없어진다. 방해받지 않고 잠을 자게 하면 이들은 평소와는 다른 정도의 REM 형 수면을 경험하게 된다. 이렇듯 꿈은 건강을 유지하는 데 중요하다는 결론을 내릴 수 있을 것이다.

Q 아마겟돈의 전투에서 세상의 종말이 올 것이라는 성경의 예언이 있다. 과연 그런 곳이 실제로 존재하나? 가까운 미래에 종말이 올 것인가?

A 여기서 첫째, 우리 행성의 파괴와 둘째, 인류의 종말을 구분할 필요가 있다. 후자의 경우, 지구는 인류보다 오래 살아남는 생명체, 아마도 딱정벌레나 개미들이 계속해서 살 수 있는 곳이 될 것이다. 지구 생명체들의 생존은 태양의 지속적인 존재에 달려 있다. 태양은 수백만 년 동안 쓰기에 충분한 빛과 열을 가지고 있다. 우리 인간이 이 행성의 수명을 잘 이용할 수 있도록 처신을 잘할 것인가는 별개의 문제이다. 중세에 사람이 거의 살지 않는 불모지에 아마겟돈이라는 곳이 있었다. 그러나 군대가 마지막 전투를 하기 위해 모일 그런 장소처럼 보이지는 않는다. 미사일 무기를 보유한 오늘날, 마지막 전투라면 원거리 전투로 지구 전역에서 일어날 가능성이 크

며, 군인들보다 민간인의 사상자가 더 많을 것이다. 100년 혹은 1,000년 단위가 끝나는 시점에 사람들은 지구의 파괴를 목격하기 위해 언덕 꼭대기에 모였지만 그런 일은 아직 일어나지 않았다.

Q 집시들이 점을 치고 여러 가지 신비한 일에 특별한 능력이 있다고 알려지게 된 이유는 무엇인가?

A 수세기 동안 집시들은 방랑자로 잘 알려졌으며, 지역 사람들에게 의심과 불신, 심지어 두려움의 대상이었다. 아마도 집시들은 이런 점과 속이기 쉬운 호기심 많은 사람들을 이용하여 자신들에게 초자연적인 능력이 있다고 믿게 한 것 같다. 집시들은 떠돌아다녔기 때문에 사는 게 아주 힘들었고, 점을 치고 부적을 파는 일이 돈을 버는 하나의 방법이 되었다. 집시들에게는 기록을 남기는 전통이 거의 없었기 때문에 그들의 기원은 정확하지 않다. 그러나 집시들의 언어는 그들이 북부 인도에서 약 14세기경에 이주했다는 것을 암시한다. 오늘날 전 세계에서 집시들은 찾아볼 수 있지만 그 수는 줄어들고 있다. 집시들은 그들 고유의 행동지침에 충실하다. 그런 행동지침은 다른 사회의 것보다 더 나을 것도, 더 나쁠 것도 없는 것 같다. 그들은 항상 극심한 박해를 받아왔다. 제2차세계대전 동안 히틀러는 유대 인들을 없애려는 열정과 똑같은 열정으로 수천 명의 집시들을 말살했다. 어떤 인구학자들에 의하면 히틀러는 전 세계 집시 인구의 10%를 죽였다고 하는데, 대부분이 동유럽 출신들이었다. 그들이 여전히 잘 견뎌내고 있다는 것은 칭찬받을 만한 일이다.

A 이 점에 대해서는 상당한 논란이 있다. 400년도 넘는 과거에 했던 노스트라다무스의 예언은 종종 막연하고 모호했기 때문이다. 그는 예언의 뜻을 알기 어렵게 하기 위해 4행의 시로 적었다. 사건이 일어난 뒤에야 비로소 일부 사람들에게 그 예언의 뜻이 분명해진 경우가 많았다. 노스트라다무스의 모든 제자들이 다 동의하는 어떤 해석이 있는 것은 아니다. 예를 들어 "오랫동안 군대가 위에서 싸웠다"라는 것은 서로 적군인 비행기들의 공중전을 뜻할 수도 있고 단지 산 위에서 싸운 전투를 나타내는 것일 수도 있다. 마찬가지로 "하늘을 가로질러 길게 날아가는 불꽃"은 유성을 뜻할 수도 있고 탄도 미사일을 뜻할 수도 있다. 그가 쓴 4행시들에 시간적인 전후관계가 있는 것은 아니다. 즉, 4행시가 18세기를 나타내는 것일 수도 있고 20세기를 나타내는 것일 수도 있다. 노스트라다무스에 관한 책은 몇 가지가 있다. 관심 있는 독자는 책을 하나 구해서 노스트라다무스가 과연 미래를 내다보는 힘을 가지고 있었는지 직접 해석해봐도 좋을 것 같다.

Q   마더 십턴도 노스트라다무스만큼 위대한 예언가였나?

A 1488년 잉글랜드에서 태어난 마더 십턴은 울지 추기경, 토머스 크롬웰의 죽음, 드레이크의 스페인 함대 격파, 런던 대화재 등을 포함하여 몇 가지 예언처럼 보이는 것들을 말했다. 그

녀는 몇 가지 예언시를 썼다고 알려졌지만, 그런 시들은 그녀가 죽은 뒤 한참이 지난 뒤까지 빛을 보지 못했다. 예를 하나 들어보면 다음과 같다.

> 말이 없는 마차들이 지나가고,
> 사고로 인해 세계가 비통에 잠긴다.
> 전 세계로 생각들이 날아다닐 것이다,
> 눈 깜짝할 새에….

이것은 마치 자동차와 라디오를 예측한 것처럼 들리지만, 실은 영국의 편집인이었던 찰스 힌들리라는 사람이 꾸며낸 것이다. 아마도 십턴의 "예언"이라고 하는 것들의 대부분은 실제 사건이 일어난 뒤에 누군가에 의해서 만들어졌을 것이다. 마찬가지로 노스트라다무스의 4행시 중 의심스러운 것도 많다. 노스트라다무스가 마더 십턴보다 더 유명한 것 같다. 그러나 미래를 볼 수 있다는 정확한 과학적 증거가 부족하기 때문에 둘 모두 위대하다고 말하기는 어려울 것 같다.

Q 히틀러가 점성술을 굳게 믿었다고 하는 데 사실인가?

A 히틀러는 운명을 믿었고 점성가들의 자문을 구했다. 이것이 어느 정도까지 역사에 영향을 미쳤는지는 정확하지 않다. 우리는 히틀러의 선전장관이었던 요제프 괴벨스가 독일이 승전할 것이라는 16세기 점성가 노스트라다무스의 예언을 담은 전단지를 비행기로 연합국 영토에 뿌렸다는 것을 알고 있다. 그것은 좋은

작전이긴 했지만 성공하지는 못했다. 노스트라다무스의 예언은 여러 가지 뜻으로 해석될 수 있기 때문이다. 지금도 일각에서는 히틀러가 프랑스에서 그의 기갑사단이 됭케르크에 있는 영국군을 쉽게 무찌를 수 있었음에도 불구하고 점성가의 경고 때문에 공격을 중지했던 것으로 믿고 있다. 확실한 것은 결코 알 수 없을 것이다. 모든 증거를 종합해볼 때, 이른바 히틀러의 일기라고 하는 것은 가짜인 것으로 보인다. 히틀러는 《나의 투쟁》을 쓴 뒤에는 구술시키는 것 외에는 직접 집필을 별로 하지 않았다.

Q 핼리 혜성이 나타났던 해에 태어난 마크 트웨인이 핼리 혜성이 다음번에 다시 등장할 때 자신이 죽을 것이라고 예언했다는 게 사실인가?

A 76년마다 한번씩 태양계로 돌아오는 핼리 혜성은 마크 트웨인(새무얼 랭혼 클레멘스)이 죽은 1910년에 나타났다. 그후 하늘에 다시 나타난 것은 1986년 3월과 4월 사이였다. 마크 트웨인은 영적인 성향이 있었고, 남동생의 죽음을 예언하는 꿈을 꿨다고 주장하기도 했다. 정신감응이라는 뜻의 "멘탈 텔레파시"라는 용어를 만들어낸 사람도 마크 트웨인이었다. 트웨인이 핼리 혜성이 다시 등장하는 1910년에 자신이 죽게 될 것이라고 예언했다는 것은 추측에 불과하다. 그가 쓴 여러 글에서 트웨인은 자신이 현실주의자이며 회의론자임을 보여주고 있다. 정신과의사들은 트웨인이 그 사실을 믿었고 어느 정도는 자신의 죽음에 대해 자기암시를 했다고 결론을 내릴 수도 있을 것이다. 우리가 보기에는 사람이 76세의 나이에 죽는다는

것은 아무런 신기할 것도 없는 일인 것 같다.

A 오웰이 1940년대의 관점에서 1980년대의 기술이 어떨 것 이라고 예측하려고 했는지는 확신할 수 없다. 만일 그랬다 면 그의 예측은 그리 잘 맞아떨어지지 않았다. 그의 책 《1984년》은 컴퓨터, 로봇, 무기 경쟁, 우주비행 혹은 에너지 위기 등에 대해서는 거의, 혹은 전혀 언급하고 있지 않다. 석유의 중요성도 다루지 않고 있다. 열렬한 반공산주의자였던 오웰은 기술보다는 개인의 자유를 제한하는 거대 정부의 폐단을 강조하고 싶어했다. 이상한 일이지만 이 세계에는 더 작고, 기술적으로도 덜 발달한 나라의 국민들이 더 크고 더 발전된 나라의 국민들보다 자유를 덜 누리고 있다. 오웰이 쓴 책은 원제목은 《1948년》이었다고 한다. 계속된 편집작업(책이 나온 것은 1949년이었다)으로 인해 배경을 훨씬 더 미래에 두기로 하고 결국 마지막 두 숫자의 자리를 바꿨던 것이다.

A 이것은 철학자들이 오랫동안 논쟁해온 질문이다. 미래는 "유동체"로 생각할 수 있다. 왜냐하면 어떤 사건이 일어나 기 전의 아주 작은 요인 혹은 일련의 요인들이 개인이나 국가에게 일어날 수 있는 것을 크게 바꿔놓을 수도 있기 때문이다. 예를 들어

고양이 한 마리가 길에서 자동차 앞을 지나간다고 하자. 운전자는 차의 속도를 줄이며 브레이크를 밟게 되고, 이로 인해 다음 교차로에 도착할 시간이 몇 초 정도 늦어진다. 만일 그 운전자가 원래대로 교차로에 도착했다면 트럭과 충돌하여 죽었을지도 모른다. 물론 신이 그 고양이로 하여금 길을 가로질러가게끔 미리 정해놓았다고 주장할 수도 있을 것이다. 이와 유사하게, 아돌프 히틀러가 태어나지 않았더라면 제2차세계대전은 일어나지 않았을지도 모른다. 개인에게는 미래가 일어나길 기다리기보다는 지금 행동하여(교육을 받거나, 저축을 하는 등) 자신의 미래를 결정하는 것이 더 좋은 생각이다. 자유의지의 행위로 이루어낼 수 없는 게 있는 것은 사실이다(예를 들어 몸무게가 약 50킬로그램 나가는 시각장애인이 프로 축구의 선심이 된다는 것과 같이 신체적으로 불가능할 수 있는 일이 있다). 그러나 인생의 모든 것이 다 미리 정해져 있고 우리 자신이 직접 통제할 수 없다고 가정할 만한 확실한 이유를 보지는 못했다.

 신문에 나오는 오늘의 별자리 운세에 나오는 별점이 진짜 믿을 만한 것인가?

 여러분이 점성술을 열심히 믿는 사람이라면 아마 그럴 수도 있을 것이다. 점성가들조차도 사람들이 별점을 매우 진지하게 받아들이는 것을 보면서 즐거워한다. 점성가들에 의하면 정확한 별점을 보려면 매일 매일의 별점이 기초로 하고 있는 태양자리뿐 아니라 모든 행성의 위치에 대한 정보가 있어야 한다고 한다. 이러한 운세는 그저 "여유를 가져라" 혹은 "사업투자에 신중하라" 등 좋은 충고만 주는 것 같다. 그러나 예를 들어 사자자리의 사람은 오늘 여행을 피해야 한다거나, 전갈자리의 사람이 오늘밤 사랑을 찾게 된다는 것은 바보 같은 소리처럼 들린다. 이것은 별들과 행성들이 어떤 특정 위치에 있다고 해서 전 세계 3억 7,500만 명의 사람들에게 오늘은 여행을 하지 않는다거나, 오늘밤에 로맨틱한 만남을 기대하라는 것으로 해석될 수 있기 때문이다. 점성술의 주장에 대해서 좀더 과학적인 연구가 있어야만 할 것이다. 점성술이 완전히 엉터리라는 게 밝혀진다 해도 많은 사람들의 마음을 바꿔놓지는 않을 게 분명하다. 점성술은 5,000년 동안이나 존재했으며, 미래를 알고 싶어하는 추종자들은 늘 있었다.

Q 태어나자마자 헤어진 일란성 쌍둥이 사이에 놀랄 정도로 비슷한 점이 있다는 것은 점성술이 허풍은 아니라는 것을 보여주는 것 아닐까?

A 조사하여 보고된 일란성 쌍둥이 열 쌍당 한 쌍만이 태어나자마자 완전히 헤어졌던 경우였다. 비슷한 집안 환경과 경제적 상태에서 자란 경우가 많았다. 그러므로 중요한 질문은 쌍둥이이건 아니건 간에 나이와 성이 같은 사람들이 서로 상당히 비슷해질 수 있나 하는 것이다. 이를 알아보기 위해 심리학자 W. J. 와이어트와 그의 동료들은 쌍둥이 13쌍, 인척관계는 없지만 나이와 성이 같은 25쌍을 조사했다. 비교된 것들은 직업, 정치 성향, 취미, 좋아하는 음식 등이었다. 쌍둥이들 사이에 좀더 비슷한 점이 많았지만, 전혀 아무런 관계가 없는 쌍들은 놀라운 점을 보여주었다. 와이어트에

의하면 아무런 인척 관계가 아닌 어떤 여성들은 "두 사람 모두 침례
교인이었고, 그들이 가장 좋아하는 운동은 배구와 테니스였으며, 학
교에서 가장 좋아한 과목은 영어와 수학이었고 (그리고 둘 다 가장 좋아하
지 않는 것은 속기였다), 두 사람 모두 간호학을 공부하고 있었고, 유적지
에서 방학을 보내는 것을 좋아했다". 이러한 유사성이 일란성 쌍둥
이(따로 자란)의 경우에서 발견되었다면 아마도 점성술에 대한 증거로
사용되었을 것이다. 일란성 쌍둥이의 유사성과 점성술의 영향 사이
의 상호관계를 뒷받침하는 증거는 미약하다고 결론지을 수 있다.

Q 고대 로마 인들은 점성술을 행했나?

A 처음에는 하지 않았다. 로마 제국 주변 지역이나 사람들에
게 점성술이 대단한 인기를 누리고 있었음에도 로마 인들
은 여러 신들을 숭배하는 데에 더 많은 관심을 기울였던 것 같다. 사
실 로마 인들은 점성술사들에게 적대적이었고, 어떤 경우에는 그들
을 박해하고 추방하기도 했다. 오늘날 볼 수 있듯이 점성술은 여전
히 인기가 있으며 최소한 4,000년이나 지속되어왔다. 그리하여 어
느 정도 시간이 지나자 현실적인 로마 인들도 내키지는 않지만 포기
하고 점성술을 허용하게 되었다. 오늘날과 마찬가지로 그것은 사람
들이 자신의 미래 운명을 알아낼 수도 있다는(과학에서 점성술이 아무런
근거가 없다고 주장해도 미래를 알고자 하는 것은 근절하기 매우 힘든 욕망이다) 가능
성에 매료된다는 것을 시인한 것이었다.

A 역사를 통해 많은 사람들은 보름달이 인간의 정신과 감정에 강한 영향력을 발휘하며, 심지어 신체적 변화(늑대인간의 전설처럼)까지 일으킨다고 믿었다. 미치광이, 광기 등의 뜻을 지닌 영어 단어 "루너틱lunatic"과 "루너시lunacy" 등은 "달"을 뜻하는 라틴어 "루나luna"에서 나온 말이다. 위와 같은 질문에 대한 답을 찾기 위해 미국 뉴욕 주 버펄로에서 두 가지의 경찰 조사를 각각 6개월에 걸쳐 실시했다. 처음에는 경찰관조차도 보름달이 떴을 때 강간, 살인, 감정적인 폭력 범죄가 더 많이 일어난다고 믿었다. 그러나 조사 결과에 의하면 다른 때보다 보름달이 떴을 때 이런 범죄들이 더 많이 일어난 것은 아니었다. 다른 도시의 유사자료와 비교해보는 것도 흥미로울 것 같다.

A 다른 사람들처럼 우리도 카드 경기나 복권에서 엄청나게 운이 좋아 보이거나, 혹은 우연히도 최고의 직장을 구하게 된 사람들을 보았다. 아마도 운이 그다지 없는 사람들이 토끼발이나 부적처럼 도움이 된다는 무언가에 의지하는 것도 그런 이유인가 보다. 어떤 특정한 숫자가 자신에게 행운을 가져다준다고 장담하는 이들도 있다. 우리가 말하고 싶은 것은 여기에는 우연이 대단히 큰 역할을 한다는 것이다. 동전 던지기에서 이기는 사람이 진짜 운이 있

어서 그런 것은 아니다. 승패 가능성은 50대 50이었으며, 그 사람이 얼마나 자주 이기건 간에 매번 동전을 던질 때마다 이기고 질 승산은 동일하다. 일부 심리학자들에 의하면 좋은 것이건 나쁜 것이건 우리가 살면서 갖는 운은 우리 자신이 그전에 한 행동과 태도에 의해서 생기며, 그것이 운이 좋은 혹은 운이 나쁜 사건으로 보인다는 것이다. 아주 좋은 직장을 구하게 된 사람은 아마도 면접에서 어떻게 해야 되는지 연구했을 수도 있고 시간을 들여 옷을 말끔하게 차려입었을 수도 있다. 인생이 때로는 우리의 능력으로는 피할 수 없는 비극적인 혹은 행복한 사건을 가져오기는 하지만 우리 자신 스스로 운을 지배할 수 있는 경우가 많다.

Q "나무를 똑똑 두드리는" 미신은 어떻게 시작되었나?

A 대부분의 미신은 행운을 가져오거나 불운을 막는 것과 관련이 있다. 우리는 "우리가 이 경기에서 승리할 거라고 생각해" 혹은 "이 일을 하게 되었으면 좋겠다"라고 희망사항을 말한 것에 대해 불운이 따라오지 않게 하기 위해 나무로 만들어진 것을 똑똑 두드린다. 아마도 어떤 나무를 숭배하던 원시인류가 자신들을 보호해주는 나무의 신령이 존재한다고 믿었던 것에서 시작된 것일 수 있다. 그 나무를 만지는 것은 악령을 가까이 오지 못하게 하는 일이었다. 성스런 나무에서 떨어져 나온 나무 조각 하나를 들고 다니는 것도 괜찮은 생각이었다. 고고학적 증거를 살펴보면 고대 칼데아 인, 이집트 인, 페르시아 인, 그리고 여러 민족들이 나무를 신성하게 여겼다는 것을 알 수 있다. 나무에서 얼마나 좋은 것들이 나오는가

를 생각해보면 이는 그다지 놀랄 일이 아니다. 우리는 나무에서 열리는 과일을 먹고, 나무로 집을 짓고 예술품을 만들며, 나무 그늘에서 더위를 식히기도 한다.

Q 네잎클로버를 찾아내면 행운이 온다고 하는 이유는?

A 농경과 가축사육이 시작된 이래 대체로 사람들은 항상 클로버를 좋아했다. 클로버는 동물사료로도 훌륭하며, 영양가도 많고 토양에 질소를 보충해주기도 한다. 일반적인 세잎클로버는 좀더 고차원적인 종교적인 의미에서 삼위일체의 상징으로 여겨지기도 했다. 희귀한 것들은 대개 좋은 것으로 간주되며, 따라서 네잎클로버를 발견한다는 것은 아주 특별한 일이다. 버리지만 않는다면 네잎클로버가 행운을 가져올 것이라는 것을 뜻하게 되었다. 또한 결혼하게 될 사람을 곧 만나게 될 것을 암시하기도 한다. 11세기에 잉글랜드 인들은 네잎클로버 동전을 만들어냈다. 각각의 잎은 떼어서 별도의 돈으로도 사용되었다. 아마도 여기서부터 부유함을 뜻하는 "rolling in clover(호사스럽게 지내다)"라는 표현이 생겨난 듯하다.

Q 창사골(새 가슴의 V 자형으로 생긴 뼈―옮긴이)로 소원을 빈다는 생각은 어떻게 생겨난 것인가?

A 두 사람이 이 뼈의 양끝을 잡아당겨 좀더 큰 쪽을 갖는 사람은 소원을 이루거나 최소한 더 좋은 운을 갖게 된다고 알려져 있다. 아마도 두 사람이 함께할 수 있다는 편리함이 그런 풍습

을 부추겼을지도 모르지만 거기에는 좀더 깊은 뜻이 있으리라고 생각한다. 뼈는 사후에 마지막까지 남아 있는 신체 부위이므로 고대인들은 일반적으로 뼈에 마력이 있다고 믿었다. 그것은 수호물이었다. 오늘날에도 어떤 사회에서는 관절염이나 기타 여러 가지 뼈 질환을 앓고 있는 사람들이 뼈를 가지고 다닌다. 가톨릭 교회에서 성인들의 뼈 조각은 성스런 유물로 여겨진다. 우리는 무슨 일인가가 일어날 것 같은 때에 "뼈 속으로 느낀다"(증거가 없어도 그것이 사실이라는 것을 확신한다는 뜻─옮긴이)라고 말하기도 한다. 뼈는 콜라겐이라고 하는 섬유단백질과 함께 칼슘, 인, 탄산 광물 등으로 이루어져 있다. 이것은 골격에 힘과 탄력을 부여한다. 불행히도 뼈는 나이가 들면 부서지기 쉬워지며 더 쉽게 골절된다. 몸에 있는 칼슘의 약 99%가 뼈에 들어 있다. 척추동물(등뼈를 가지고 있는 동물)만이 뼈를 가지고 있다.

<hr>

Q 무지개가 행운을 가져온다는 믿음은 어떻게 생겨난 것인가?

A 무지개를 행운과 연관 짓는 것은 아마도 성경에서 비롯된 것 같다. 대홍수가 있고 난 뒤 하느님은 노아에게 앞으로 다시는 홍수로 세계를 파괴하지 않을 것이며, 이것에 대한 표시 혹은 상징으로 하늘에 무지개를 만들어놓겠다고 말했다. 아마도 이런 근거에서 일부 기독교인들이 무지개에 올라감으로써 천국에 간다는 생각을 했고, 좀더 세속적인 차원에서는 무지개 끝에서 황금단지를 찾을 수 있다고 생각했다. 그러나 초기 비기독교 문화를 살펴보면 무지개가 종종 악의 상징이었다는 것을 알 수 있다. 집 위에 걸쳐 있는 무지개는 그 집안에 죽음이 있을 것임을 예언하는 것이었고, 무

지개 끝에 도달한 사람은 금이 아니라 죽음을 만나게 될 것이라고 믿어졌으며, 무지개가 뜨면 사람들은 아이들을 집안으로 데리고 들어갔다. 그러므로 문화마다 무지개에 대한 그들만의 믿음이 있다. 과학자들에게 무지개는 햇빛이 물방울과 접촉하면서 빛을 이루고 있는 여러 부분으로 쪼개지는 것을 뜻한다. 한편, 달빛도 화려하지는 않지만 무지개를 만들어낼 수 있다. 사람들이 "무지개 끝"이라고 말하는 것을 듣고 있자면 재미난 생각이 든다. 왜냐하면 무지개의 끝이란 것은 없기 때문이다. 무지개는 원형이다. 우리가 보는 것은 그저 지평선 위로 보이는 것에 불과하다.

A 이런 믿음의 뿌리는 천문학에 있는 듯하다. 고대에는 일곱 개의 행성만이 알려져 있었으며, 달은 7일간 지속되는 상을 가지고 있었다. 이러한 상이 네 개 있으면 28일에 해당되었고, 이것이 생리주기를 조절하는 것으로 보였으며, 이는 다시 인간의 생명을 조절하는 것처럼 보였다. 성경에는 7에 관한 언급이 많이 나오는데, 예를 들어 7일 동안 창조가 이루어졌고, 여리고의 성벽을 무너뜨리기 위해 일곱 번 행진해갔다. 오늘날에도 7이라는 숫자는 여전히 중요하다. 일주일은 7일로 이루어져 있고, 세계 7대 불가사의가 있으며, 기독교의 일곱 가지 성사는 물론 일곱 가지 죄악이 있고, 도박사들은 주사위를 던져 7이 나오게 하려고 하는 등 숫자 7이 연관되어 있는 경우는 많다. 여러분의 이름이 7개의 자모로 되어 있다면 여러분은 특별한 사람이라고 한다.

A 수세기 동안 편자(말발굽에 못으로 박아 붙이는 U자 모양의 쇳조각—옮긴이)는 행운의 상징뿐 아니라 마녀나 혹은 다른 형태의 악으로부터의 보호를 상징하는 것으로 여겨졌다. 왜? 몇 가지 이유가 있을 것이다. 편자는 쇠를 불에 달궈 만들어진다. 고대 사람들은 쇠와 불에 마력이 있다고 여겼다. 아마도 그래서 대장장이가 특별하고 거의 초자연적인 존재로 여겨졌던 것 같다. 초승달을 닮은 편자의 모양도 마법적으로 중요한 의미를 지녔다. 또 다른 이유는 말 그 자체에 있다. 오랫동안 우리의 일을 많이 해준 것은 말이었다. 밭을 갈고, 사람과 짐을 실어 나르고, 기병대의 전쟁도구가 되기도 하고, 기근이 들었을 때에는 먹을거리가 되기도 했다. 그러므로 말과 편자를 특별하게 생각했다는 것은 하나도 이상할 게 없다. 좀더 최근인 19세기 서구에서는 말을 가지고 있지 않은 사람은 그 생존 가망성이 낮았다. 그랬기 때문에 말도둑은 교수형에 처해졌다.

Q   왼쪽 어깨 너머로 소금을 뿌리면 불운을 피할 수 있다는 생각은 어떻게 생겨났나?

A 고대로부터 알려진 바와 같이 소금은 훌륭한 방부제이며 부패의 적이었다. 또한 별로 좋지 않은 불임이나 열매를 맺지 않는 것과도 관련되었다. 따라서 사실 소금은 좋은 것과 나쁜 것이 혼합된 것이었다. "상처를 소금으로 비빈다"(사태를 악화시킨다는

뜻-옮긴이)는 표현도 들어보았을 것이다. 그렇게 하면 아프다. 수세기 전에는 소금을 쏟아서 못 쓰게 한 사람에게 그러한 벌이 내려졌다. 그런 짓은 악마의 영향으로 일어난다고 여겨졌다. 우연하게 소금을 쏟은 사람은 소금을 오른(좋은)손으로 집어서 왼쪽(나쁜) 어깨 뒤로 악마의 얼굴을 향해 던져서 불운을 막는 풍습이 생겨났다.

Q 거울을 깨뜨리면 7년간 불운하다는 미신은 어떻게 생겨난 것일까?

A 거울은 사람의 상을 잡아 보여주며, 고대 사람들에게는 거울에 비춘 것이건 혹은 물웅덩이에 비춘 것이건 그러한 상은 그 사람의 영혼이었다. 그 형상이 방해받는다는 것은 영혼을 상실하는 것, 즉 죽음이나 재난과 같은 일이었다. 불운이 곧 다가온다면, 과연 얼마나 지속될 것인가라는 질문이 생겨났다. 고대에서 그 기간은 7년이었다. 몸이 완전히 바뀌고 원래의 몸에 닥쳤던 모든 불운이 없어지기 위해서는 그만큼의 기간이 필요하다고 믿었던 것이다. 오늘날에도 오지에 살고 있는 어떤 부족들은 필름에 자신의 상이 잡히면 해가 닥칠까 봐 무서워 사진에 찍히는 것을 싫어하기도 한다.

A 사다리는 사람들로 하여금 올라가게 하기 위해 만들어졌
는데, 고대에는 하늘과 좀더 가까이 가게끔 하기 위해, 그
리하여 영적으로 하늘신에게 더 가까이 갈 수 있도록 하기 위해 만
들어졌다. 고고학자들은 무덤에서 발견되는 소형 사다리와 사다리
그림을 더 높고 나은 삶으로 올라가는 것을 상징한다고 여긴다. 사
다리를 벽에 기대어놓으면 땅과 함께 삼각형을 이룬다. 이 삼각형을
통과해 걸어가는 것은 사다리 자체의 상징을 거부하는 것뿐 아니라
행운을 망가뜨리는 것이다. 기독교 시대에 삼각형은 삼위일체의 상
징이 되었고 그 미신은 계속되었다. 사다리 밑으로 걸어가지 않는
또 다른 현실적인 이유는 머리 위로 페인트 양동이가 떨어져 맞을
수도 있기 때문에 그것을 피하기 위해서 일 수도 있다.

Q 뱃사람들이 알바트로스(신천옹)를 불운의 상징으로 여기는
이유는 무엇인가?

A 사실 그렇지는 않다. 어떤 뱃사람들은 알바트로스를 죽이
게 되면 불운한 일이 생긴다고 여기지만, 많은 수가 그렇
게 여기지 않는다. 많은 뱃사람들은 수면을 스치듯 낚싯줄, 낚싯바
늘, 미끼를 던져 알바트로스를 "낚아" 올리기도 했다. 예전에 뱃사
람들은 이 새의 가죽으로 담배 주머니를 만들었고 속이 빈 다리뼈로

는 파이프 대를 만들기도 했다. 13종의 알바트로스가 있으며, 그중 떠돌이알바트로스가 가장 널리 알려져 있다. 알바트로스는 날개폭이 11피트(약 3미터)도 더 되며, 바람 속에서도 아무런 힘도 들이지 않고 수백 킬로미터를 날아오를 수 있는 능력을 가진 놀라운 새이다. 알바트로스 무리에 대한 연구조사는 하루에 약 482킬로미터 이상을 날아갈 수 있다는 것을 보여주었다. 알바트로스는 새끼를 낳아 기를 때 땅에서 지내는 것을 제외하고는 기본적으로 공중에서 살아간다. 바닷새임에도 불구하고 알바트로스를 배에 태우면 멀미를 한다!

Q 하늘에 혜성이 등장하는 것은 길조로 여겨지나, 흉조로 여겨지나?

A 오랫동안 혜성은 기근, 전염병, 비참한 전쟁, 심지어 지구의 종말 등 불길한 징조로 여겨졌다. 이러한 믿음의 뿌리는 정상적이고, 질서정연하며 예측 가능한 하늘이 갑자기 혼란스러워지면 지구상에도 이와 비슷한 혼란이 일어날 것이라는 생각에 있는 것 같다. 따라서 일식, 월식, 유성의 등장도 같은 부류에 놓을 수 있다. 이와 같은 천체의 사건들이 있은 뒤 실제로 재난이 뒤따른 적도 있어서 그 인과관계를 더욱 강화시켰다. 물론 과학에서는 우연이라고 주장했을 것이다. 여기서 매우 중요한 것은 사람 각자의 인식이다. 율리우스 카이사르는 혜성이 나타났을 때 태어났고 비슷한 때에 죽었다. 카이사르에 대해 어떻게 생각하느냐에 따라 혜성은 좋은 것이었을 수도, 또 나쁜 것이었을 수도 있다. 우리는 마크 트웨인이 인류에 불운을 가져왔다고 생각하는 사람을 본 적이 없다. 오히려

그 반대이다. 그러나 그가 태어났을 때와 죽었을 때 두 번 모두 헬리 혜성이 등장했다.

Q 새로 만든 배를 처음으로 물에 띄울 때 샴페인 병을 배에 부딪쳐 깨뜨리는 이유는 무엇인가?

A 고대에 배를 만들었을 때 행했던 의식의 잔재이다. 사람들은 바다와 하늘에는 배를 구할 수도 있고 가라앉게 할 수도 있는 수많은 신과 여신들이 있다고 믿었다. 배를 진수시킬 때 신에게 헌주를 했는데 대개는 피를 바쳤다. 또한 뱃머리 장식은 종종 바다의 수호 여신을 표현했다. 고대 그리스의 배에는 제물을 바치는 제단이 있었으며, 오늘날 장교들은 배에 타면 후갑판에 경례를 하는데, 아마도 그곳이 옛날 배에서는 제단이 있던 곳이라는 사실은 알지 못한 채 그런 행동을 하는 것일 것이다. 바다에서 사람이 죽으면 될 수 있는 한 신속하게 수장시킨다. 그 이유는 시체를 배에 태우는 것은 불길한 일로 여겨지기 때문이다. 전통적으로 선장은 배와 함께 가라앉는데, 이는 배를 바다 밑바닥에서 친구를 필요로 하는 살아 있는 생명체(물론 여성)로 여겼기 때문이다. 바다에 관한 미신은 매우 많으며, 이런 것들은 그중 몇 가지에 불과하다.

A 뱃사람들은 3,000년도 훨씬 넘는 전부터 이물장식을 했다. 널리 행해졌던 것은 뱃머리 양쪽에 한 쌍의 커다란 눈을 그리는 것이었다. 아마도 그렇게 하면 배가 위험한 바다를 헤쳐나가며 뱃사람들을 더 잘 안내할 것이라는 미신 때문이었던 것 같다. 이러한 눈을 그리는 것은 고대 이집트 인들이 처음 시작했던 것으로 보이지만, 페니키아 인, 그리스 인, 중국인들도 배에다 눈을 그려넣었다. 나중에는 사장(이물에서 앞으로 돌출하여 나온 기둥) 밑에 동물이나 사람의 형상을 새겨넣었으며, 좀더 큰 배의 경우에는 그 길이가 약 2.7미터나 되었다. 이러한 이물장식은 특정한 종교나 나라를 상징했기 때문에 어떤 의미에서는 깃발과도 같았다. 또한 이물장식이 유니콘이나 멧돼지 형태를 띠었던 로마 시대에는 충각(충돌하여 적함에 손상을 줄 목적으로 만든 뱃머리 설치물—옮긴이)의 역할을 하기도 했다. 미국 식민지 시대에 일부 영국 선장들은 사재를 털어 정교하고 값비싼 이물장식을 만들기도 했다. 오늘날, 제일 앞자리에는 있지만 실제로 배를 움직이는 데에는 아무런 기능을 하지 않는 옛날 배의 이물장식처럼 권위는 별로 없지만 중요한 직책을 가지고 있는 사람들을 이물장식이라는 뜻인 피겨헤드figurehead라 부른다.

Q 통과의례라는 말을 들은 적이 있다. 신비스럽게 들리는데,
   도대체 어떤 것을 말하나?

A 사실 전혀 신비스러운 게 아니다. 아마도 모든 독자들도
   통과의례를 거쳤을 것이다. 대략 말하자면, 통과의례는 예
를 들어, 사춘기에서 어른으로 접어드는 것처럼 어떤 사람이나 집단
의 사회적 상태가 바뀌는 것과 관련된 의식을 수반한다. 거기에는
결혼, 출생, 죽음 등도 포함된다. 이러한 일들에는 의식이 치러진다.
이러한 의식은 원시사회에서도 오랫동안 행해졌으며, 말레이시아
사라와크에서 신혼부부에게 피를 뿌리는 것처럼 현대의 우리에게는
낯선 것도 있다. 하지만 우리도 같은 종류의 것들을 하고 있다 : 첫
영성체, 결혼식에서 쌀이나 새모이 던지기, 아이가 태어났을 때 시
가 돌리기 등 여러 가지가 있다. 이러한 풍습은 인류학자 A. 반 헤네
프기 그의 책 《통과의례》에서 처음으로 자세하게 묘사했다.

Q 남자와 여자가 공식적으로 결혼을 하기 시작한 것은 언제
   였나?

A 최초의 인류 집단 혹은 부족이 수천 년 전에 조직화된 이
   래 한 쌍을 함께 합쳐주는 결혼식과 의식은 존재했다. 생
존가능성이라는 관점에서 볼 때 그와 같은 의식은 젊은이들을 보호
하고 집단을 뭉치게 해주었다. 그것과 사랑은 거의 아무런 관계가
없었다. 사회가 점점 더 복잡해지면서 결혼 이유도 복잡해져서 경

제, 정치적 고려 등이 수반되었으며 이는 오늘날까지도 지속되고 있다. 사람들은 여전히 어린이의 보호, 돈, 혹은 정치사회적 목적으로 결혼을 한다. 원시시대에 사람들은 부족 내에서 결혼을 했는데 아마도 주변에 다른 부족이 없었기 때문이었을 것이다. 오늘날에도 사람들은 같은 계층이나 종교(부족) 내에서 결혼하는 경향이 있다. 과거 노동력이 부족했던 세계에서 사람들은 다산을 하도록 결혼한 쌍에게 곡물을 던졌다. 오늘날 우리는 쌀이나 새모이(경제적으로 볼 때 현명한 선택이다)를 뿌린다. 신랑은 신부를 번쩍 들고 문지방을 넘어가는데, 이는 여자를 다른 부족에서 훔쳐오던 시절의 상징이다. 오늘날 서구사회에서 사랑은 결혼의 동기가 되며 표면상으로는 결합이 영원할 것임을 확실히 해준다. 인류사회가 존재하는 한 사회가 허락하는 결혼에 의한 결합은 항상 존재할 것이다.

Q 겨우살이 밑에서 키스를 하는 풍습(크리스마스에 겨우살이 밑에 있는 소녀에게는 키스해도 되는 풍습—옮긴이)은 어떻게 시작되었나?

A 신화와 전설에서 겨우살이는 수세기 동안 미신의 대상 중 가장 널리 퍼져 있고 다용도로 활용되고 있다. 겨우살이(상록 기생 관목. 크리스마스 트리 장식으로도 사용됨—옮긴이)는 행운의 부적, 악과 악마를 막아주는 부적, 간질 치료제, 그리고 다산의 상징으로 여겨졌다. 아마도 다산을 상징하기 때문에 겨우살이가 키스나 결혼과 연관되게 된 것 같다. 어쨌든 젊은 남자는 예쁜 소녀에게 키스할 변명을 찾을 수 있을 것이다. 겨우살이는 사실상 기생식물로서, 새들이

그 씨를 나무껍질 위에 놓아둔다. 하루살이는 나무의 양분을 먹으며 그 자리에서 자라며 땅에서는 자라지 않는다. 아마도 이것도 원시인류가 하루살이를 신비로운 식물로 인식하게 된 이유일 것이다. 하루살이는 신비스런 드루이드(고대 켈트 사회의 사제계급. 교육자, 치유자, 조언자, 판관 등의 역할을 했으며, 아일랜드, 웨일스, 기독교 전설 등에서 마술사로 묘사되기도 했다—옮긴이)의 비밀의식에서도 사용되었던 것으로 보인다. 어떤 곳의 전설에 의하면 모세가 보았던 불타는 덤불이 사실은 겨우살이였다고 하기도 한다.

Q 신부의 "혼숫감 함(hope chest)" 풍습은 얼마나 오래되었나?

- -

A 이것은 수세기에 걸친 풍습의 흔적이다. 원시시대에 신부들은 공공연히 구매되었다. 매력적인 신부일수록 값은 더 높았다. 그것은 철저한 사업거래였다. 시간이 지나면서 이것은 지참금으로 발전했다. 지참금은 그 이전 시대에 치러지던 신부값에 대한 일종의 보상으로써, 신부가 결혼할 때 가져오는 돈이나 물건이었다. 따라서 단순한 사업거래보다는 다소 다듬어진 모양새를 갖추게 되었다.

혼숫감 함은 지참금에서 비롯된 것 같다. 아버지는 함을 만들었고 미래의 신부는 몇 년에 걸쳐 그 함에 자신이 직접 만든 옷이나 집안 살림 용품 등 앞으로 결혼해서 유용하게 쓸 수 있는 것들을 채워넣었다. 요즈음에는 함을 가게에서 살 수 있으며 신부와 별로 관련이 없는 것들로 채워지기도 한다. 신부의 혼수 옷가지의 기원도 지참금과 비슷하다. 현대 결혼식 의상 역시 고대의 뿌리에 기원하고 있다.

예를 들어 신부의 베일은 원래 남편에 대한 복종의 상징이었다. 오늘날의 여성들은 분명 그런 말은 거부할 것이다. 실제로 현대의 어떤 의식에서는 신랑이 베일을 쓰는 게 더 적절할지도 모르겠다.

Q 천국에 간 사람들이 하프를 연주한다는 생각은 어디서 기원했나?

A 하프는 대단히 오래된 악기이다. 하프가 천국과 연관된 것은 〈요한묵시록〉 14장 2절에 나온 언급에서 기원했을 가능성이 매우 크다. 시온 산에는 수많은 속죄자들이 있었으며 "거문고(한글 성경에서는 하프를 거문고로 번역하고 있음—옮긴이) 타는 사람들의 거문고 소리처럼 들렸습니다"라는 말이 나온다. 또한 하프의 음악이 악의 세력을 물리친다는 오래된 믿음도 있다. 어떤 특정한 종교적 의미를 띠고 있지는 않지만 기원전 1200년 전의 이집트 벽화에는 커다란 하프가 연주되는 장면이 나오기도 한다.

Q 천사가 날개를 가지고 있다는 생각은 어떻게 하게 되었나?

A 두 가지 가능성이 있다고 생각한다. 성경에 천사 가브리엘이 "빨리 날아서" 다니엘에게 왔다는 기록이 있는데, 이것이 어떤 사람들에게는 천사가 날아다닌다는 것을 뜻했다. 반면 히타이트나 아시리아 사람들처럼 좀더 예전의 사람들은 날개 달린 야수를 기념비에 그려넣었으며, 어떤 이들은 이것이 유대-기독교의 천사 개념에 영향을 주었을 수 있다고 생각한다. 천사는 하느님과 인간

사이에 정보를 전달해주는 전령으로 생각되었으며, 느린 전령보다는 빠른 전령이 훨씬 더 효율적이므로 날 수 있는 능력은 중요했다. 가톨릭 교회의 확고한 교리는 아니지만 많은 사람들이 모든 이에겐 수호천사가 있다고 믿는다. 천사는 순수한 영혼으로 인간보다 우수한 존재이며 매우 많은 수가 존재한다고 믿고 있다. 어떤 천사들은 다소 키가 크게 묘사되는데, 어떤 경우에는 96마일(약 154킬로미터)이나 되어 환상적이기까지 하다.

Q 기독교 외의 다른 종교에서도 천사를 믿나?

A 천사를 믿는 것은 이슬람교의 기본적인 교리이며, 유대 전통에서도 발견된다. 그러나 천사와 그들의 특성에 대해 우리가 흔히 가지고 있는 생각은 대부분 기독교에서 기원하고 있다. 천사들은 아홉 가지 등급으로 구분되며, 대천사도 그중 하나이고, 어떤 천사들은 수호천사, 평화의 천사, 죽음의 천사 등으로서 특수한 임무를 가지고 있었다. 천사는 인류에게 우호적이고 도움을 준다고 여겨지는 반면, 타락한 천사 루시퍼는 세상에 악을 가져왔다. 중세의 성직자들은 실제로 바늘 대가리 위에서 몇 명의 천사들이 춤을 출 수 있는가에 대해 논쟁을 벌이기도 했다.

A　이것을 아우라aura라고 한다. 어떤 이들은 이것이 모든 사
람들, 특히 커다란 영적인 힘을 가진 성스런 사람들을 둘러
싸고 있다고 믿는다. 이러한 표현은 5세기, 혹은 그보다 더 이전의
예술에서부터 나타났다. 어떤 때에는 이런 후광이 몸 전체를 감싸며
녹색과 보라색 같은 다른 색으로 표현되기도 한다. 이것이 전적으로
기독교적인 기원을 가지고 있는 것은 아니다. 이슬람 교인들 중에서
도 성인들은 빛보다는 불꽃으로 둘러싸여 있는 모습으로 그려진다.
또한 악하다고 행각되는 이들(예를 들어 악마)도 때로는 빛으로 싸여 있
는 것으로 그려진다. 진정한 의미에서 우리 모두는 아우라(일종의 열)
를 가지고 있다. 뱀이 어둠 속에서 작은 포유동물을 찾아서 죽일 수
있는 것도 아우라 때문이다. 이러한 아우라를 볼 수 있다고 주장하는
사람들도 있지만 그것이 가능하다는 과학적 증거는 없다.

A　세계에서 가장 신성한 강은 아마도 갠지스 강일 것이다. 4
억 명이나 되는 힌두 인들에게 신성하게 여겨지는 강이기
때문이다. 그들은 갠지스 강을 하늘에서 내려온 강가여신의 화신이
라 믿는다. 힌두 교에서는 물 자체가 중요하며, 특히 정화의 수단으

로 여겨진다. 갠지스 강에서 몸을 씻는 것, 특히 강둑의 몇몇 성스러
운 장소에서 몸을 씻는 것은 죄를 씻기 위해서이다. 순례자들은 갠
지스 강물을 병에 담아 집으로 돌아간다. 죽어가는 사람들은 흔히
마지막 정화를 위해 갠지스 강으로 최후의 순례를 떠나며, 심지어
강에서 죽기도 한다. 실제로 더 나은 사후를 위해 강에 빠져죽은 사
람도 있었다. 사람들은 먼저 자기 손에다 침을 뱉지 않고서는 갠지
스 강물에 침을 뱉을 수 없다. 생리 중인 여자들은 강물에 들어갈 수
도 없고 강을 건너갈 수도 없다. 약 2,500킬로미터의 갠지스 강은
일반적으로 느리게 흘러가기는 하지만, 1876년 우기에는 30분 만에
100만 명의 사람들이 물에 빠져죽었다. 강가여신이 심기가 불편하
실 때도 있나 보다.

Q 어떤 사람들이 일종의 무아지경 상태로 들어가 평소에는 알
지 못하는 외국어를 말하는 것은 어떻게 설명할 수 있나?

A 이런 것을 방언이라고 한다. 신체적 혹은 정신적으로 아픈
사람이 뭔가 알 수 없는 말을 횡설수설하는 것이지만 사람
들은 이것을 "알려지지 않은" 혹은 고대의 언어라고 여기는 경우가
많다. 흥미롭게 들리기는 하지만 알려지지 않은 언어라는 것은 결코
확인할 수가 없다. 교육을 받지 않은 어떤 여자가 갑자기 라틴어를
말하기 시작한 경우가 있었다. 그러나 그녀가 수년 동안 수도원에서
수사들이 매일 라틴 어를 암송하는 소리가 들리는 곳에서 마룻바닥
을 닦고 여러 가지 허드렛일을 했던 것으로 드러났다. 그녀가 강렬
한 흥분상태에서 라틴 어 단어를 몇 마디 뒤죽박죽으로 중얼거리긴

했지만 완벽한 라틴 어로 키케로의 연설을 암송하지 못했다는 것은
놀랄 일이 아니다. 우리는 방언을 하는 대부분의 경우가 자연적인
설명이 가능한 것들이며, 결코 초자연적인 설명이 필요한 것은 아니
라고 믿는다.

Q 독사를 다루고 스트리크닌(중추신경을 자극하는 유독물질—옮긴
이)을 마시는 사람들(애팔래치아의 성령의 사람들)이 있다. 이들
은 왜 이런 일을 하나?

A 신앙심을 보여주기 위해서이다. 그들을 보호하는 신의 힘
으로 "뱀을 잡기 위해서"이다. 실업률이 높고, 빈곤하고,
경제와 산업의 중심지로부터 떨어진 곳에서는 종교의 중요성과 그
사회적 가치가 높아진다. 많은 그룹들이 일주일에 서너 차례, 한 번
에 몇 시간씩 모임을 갖는다. 이러한 모임에서는 타악기 리듬에 맞
춰 기도를 하고 춤을 추는 경우가 많다. 이렇게 하다보면 무아지경
과 비슷한 상태로 들어가게 되고, 그 상태에서 독사를 만진다. 또 스
트리크닌과 같은 독을 마시는데, 대개는 그 양이 소량이다. 타악기
소리 때문에 뱀도 무감각한 상태에 있게 되며 덜 위험하다. 강렬한
종교적 흥분상태에 있건, 그렇지 않건 간에 대부분의 건강한 사람은
뱀에 물려도 회복을 하게 된다. 몸은 소량의 스트리크닌을 참아낼
수 있다. 스트리크닌은 중추신경계를 흥분시켜 시각, 청각, 촉각을
향상시키기 때문에 실제로 어떤 경우에는 진정제 중독을 치료하는
해독제로 사용하기도 한다.

A 크리스마스 시즌은 원래 동지 때에 봄을 기다리며 열었던
이교도 축제였다. 실제로 초기 교회와 훗날 프로테스탄트
그룹들은 이러한 축제를 비난했다. 고대 스칸디나비아 사람들은 율
로그(크리스마스 전날 밤에 때는 장작—옮긴이)와 여러 가지 다양한 상록수
장식들을 사용했다. 장식한 트리는 북유럽, 특히 16세기를 전후하여
독일 사람들 사이에서 처음으로 사용되었던 것으로 보인다. 미국 독
립전쟁 때 영국 편에서 싸웠던 독일 군인들이 이미 크리스마스 트리
를 장식했다는 사실은 잘 알려져 있다. 그러나 미국에서 크리스마스
트리가 전통으로 자리잡게 된 것은 19세기가 시작된 지 한참이 지나
서였으며, 사실 최초의 크리스마스 카드는 1844년이 되어서야 비로
소 나왔다. 바로 이즈음에 영국에서 찰스 디킨스의 〈크리스마스 캐
럴〉에 영감을 받아 크리스마스 때 가난하고 배고픈 사람들을 돕는
생각이 자리잡게 되었다. 또한 원래 크리스마스는 아이들이나 선물
과는 아무런 관계가 없었다는 것도 주목할 만하다. 그런 관계가 생
겨난 것은 나중의 일이지만 그나마 어린이들에게는 다행스런 일이
아닐 수 없다.

일부 역사학자들은 그렇다고 주장한다. 그리스도의 일대기에 대한 확실한 정보가 극히 부족한 것은 사실이다. 세계적인 종교 인물치고는 그리스도의 삶에 대해서는 거의 알려지지 않은 것들이 많다. 그리스도가 태어난 해도 불분명하다. 한동안은 기원전 4년이 받아들여졌다. 나중에는 기원전 6년이 좀더 가능성이 있는 것으로 여겨졌다. 그리스도가 태어난 달이 12월이었을 것 같지는 않다. 그때에는 목동들이 야외에서 양떼들을 치지 않기 때문이다. 10월이라는 주장이 강력하게 제시되었다. 오늘날까지도 아르메니아 기독교인들은 1월 6일을 그리스도가 태어난 날로 축하한다. 336년까지 교회는 그리스도가 태어난 날로서 크리스마스 날을 축하하는 것을 받아들이지 않았다. 크리스마스 시기는 동지와 연관된 전통적인 이교도 축제 때와 일치하며, 이러한 이교도 축제가 크리스마스의 시기에 영향을 주었다. 화환 등을 포함하여 크리스마스 트리도 이교도적인 기원에서 출발한 것으로, 고대 이집트 인들과 여러 문화에서 그리스도가 태어나기 수세기 전부터 사용되었다.

A 이 질문에 대답할 만한 역사적 혹은 성경 상의 증거는 없
다. 신약에서도 마리아는 겨우 18번 혹은 19번 정도 부차
적으로 언급되어 있어 분명하지 않다. 당시 여자들은 전형적으로 15
세나 16세와 같이 어린 나이에 결혼하여 아이를 낳았으며, 마리아가
이와 달랐을 것이라고 상상할 이유는 어디에도 없다. 학자들과 신학
자들은 마리아의 역사적 실체보다 마리아의 순결과 무염시태(무원죄
잉태 ; 예수의 어머니 마리아는 원죄 없이 잉태되었다는 가톨릭 교회 교리—옮긴이)에
대해 더 많은 시간을 보냈다. 다른 문화의 인물에서도 꽃을 먹었는
데 임신이 되었다는 여성의 경우처럼 동정녀 탄생의 경우가 많다.
어떤 이야기에서는 신에 의한 잉태도 나오는데, 예를 들어 트로이의
헬레나는 백조의 모습을 한 제우스 신에 의해 잉태되어 태어났다.

Q 선물을 가지고 아기 예수를 방문한 세 명의 현자들은 어디
서 왔으며, 누구였나?

A 이것도 시간과 전설 속에 파묻혀 있는 역사 미스터리 중
하나이다. 이들은 마기(동방박사)라고도 알려져 있는데, 마
기는 점성술에 대한 지식과 지혜가 뛰어난 페르시아의 사제와 마법
사들이라고 알려져 있다. 세 명의 현자들의 이름은 가스발, 멜키오
르, 발타사르였다. 그들이 죽고 얼마 후 그 유해는 로마로 옮겨진 것
으로 보이며, 그들의 뼈는 1164년에 독일 퀼른에 보내져 웅장한 퀼

른 대성당의 중앙 제단에 묻혔다. 이것이 세 명의 동방박사들의 진짜 유해라는 증거는 없다. 페르시아(지금의 이란)에서 베들레헴까지의 여행은 일직선상으로 약 1,600킬로미터 거리이며, 낙타가 하루에 약 40킬로미터씩 걸으면 최소한 40일은 걸릴 거리이다. 동방박사들이 따라갔던 베들레헴의 별은 신성으로 변하면서 불타오른 별이었을 것이라는 추측도 있다.

A 14세기 말이 가까워지던 때 소아시아에는 많은 인기와 사랑을 누리던 니콜라스라는 이름의 주교가 있었다. 그가 기적을 행했다고도 전해지며 특히 어린아이들에게 친절했고, 죽어서는 어린 학생들의 수호성인이 되었다. 그는 크리스마스와 관련하여 선물을 가져다주는 몇몇 인물들(동방박사 3인처럼) 중 하나가 되었다. 미국에 정착한 네덜란드계 사람들은 그를 신터 클라에스(네덜란드 어로 성 니콜라스라는 뜻)라고 불렀는데, 산타클로스와 확실히 비슷하다. 1823년, 클레멘트 클라크 무어는 《크리스마스 전날 밤》을 썼고 산타클로스는 미국 전통에서 확실하게 자리매김하게 되었다. 그러나 영국에서는 1880년대가 될 때까지 그리 인기를 얻지 못했다. 산타클로스가 모든 곳에 다 있을 수는 없다는 점에 주목해야 한다. 이탈리아에서는 착한 요정 베파나가 크리스마스 이브에 양말을 채워주는 일을 한다.

A   정확한 기원은 분명하지 않으나 이교도의 오래된 봄의 의
     식과 관련이 있는 듯하다. 초기 인류들이 새가 알을 깨고
부화하는 것을 본 이래 알은 항상 생명과 창조의 상징이었다. 집토끼
혹은 산토끼는 새끼를 많이 낳는 특징 때문에 확실히 다산의 상징으
로 여겨진다. 기독교 시대에 사순절 금식은 일부 나라에서 철저하게
지켜졌으며, 달걀 먹는 것도 종종 금했다. 그리하여 많은 사람들은
사순절이 끝나자마자 달걀을 먹고 싶어했다. 부활절 달걀장식이 시
작된 것은 최소한 1,500년 전의 일이었다. 흔하게 볼 수 있는 부활절
달걀의 색은 빨간색이었다. 이렇게 된 것은 그리스도가 십자가에 처
형당할 때 달걀을 담은 바구니를 십자가 발치에 놓았는데 피가 달걀
로 떨어졌다는 전설 때문이기도 하다. 그럴 수도 있긴 하지만 부활절
에 행해지는 풍습과 축하행사는 세계적으로 매우 다양하다.

Q   성 발렌타인이 발렌타인 데이를 시작했다고 생각되는데, 과
     연 그가 사탕이나 하트 모양의 카드를 나눠줬을까?

A   놀라운 일이지만 성 발렌타인은 발렌타인 데이와 아무런
     상관이 없다. 실은 두 명의 발렌타인이 있었다. 한 명은 사
제였고, 또 한 명은 주교였으며, 둘 모두 클라우디우스 2세 황제가
로마 제국을 지배하고 있을 즈음에 순교했다. 그러나 2월 15일에

치러지던 루퍼칼리아라는 이교도 축제가 있었다. 이 축제에서는 소녀들의 이름을 적어 큰 항아리에 넣으면 소년들이 이름을 뽑아 서로 짝을 지었다. 기독교가 융성하자 기독교인들은 이 축하행사를 성 발렌타인 축일인 14일로 옮기고 이교도적인 색채를 줄였다. 한편 사람들은 이런저런 형식으로 수천 년 동안 다른 사람들에게 카드를 보내왔다. 어떤 것들은 나무에 새겨서 보내기도 했다. 어떤 카드는 쌀 한 톨에 글을 새긴 것도 있었다! 미국에서만 매년 50억 장이 넘는 카드가 보내지며, 그중에는 물론 수백만 장의 발렌타인 카드가 포함된다. 하트 모양과 여러 가지 고안물들은 현대에 들어 유행한 것들이다.

Q 오관으로 느낄 수 없는 육감의 방향감각을 가지고 있는 사람들이 있나?

A 우리는 나침반을 가지고도 숲속이나 낯선 도시에서 길을 잃기가 얼마나 쉬운지 잘 알고 있다. 다른 사람들은 "귀소본능"이 있어서 어느 길로 가야 하는지를 알려주는 것처럼 보이지만, 전문가들은 그런 것이 결코 육감이 아니라 관찰성향에 의한 것이라고 말한다. 유목민이나 길을 잘 찾아내는 토착민들은 그들의 시각, 청각, 후각을 이용하여 방향을 알아낸다. 그들은 여기에 더해서 머리로 지도를 그린다. 뉴욕의 택시 운전사들도 이와 유사한 지역 참조 지도를 활용하여 업타운 혹은 크로스타운 등이라고 말한다. 시각장애인들에게도 육감의 방향감각은 없으며 대신 고도로 발달한 자연 감각을 가지고 있다. 철새와 같은 어떤 생물은 뇌에 자철광이

라는 광물질이 있어서 지구 자기장 안에서 날아갈 때 도움을 받는다
는 주장이 점점 더 설득력을 얻어가고 있다.

Q 영매들이 고대의 고고학 유적지를 찾아낸 적이 있나?

A 정상적인 고고학에서 표준적으로 혹은 실질적으로 사용하
는 기술은 아니지만 심령의 혹은 비범한 힘을 고고학 발굴
작업에 실제로 이용한 적은 있다. 막대기로 지하 수맥을 찾으려는
것처럼 심령고고학도 이런저런 종류의 감춰진 보물을 찾으려는 오
래된 탐험에서 인간이 택할 수 있는 지름길에 포함될 수 있을 것이
다. 고고학에서의 심령 경험은 아직 그 가치를 내세울 만한 긍정적
인 증거를 제시하지 못하고 있다. 따라서 과학적으로 존중되지는 않
는다. 우리는 대개 땅 속 깊이 파묻힌 고고학 유적지의 존재를 감지
해내거나, 화살촉 같은 고대의 유물을 손으로 잡으면 그런 유적지를
찾아낼 수 있는 신비한 능력을 가지고 있다는 사람의 이야기를 읽는
다. 심령술을 가졌다고 주장하는 사람은 심지어 수천 년을 건너뛰어
유물을 만들어낸 사람을 "볼" 수 있다고 하지만 과학자들은 이런 주
장을 의심스럽게 생각한다.

Q 손가락으로 "볼" 수 있는 사람이 있나?

A 수많은 이상한 정신현상과 마찬가지로 눈이 없어도 보이
는 것, 즉 피부시각인지(DOP : dermo-optical perception)에 대
해서도 오랫동안 보고된 바 있다. 최근 이것에 대해서 새롭게 관심

이 쏠리게 된 것은 손가락을 움직여서 활자를 읽을 수 있다고 주장하는 러시아의 한 소녀 때문이다. 특별한 정신능력을 가지고 있다고 주장하는 전문적인 심령술사들이 무대에서 눈을 가리고 무언가를 읽어내는 공연을 펼치는 경우도 있다. DOP를 가지고 있다고 하는 사람들은 손가락으로, 때로는 발가락, 팔꿈치 혹은 어깨로 활자를 읽기도 하고 색깔도 구분한다고 한다. 이런 것을 보여주는 사람들은 눈을 가리고 하기는 하지만 눈속임 기술을 잘 연마한 전문마술사들은 눈가리개를 해도 코 양쪽에 작은 구멍이 생긴다는 것을 알고 있다. DOP를 진짜로 시험하는 방법은 머리에서 턱까지 딱 맞게 금속상자를 씌워서 모든 시각을 차단하는 것이라고 한다. DOP 능력을 타고났다는 많은 이들이 이런 엄격한 시험에서는 신기하게도 그 힘을 잃어버리고 만다.

<hr>

Q   신앙요법을 행하는 사람들은 진짜로 병을 고칠 수 있나?

A 수년간 앓던 병이 자연히 낫게 되었다고 강력하게 주장하는 사람들이 있다. 그것에 대해서 논쟁을 벌이지는 않겠다. 그러나 신앙으로 치유되는 것이 자연의 법칙을 벗어나는 것이므로 따라서 기적이라고 하는 것에 대해서는 확신할 수 없다. 아마도 많은 질병이 마음 때문에 생겨나는 정신신체질환이었을 가능성이 있다. 병이 진짜가 아니었다고 말하려는 것이 아니다. 당연히 진짜였을 것이다. 신앙치유사가 환자에게 충분한 암시를 하면, 환자는 행해지고 있는 것을 진심으로 믿게 되고, 이것이 몸의 심리적 과정을 강하게 통제하고 있는 마음에 변화를 가져올 수 있다. 어떤 신앙

치유사들은 청중 중에 환자나 장애인으로 위장을 한 공범자를 두기도 하는 사기꾼들이다. 신앙치유사와 한통속인 공범자들은 무선기를 숨기고 서로 의사소통을 하기도 한다. 그 결과 극적인 치유가 이루어지는 장면을 상상할 수도 있겠다. 실질적으로 거의 모든 신앙치유사들은 종교의 이름으로 적극적이고 강력하게 돈을 요구함으로써 그들의 일과 동기를 더럽히고 있으며, 그런 돈으로 호화롭게 살고 있다.

Q 귀에서 소리가 울리면 누군가가 그 사람 이야기를 하고 있다는 것은 미신인가?

A 귀가 뜨거워지면 누군가가 그 사람 이야기를 하고 있다는 소리도 더 자주 듣게 된다. 이런 믿음의 토대가 되는 과학적 원리는 없다. 귀가 울리는 것은 전혀 다른 의미를 가진다. 놀랄 정도로 많은 사람들이 이러한 이명이라는 성가신 병을 앓고 있으며, 이것은 의사들에게 잘 알려져 있다. 이명은 일어났다 그쳤다 하기도 하고, 지속적으로 일어나기도 하며, 울리거나 쿵쿵거리거나 으르렁거리는 듯한 소리가 나기도 하고 심지어 귀뚜라미 소리가 나기도 한다. 이 병의 원인은 다양하며, 어떤 특별한 치유법이 있는 것도 아니다. 매독과 같은 병 때문에 생길 수도 있고, 긴장하거나, 담배와 술을 너무 많이 해서 일어날 수도 있다. 치유법으로 진정제를 권유하기도 한다. 고대사회에서 귀는 악령이 들어가는 곳으로 여겨졌으며, 사람들은 이를 막는 부적으로 귀걸이를 달았다. 또한 귀에 구멍을 뚫으면 시력이 약한 사람들에게 도움을 준다고도 믿어졌다.

대부분의 질문과 답변을 읽고 여기까지 도달한 독자라면, 길고 다채로운, 그리고 바라건대 재미있는 여행이었다는 것을 알고 있을 것이다. 아마도 여기서 곰곰이 생각해볼 수도 있겠다. 지금까지 살펴보았듯이 과학은 우리가 살고 있는 세상 구석구석, 인간의 최첨단 호기심까지 탐사한다. 가장 보잘것없는 것에서부터 가장 거대한 것까지 모두 똑같이 철저한 조사와 탐구의 대상이다.

밭의 흙덩어리처럼 보잘것없는 것에 대해 생각해보자. 그것을 한 줌 주워 들어보자. 그 속에는 생명이 들어 있다. 박테리아, 아마 지렁이도 있을 것이다. 흙은 모래부터 미세한 점토와 실트 알갱이에 이르기까지 다양한 입자들로 이루어져 있으며, 부패해 흩어진 식물도 있을 것이다. 그 흙은 어디서 온 것인가? 바위가 풍화되어 만들어진 것이기 때문에 아마도 멀리 떨어진 해안의 바위 벼랑에서 온 것일지도 모른다. 그 전에는 무엇이었을까? 아마도 고대 해저에 쌓였던 진흙의 일부분이었을 것이다. 지구가 처음 생성단계에 있을 때 흙을 이루고 있는 물질이 화산의 용암과 함께 흘러나왔을 것이다.

지구가 만들어지기 전에는 이러한 흙의 구성물들은 어디에 있었을까? 바로 태양에 있었다. 이 보잘것없는 흙덩어리도 아주 길고 다채로운 여행을 했다는 것을 과학이 밝혀주고 있는 것이다.

우리의 흙덩어리는 우주의 헤아릴 수 없이 많은 수수께끼 중 하나에 불과하다. 과학의 목적은 이러한 수수께끼를 둘러싸고 있는 신비의 베일을 걷어내고 진짜 세계에 대해 좀더 선명하게 이해할 수 있게 하며, 모든 인류를 위해 삶의 질을 향상시키는 기술을 통해 이로움을 가져오는 데 있다. 그것은 지금도 계속되고 있는 모험이다.

여기서 자신을 인문주의자라고 생각하는 이들과 과학 사이에 평행선이 존재한다. 과학처럼 인문주의자들도 논리와 이성을 가지고 진실을 추구한다. 그들은 손에 잡히는 증거를 존중하며, 믿음이나 다른 사람의 주장만을 토대로 한 결론을 받아들이는 데 회의적이다. 그들은 일반적으로 그들의 개인적 잠재가능성을 달성하고 사회에 기여하며 다른 사람들을 도울 수 있는 즉각적인 기회를 가진 세계가 지금 바로 여기에 있다는 생각을 받아들인다. 나쁜 철학은 아니다.

마지막으로, 둘러서 말하지 않고 직설적으로 물어보겠다. 독자 여러분은 이 책을 읽으며 자신의 과학 IQ가 어느 정도인지 시험해보았는지? 여러분 스스로가 자신의 지식수준을 솔직하게 가장 잘 판단할 사람이기 때문에 퀴즈는 내지 않았다. 그러나 이 책에 나온 답변 내용의 절반 정도만이라도 알고 이해하고 있었다면 성적이 아주 좋은 편이다. 읽는 것을 즐겼고, 다른 흥미로운 과학의 길을 탐험해보도록 자극을 받았다면 이 책은 그 목적을 달성했다. 인간으로서 여러분은 이성적인 지능을 가지고 있으며, 따라서 여러분도 과학자라는 사실을 잊지 말기 바란다.

이 책을 준비하는 데 도와준 모든 분들께 감사를 드리고 싶다. 프로메테우스북스의 모든 직원들, 특히 처음부터 이 책의 모든 것을 검토해준 린다 그린스펀 리건 편집장께 감사드린다. 통찰력을 보여준 테네시 오크리지의 낸시 잉글랜드와 전문적인 지식과 격려를 보내준 뉴욕 버펄로의 지질학자 피터 에이버리에게도 감사드린다. 마지막으로 최종 원고 준비에 도움을 준 나의 딸 수잰 C. 커조에게 특별히 고마움을 표하고 싶다.

사이언스 IQ

초판 1쇄 펴낸 날 2006. 11. 30

지은이 찰스 J. 커조 | 옮긴이 김옥진 | 펴낸이 이광식
펴낸곳 도서출판 가람기획 | 등록 제13-241(1990. 3. 24)
주소 (121-130)서울시 마포구 구수동 68-8 진영빌딩 4층
전화 (02)3275-2915~7 | 전송 (02)3275-2918
홈페이지 www.garambooks.co.kr | 전자우편 garam815@chol.com

ISBN 89-8435-264-0 (03400)
ⓒ 가람기획, 2006

잘못된 책은 구입한 서점에서 바꿔드립니다.

서점에서 책을 살 수 없는 독자들을 위해 우편판매를 하고 있습니다.
수   협 093-62-112061 (예금주:이광식)
농   협 374-02-045616 (예금주:이광식)
국민은행 822-21-0090-623 (예금주:이광식)